"十二五"国家重点图书出版规划项目

中国水产养殖区域分布与水体资源图集

江 西

JIANGXI

程家骅　主编

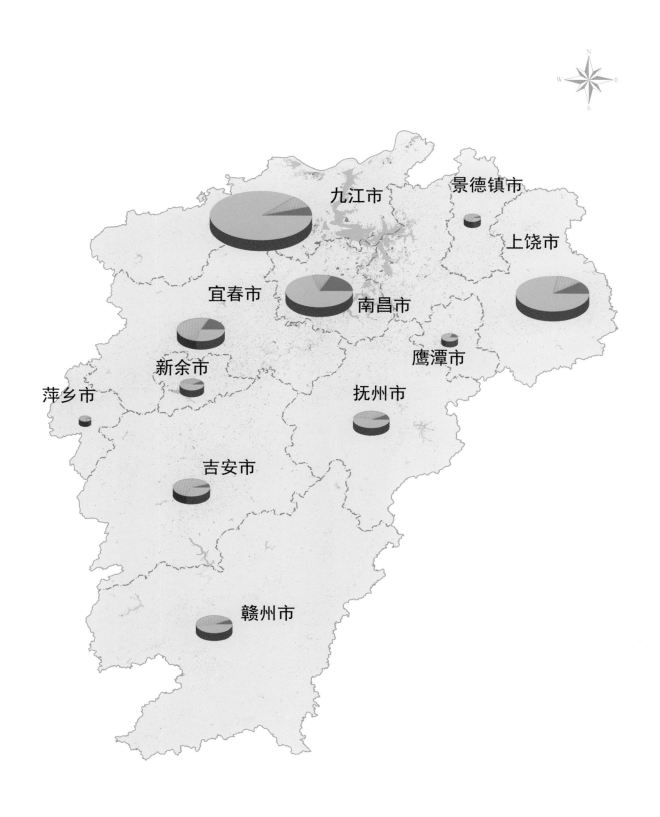

上海科学技术出版社

图书在版编目 (CIP) 数据

中国水产养殖区域分布与水体资源图集·江西 / 程家骅主编.
—上海：上海科学技术出版社，2016.1
ISBN 978-7-5478-2737-6

Ⅰ.①中⋯　Ⅱ.①程⋯　Ⅲ.①水产养殖业－概况－江西省－图集
Ⅳ.①S9-64

中国版本图书馆CIP数据核字 (2015) 第162460号

审图号：GS（2015）861号

中国水产养殖区域分布与水体资源图集·江西

程家骅　主编

上海世纪出版股份有限公司
上海科学技术出版社　出版
（上海钦州南路71号　邮政编码200235）
上海世纪出版股份有限公司发行中心发行
200001　上海福建中路193号　www.ewen.co
南京展望文化发展有限公司排版
上海雅昌艺术印刷有限公司印刷
开本 889×1194　1/8　印张31.5　插页4
字数　600千字
2016年1月第1版　2016年1月第1次印刷
ISBN 978-7-5478-2737-6 / S·103
定价：280.00元

《中国水产养殖区域分布与水体资源图集》
编辑委员会

本卷主编、副主编、编制人员

主　　编　　程家骅

副 主 编　　袁晓初　张寒野　唐建华　谢连根　易建平　付辉云　曹红杰

编制人员　　1. 中国水产科学研究院东海水产研究所

程家骅　张寒野　李圣法　刘　勇　严利平　凌建忠　李惠玉　胡　芬　李建生

袁兴伟　林　楠　姜亚洲　刘尊雷　黎雨轩　杨林林　张　辉　周荣康　凌兰英

沈　伟　黄庆洋　吴　颖　张学健　王　菲　刘楚珠　季炜炜　潘绪伟　刘志远

张　翼　郭　靖

2. 江西省各级渔业主管部门及科研推广单位

唐建华　谢连根　易建平　付辉云　黄　滨　傅雪军　戴银根　胡火庚　欧阳敏

邹胜员　银旭红　占　阳　陈诗伟　杨堂保　谢义元　余　军　胡安忠　陈里林

黄　平　杨　磊　周小仁　吴早保　阳振华　潘长华　傅剑夫

3. 中国测绘科学研究院

黄　洁　宫晋平

4. 北京合众思壮科技股份有限公司

曹红杰　张军锋　高　雷　董建光　吕　杰　董爱鹏　米小伶　王晓菲　贺　维

陈立威　罗丽丽　张　维　廖诗艳　冯丽萍　赵　莉　周　其　梁元波　杨小强

仝　博　慕智慧　采　博　王　超　魏　宁　杨清筱　张丽敬　黄文美　杨巧巧

胡祥丹　夏小庆

责任编辑　　黄　庆　谢　松

装帧设计　　戚永昌

序 一

改革开放以来,特别是1985年"以养为主"渔业发展方针确立后,广大群众积极发展水产养殖,使沉睡千年的内陆水域、浅海滩涂、低洼荒地等宜渔资源得到了广泛开发利用。时至今日,我国水产养殖产量占全国水产品总产量和全世界养殖水产品总产量的比例均达到了70%,我国已成为名副其实的世界第一渔业大国、第一水产养殖大国。"十二五"期间,随着我国城镇化率和人民富裕程度的提高,食品消费结构将更趋优化,作为优质动物蛋白重要来源的水产品,国内消费需求将显著增加。同时,国际水产品市场主要依靠养殖产品供给的格局将进一步强化。加快现代渔业建设、提高养殖业现代化水平已成为当前我国渔业发展的必然选择。

然而,随着生产规模的不断扩大,养殖产品、养殖方式和养殖水体类型逐步呈现多样化,养殖管理的难度也在不断加大,尤其是在深入推进水产健康养殖、有效实施水产品质量安全监管、准确进行渔业统计等方面,管理手段不足的问题已十分凸显。加快卫星遥感、移动互联网及物联网等现代信息技术手段在养殖业管理中的应用,不断提高养殖业管理信息化水平,越来越显得重要和紧迫。

为此,农业部渔业局从2008年开始,委托中国水产科学研究院东海水产研究所,开展了全国水产养殖水体资源动态监测工作。这项工作,是现代卫星遥感技术在水产养殖领域的首次应用,是继养殖水域滩涂确权、水产苗种生产许可、水产健康养殖示范等之后,水产养殖现代化管理领域的又一次重要突破。

可喜的是,经过3年的不懈努力,技术单位现已完成了对全国31个省、自治区、直辖市的水产养殖水体资源的遥感监测普查,并初步摸清了池塘、山塘、水库和大水面养殖水体资源家底与分布现状。这项成果,即将以全国水产养殖水体资源分省系列图集的方式出版,从而为我国各地区科学规划与合理布局水产养殖发展提供了扎实的基础信息,成为养殖业加强在资源区划宏观层面管理的有效工具。同时,通过进一步的努力,这项成果还可以应用到水域滩涂养殖发证确权、标准化养殖池塘改造、水产品质量安全追溯和渔业统计等工作中,在维护渔民权益、改善水产养殖基础条件、保证水产品质量安全等方面发挥重要作用。

值此《中国水产养殖区域分布与水体资源图集》出版之际,寄望全国渔业管理、生产和技术部门的同志们,进一步通力协作,在遥感普查信息成果的基础上,继续加强各地养殖管理信息与水体资源信息的整合,尽早建成我国水产养殖信息管理综合应用服务系统,为加快推动我国现代渔业建设的进程做出更大的贡献。

中华人民共和国
农业部副部长　牛盾

2012年5月16日

序 二

　　人类健康生存和发展需要优质蛋白食物，众所周知，水产养殖是人们获得优质蛋白食物的重要途径。过去30余载，13多亿中国人为提高自己的食物质量，通过各种努力，使我国水产养殖产量增加30多倍，成了一张国人满足基本需求和提高生活质量的品牌，这一成就震惊了居住着70亿人口的地球村。他们认为中国淡水渔业发展的策略与我国计划生育政策一样，为全世界做出了一项伟大贡献。但在赞扬声中，国人并没有沾沾自喜，却在冷静发问：我国在水产养殖领域经过近30年的快速发展，其水体资源潜力究竟还有多大？在高产之下，所提供的蛋白食物的质量如何？如此高速增长能否可持续？总之，我国驰骋在经济快速发展大道上的同时，人们同样担心我国水产养殖能否可持续健康发展等诸多问题。

　　为透析以上问题，以能合理规划、科学管理和有序控制我国潜在水产养殖的水体资源，2009年，农业部渔业局实施全国水产养殖水体资源的普查，"唱响"了我国摸清盘点水产养殖水体资源"家底"的重头戏。中国水产科学研究院东海水产研究所牵头担当了该项重任，同时几乎全国从事水产养殖遥感的精兵强将参与其中，竭尽所能。

　　我国多样化的水产养殖水体资源犹如星星之火，分布在960万平方千米的陆地国土上和18 000余千米的海岸线沿海海域，同时受到全球气候变化、人为活动、风、浪、流和潮沙动力以及地质地貌等环境的综合影响，呈动态变化。因此，依靠传统驱车到养殖湖泊、河口和池塘等现场调查以及驾船至沿海养殖采样调查，都很难科学宏观地摸清我国水产养殖水体资源的家底及掌握其变化态势。年轻的水产遥感科学家们创新地利用离地面800千米左右高度国产的中巴地球资源2B号（CBERSO2B）人造地球卫星上的"千里眼"，探测不同水产养殖水体的光谱。历时3年，利用高新遥感解读技术首次对全国31个省、自治区、直辖市的水体与水产关联信息进行了提取分析和综合评估，并对利用国产卫星进行遥感动态宏观监测技术做了有益的探索与研究，从而为我国有序开展水产养殖水体资源动态监测提供了一种新思路，为今后水产养殖业的宏观科学管理决策奠定了坚实的技术基础，甚是可喜可贺！

　　更可喜的是，著者集众贤之能，承实践之上，总结成果，盘点"家底"，在对全国31个省、自治区、直辖市及各县级行政区的水产养殖水体资源，以及自然水体资源、水产养殖结构与特点进行评估分析的基础上，将3年辛勤劳动成果汇编成图集分批出版。图集内容丰富、专业，图片美观，文字翔实，加之现场所拍摄的大量典型养殖类型照片，是一部十分难得的优质图集，它以丰富、宏观的卫星遥感资料，从一个侧面定量地回答了我国目前水产养殖的水体资源潜力还有多大的问题。图集不仅可供渔业和国土管理部门的相关人员在规划、管理和控制水产养殖水资源中参考，也为子孙后代留下了生动地反映21世纪我国水产养殖水体资源的历史记载。

　　该图集的出版充分展示了卫星遥感技术在水产养殖中的巨大作用，我为著者拓展了遥感应用新空间而欣喜，为我国年轻卫星渔业遥感科学工作者的茁壮成长而骄傲，祝青出于蓝胜于蓝。在此也希望他们能为我国渔业可持续发展和渔业遥感的兴盛继续添砖加瓦，更上一层楼！

中国工程院院士
2012年4月

序 三

  30余年来，我国水产养殖产业取得了长足的发展，养殖产量由1980年的168.4万吨，增长到2010年的3828.8万吨，增加了20余倍。丰硕的渔业产出，极大地丰富了水产品市场供给，并使我国已多年稳居世界渔业第一大国地位。

  回顾连续6个"五年计划"期间我国水产养殖取得的辉煌成绩，一是靠国家政策引领；二是靠水产科技支撑；三是靠广大渔民辛劳。特别是水产科技的贡献作用，将我国的水产养殖业由早期以规模拓展和品种开发为主的粗放式发展模式，发展到当前以种业开发、高效生态与集约标准化养殖、病害防控、饲料营养和综合加工整个产业链全过程的体系化发展模式。但是，受养殖水体资源的客观制约，我国水产养殖业现阶段已发展到一个很高水平上的瓶颈时期，一方面科技进步仍是我国水产养殖业持续发展的主要动力源泉，另一方面管理出效益也是我国养殖业更上一个台阶的重要环节。因此，摸清水产养殖潜力家底，合理规划水产养殖布局，构建我国水产养殖信息应用服务系统，实现水产养殖产业精准数字化管理，将是进一步提高我国水产养殖综合效益和发展水平的一项基础性工作。

  近期，喜闻国家渔业行业主管部门组织中国水产科学研究院东海水产研究所等技术单位，应用遥感信息技术手段，对水产养殖水体资源进行了一次全国性普查，并将取得的成果计划以分省养殖水体资源图集的形式出版。该图集重点介绍了我国各地级市的水资源自然条件、水产养殖方式与养殖品种结构特点等基本情况，并以县为基础空间单元，制作了县级CBERSO2B影像图和水产养殖水体资源分布图，分类统计了内陆池塘、山塘水库、海水养殖和大水面4种养殖类型的水体面积。这些极具实用价值的空间基础信息，可为我国各级渔业管理部门实施当地的水产养殖高效精准管理提供有益参考。

  数字渔业是现代渔业建设的一个重要技术环节与表征。寄望技术组在本次遥感监测普查工作的基础上，进一步加强与各级渔业管理部门的协作联合，将相关管理信息融合到现有的技术成果中，尽快构建起全国水产养殖信息应用服务系统平台，并使之早日应用于我国渔业管理实践，以整体提高我国水产养殖产出效益与管理水平，加快我国由水产养殖大国向水产强国的转变进程。

中国工程院院士
2012年3月22日于青岛

前　言

改革开放30余年来，在市场化改革导向和"以养为主"的发展方针指导下，我国水产养殖业实现了长期的快速发展。水产品养殖产量由1978年水产品市场供应严重不足、以解决城乡居民"吃鱼难"问题时期的120万吨，快速发展至2010年水产品市场极大丰富、供给种类繁多、全民高度重视食品质量安全，以提高生活质量为目的的3 828.8万吨，30余年间我国水产养殖产量增加了30余倍。中国水产养殖的发展成就正如美国著名生态经济学家莱斯特·布朗所著的震动世界的《谁来养活中国》一书中所作出的评价，淡水渔业发展与中国的计划生育政策一样，是中国对世界的伟大贡献，为人类提供了大量高效率的优质蛋白食物。

伴随着快速发展的同时，人民大众对水产品的质量也提出了更高的要求。虽然目前我国现已是世界水产养殖大国，但我们离水产养殖强国仍有较大的距离。这些制约水产养殖业可持续发展的因素主要表现在：水产养殖业发展与资源环境的矛盾进一步加剧；水产养殖病害频发已对养殖业健康发展构成重大威胁；水产品质量安全存在隐患，质量安全事件时有发生；养殖布局规划和监督管理缺乏高新技术手段支撑等。如何提高我国水产养殖业的宏观监督管理和科学规划水平，将是破解制约我国水产养殖业发展诸多难题的有效途径。因此，引入遥感监测技术，实施水产养殖业的宏观动态监测与评估，科学规划我国水产养殖业的健康发展，是党和国家提出的建设现代渔业的时代要求。

1. 加强水产养殖业遥感动态监测，是进一步摸清家底的需求

池塘养殖是我国传统的养殖方式，技术成熟，操作简便，投入适中，适合我国农村以农户承包经营的经济发展水平。池塘养殖主要利用的是农业难以利用的低洼盐碱地和荒滩荒水等国土资源。2010年渔业统计数据表明，全国池塘养殖面积279万公顷（4 186万亩）。其中，淡水池塘养殖237.67万公顷（3 565万亩），占内陆养殖面积的43%，产量1 648万吨，占全国淡水养殖总产量的70%；海水池塘养殖面积41.4万公顷（621万亩），产量198万吨，占全国海水养殖总产量的13%。但是，由于目前的统计数据是由全面统计而来，数据的精度和准确性尚难以得到较为科学的验证。因此，应用遥感手段，从养殖水域面积着手，动态监测水产养殖规模，可进一步摸清我国的水产养殖业家底。

2. 加强水产养殖业遥感动态监测，是合理布局产业发展的需求

我国幅员辽阔，养殖水体特征多样、养殖类型繁多。从水体特征上分，有热带、亚热带、温带和寒带水产养殖；从养殖类型上分，有江河、湖泊、水库、河汊和池塘等水产养殖。如何利用区位特点，合理规划全国水产养殖区域布局，形成产业优势，是科学发展水产养殖业的基本要求。因此，应用遥感手段，可快速、准确地为各级渔业行政主管部门提供相应的规划基础信息支撑。

3. 加强水产养殖业遥感动态监测，是实现精准化养殖生产的需求

推广健康养殖技术和发展生态渔业、设施渔业，促进传统养殖方式转变，提高水产品质量，是今后一段时期水产养殖业的发展目标。如何精准化配合国家实现这一发展目标，大力推进养殖区域和原良种场的标准化建设，普及健康养殖技术和生态养殖模式，发展抗风浪深水大网箱养殖，拓展深水养殖设施渔业，遥感动态监测信息应用是一种省时、省力、高效的高新技术选择。

4. 加强水产养殖业遥感动态监测，是预测调控市场供给能力的需求

应用遥感监测技术，准确评估水产养殖规模，及时调查不同养殖类型的单产能力，可实现各地水产养

殖总量和优质水源地养殖产出量的预测评估，从而进一步提高国家对水产品市场供给的宏观调控能力。

5. 加强水产养殖业遥感动态监测，是提高水产养殖管理水平的需求

开展水产养殖业遥感动态监测，及时为各级渔业行政主管部门提供大尺度的监测信息，可大大提高我国水产养殖业的监管能力。特别是对于水产养殖流行性疫病的防控和防灾减灾的处置，快速有效的遥感信息可直接应用于相应问题的管理决策指挥，增强解决问题的针对性、目的性和科学性。

6. 加强水产养殖业遥感动态监测，是建设现代渔业的时代要求

2007年中央一号文件就建设现代农业明确提出："要用现代物质条件装备农业，用现代科学技术改造农业，用现代产业体系提升农业，用现代经营形式推进农业，用现代发展理念引领农业，用培养新型农民发展农业。"结合渔业的情况，现代渔业建设应是遵循资源节约、环境友好和可持续发展理念，以现代科学技术和设施装备为支撑，运用先进的生产方式和经营管理手段，形成农工贸、产加销一体化的产业体系，实现经济、生态和社会效益和谐共赢的渔业产业形态。与传统渔业相比，现代渔业是技术密集、科技含量高、可控性强的产业，具有鲜明的规模化、集约化、标准化和产业化特征。当前中国渔业正处在从传统渔业向现代渔业的转型期。因此，开展养殖业的遥感动态监测和应用，是实现传统渔业向现代渔业跨越的时代要求。

鉴于产业管理的迫切需求和遥感监测技术的功能与作用，农业部渔业局于2008年底经过充分可行性调研，启动了"全国水产养殖面积遥感监测项目"，目的旨在通过卫星遥感监测手段，相对准确地把握我国水产养殖面积、特别是池塘养殖面积的现状，为科学制订相关水产养殖业发展战略、渔业管理措施，以及校验我国海洋捕捞产量年度统计提供技术信息支撑。项目经过近3年时间的有效组织实施，目前已经全部完成了全国31个省、自治区、直辖市的数据分析处理工作，并先后分批赴辽宁、重庆、江苏、天津和山东等省、直辖市对遥感监测结果进行了实地校验，取得了各省渔业行政管理部门的基本认可，同时也为诸多地方市县的养殖规划制订发挥了很好的基础信息支撑作用。为及时将该成果应用于全国各省、自治区、直辖市的渔业管理实践，同时也为进一步提高各省、自治区、直辖市对遥感监测手段在渔业生产与管理上的应用价值认识，促进其加紧实际校验工作的进度，农业部渔业局决定，对现已完成实际校验的省份分批进行成果编辑出版工作。

《中国水产养殖区域分布与水体资源图集·辽宁》为首卷编印的图集。图集共分3章。除编写组人员外，参与指导、编制和实际校验工作的还有中国水产学会、全国水产技术推广总站、辽宁省海洋与渔业厅、辽宁省各市县区的渔业生产管理部门、北京合众思壮科技股份有限公司等单位的领导和工作人员，对于大家热忱的帮助与支持，在此一并表示衷心的感谢。

本图集的编印旨在抛砖引玉。由于是遥感监测技术首次在水产养殖领域的应用，加之时间和水平所限，图集中的内容、结果和观点难免有不足之处，恳请业内专家和读者批评指正。

程家骅
2012年7月

图 例

水 域

[淡水池塘] 淡水池塘　　　[海水池塘] 海水池塘

[水库、山塘] 水库、山塘　　　[大水面] 大 水 面

其 他

● 地 名　　　—— 水 系

目 录

第一章　原理与方法

近年来，遥感（RS）、地理信息系统（GIS）、全球卫星定位系统（GPS）等现代化信息管理手段已在我国国民经济的诸多领域得以广泛应用。本项目以RS和GIS技术手段为基础，通过遥感影像信息提取、分析、处理及数字化成图等技术，依据规定判别法则，确定研究区内水产养殖水体资源分布，并通过实地比对调查和GPS测量数据校验遥感监测结果的精度，大尺度实时监测全国水产养殖水体资源动态变化，为国家和全国各省、地、县的渔业管理提供及时信息化服务支撑。

第一节　遥感信息源与水产养殖监测可行性

1. 中巴地球资源卫星（CBERS）简介

中巴地球资源卫星是由中国和巴西联合研制的第一代传输型资源遥感卫星，它兼有SPOT-1和Landsat 4的主要功能，标志着中国航天事业民用方面取得的最高成就。CBERS-02B于2007年9月19日发射，2008年1月24日正式投入使用，目前在轨三颗卫星，已提供影像万景。02B星加载的传感器有CCD、HR和WFI，分别应用在环境监测、数据收集及不同分辨率成像方面。CCD传感器获取影像周期为26天，对于特定地区的观测，可以利用相机侧摆功能，实现每3天观测一次。CCD相机在星下点的空间分辨率为19.5米，扫描幅宽为113千米，它在可见、近红外光谱范围内有4个波段和1个全色波段。该卫星及其传感器参数如表1-1所示。中巴地球资源卫星在国内设有密云、广州、乌鲁木齐三个地面接收站，覆盖全国及周边国家和地区。目前该星在民用监测与国土资源普查工作中正发挥着越来越重要的作用。

2. 水产养殖水体资源监测普查的可行性分析

本项目制定的水产养殖面积监测目标为普查全国5亩（3 333.35平方米）以上的养殖水体资源，普查精度要求为90%～95%。

据此目标，从影像空间分辨率分析，CBERS-02B星19.5米几何空间分辨率影像完全能满足普查任务，所以本项目采用CCD传感器拍摄的19.5米多光谱影像进行养殖水体资源

表1-1　CBERS-02B卫星及传感器参数

02B星轨道参数	回归周期	26天
	每天运行圈数	14+9/26
	回归周期内总圈数	373
	卫星平均高度	778 km
	交点周期	100.28 min
	降交点地方时	10：30 am
	相邻轨道间距	107.4 km（赤道上）
		101.0 km（北纬20°）
	相邻轨道时间间隔	三天（东漂）
CCD相机参数	谱段（um）	0.45～0.52（B1）
		0.52～0.59（B2）
		0.63～0.69（B3）
		0.77～0.89（B4）
		0.51～0.73（B5）
	地面分辨率（m）	19.5
	地面覆盖宽度（km）	113
	量化级别	8 bits
	谱段间配准精度（像元）	0.3
	侧视能力	±32°
高分辨率相机（HR）	谱段（um）	0.5～0.8（B6）
	地面像元分辨率（m）	2.5
	地面覆盖宽度（km）	27
宽视场成像仪（WFI）	谱段（um）	0.63～0.69（B7）
		0.77～0.89（B8）
	地面像元分辨率（m）	258
	地面覆盖宽度（km）	890

提取。从波谱分辨率分析，CBERS-02B星CCD相机可获取5个波段，包括蓝、绿、红、近红和全色波段，由于第5波段有飘逸现象，故采用1-4波段进行波段合成，多光谱合成后的彩色影像对水体反映敏感，较容易区分水体，因此从色彩判读方面满足渔业水体提取要求。从时间分辨率分析，CBERS-02B星CCD传感器获取影像周期为26天，可实现每年一次的全国水产养殖水体资源普查，能满足监测普查需求。

第二节 数据获取与管理

1. CBERS影像数据获取与管理

至2010年10月，项目组收集了2008年、2009年和2010年分辨率为19.5米的中巴资源卫星影像数据，数据量共约2.7 TB，并全部入库管理。数据完整覆盖除港澳台外的全国31个省、自治区、直辖市，且基本上每个月都有有效影像数据。

在选择使用影像资源时，项目组遵循以下几项原则：

（1）所在月份水域面积保存相对完好，无大面积干涸状况。

（2）获取时相为北方地区5～9月、南方地区4~10月影像，云雾覆盖率低，状况良好。

（3）影像质量相对较好。

用于本图文集使用的江西省影像数据情况如表1-2和图1-1。

表1-2 江西省CBERS数据选用记录表

	368	369	370	371	372	373
66			2008.12.16	2008.4.26	2008.2.2	
67		2008.10.28	2008.11.20	2008.4.26	2008.11.14	2008.11.11
68	2008.11.26	2008.10.28	2008.8.8	2008.4.26	2008.11.14	2008.11.11
69		2008.7.16	2008.8.8	2008.3.2	2008.11.14	2008.11.11
70			2008.8.8	2008.3.2	2008.6.11	2008.11.11
71			2008.3.5	2008.4.26	2008.6.11	
72			2008.11.20	2008.4.26	2008.6.11	

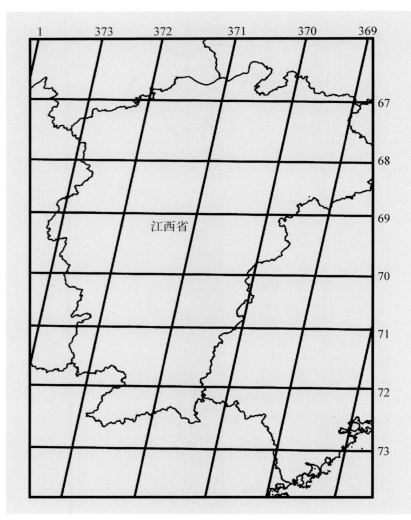

图1-1 江西省CBERS影像覆盖示意图

2. 全国1:25万线画地图数据获取与管理

2010年经农业部计划司和渔业局支持，中国水产科学研究院东海水产研究所向国家测绘地理信息局提出了全国1:25万线画地图数据（DLG和DEM测绘成果）的使用申请。对此，国家测绘地理信息局于2010年6月1日予以"涉密基础测绘成果准予使用决定书（国测成准[2010] 0363号）"批准。数据使用过程中，项目组严格按照国家测绘局关于"涉密基础测绘成果使用要求"的各条规定进行严格管理，各个过程的保密措施责任到人，生产的水产养殖水体资源分布图集纸质成果严格控制各级渔业主管部门参考使用。

3. 渔业统计数据收集与管理

项目组获取的各地水产养殖面积历史统计数据，由各级渔业行政主管部门提供，使用范围限制在项目组统计分析责任人层级。

第三节 数据处理与质量控制

为安全、规范管理自主卫星影像数据以及水产养殖水体资源本底数据及成果，科学有效地进行全国水产养殖水体资源遥感监测普查工作，进一步探索自主卫星在渔业领域的应用能力，项目组在工作流程的各个环节坚持"逐步检核，整体控制"的质量控制策略，专门制订了基于自主卫星的全国水产养殖水体资源遥感监测普查技术规程。

遥感影像处理主要包括波段合成、辐射校正、几何校

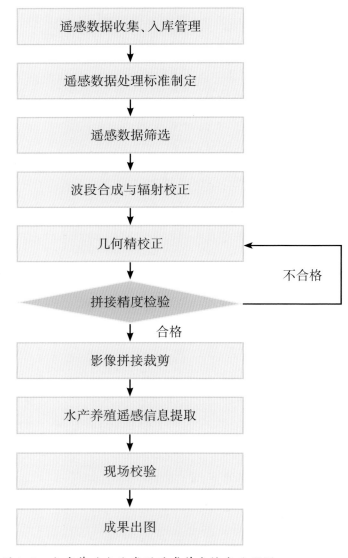

图1-2 水产养殖水体资源遥感普查技术流程图

正、影像镶嵌与裁剪几个技术环节。由于应用国产可见光遥感数据开展水产养殖水体资源的监测评估在我国尚属首次，因此实际工作中需经过不断尝试、探索和总结。到目前为止，结合中巴地球资源卫星影像数据的特点和遥感常用处理方法，项目组已掌握了CBERS遥感影像数据各技术流程处理工作的相关技术要领，具体为波段合成，辐射校正，几何校正，影像镶嵌、裁剪，遥感解译与校验等。具体影像处理、分析与水体资源提取及其质量控制如图1-2所示。

1. 波段合成

中巴地球资源卫星CCD传感器获得的为单波段数据，需要根据提取内容、时段信息等需求进行多波段合成。合成软件采用ERDAS进行，在后期影像处理中需要根据当地时段及波段选取情况，进行选取影像的自动、批量合成处理。

中巴地球资源卫星影像共有5个波段，经实验分析，波段5有飘逸现象，故用1~4四个波段进行合成。水产养殖面积遥感普查对象为水体，故尽可能选择能够很好反映水体状况的波段（近红外）进行合成。经过对比分析，选用2、3、4波段按标准假彩色合成时，能较好地提取水域范围的边界信息。

2. 辐射校正

传感器校正在数据获取时已由数据提供方国家资源卫星中心完成。本项目影像辐射畸变校正，采用数学（校正曲线或各种算法）方法进行空间滤波和平滑化，校正影像中存在的各种灰度失真及疵点、灰点、条纹和信号缺失等离散形式辐射误差。

3. 几何校正

利用遥感处理软件根据数据处理的具体要求，选择高精度的遥感影像或矢量数据作为校正参考，选取适量的校正点数，控制校正点的分布和各点的残差值，经过重采样得到校正后影像。

4. 影像镶嵌、裁剪

经过探索，目前可进行影像批量裁剪和批量镶嵌，影像镶嵌后整体色调和谐。

5. 养殖水体资源提取

遥感影像在进行解译前需要进行预处理，以纠正影像中的畸变，通过调整、变换影像密度或色调，用来改善影像目视质量并突出水体特征，提高影像判读性能和效果。此次全国水产养殖水体资源信息提取中，为了更好地反映水体，技术上首先选择无云地区的1~4四个波段进行合成增强；对于部分有薄云地区，采用增强4波段近红外影像来增强水体反映，减少云层引起的影像模糊情况。根据项目需求，首先选择4、2、3波段进行合成，内陆水体反映为黑色；在北方部分地区由于3波段不存在，则选用4、2、1合成，此时水体颜色呈墨绿色，不影响水体判断。不同波段合成后

2008年9月12下午15:12
合成波段4-2-1，水体颜色呈墨绿色

时相为2008年8月
合成波段4-2-1，水体颜色呈黑色

2008年2月
合成波段为4-2-3，墨绿色或暗褐色为水体

图1-3　不同波段合成图

的养殖水体提取样图如图1-3所示。

第四节　水产养殖水体资源提取规范

一、水体分类类型

1. 内陆养殖水体

（1）内陆池塘：单个塘体形状规则、且面积大于5亩（1亩=666.67平方米，下同）以上的淡水池塘或成片淡水池

图1-4　（成片）淡水池塘

塘,样图如图1-4所示。类型标号为1。

(2) **山塘水库**：单个面积为5~500亩的水库或山塘、小型湖泊等天然水体,样图如图1-5所示。类型标号为3。

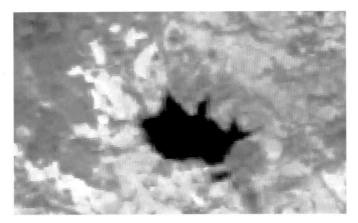

图1-5 山塘、水库

内陆池塘和山塘水库的养殖面积统计包括正用于养殖和暂未养殖的水体。

2. 海水养殖水体

(1) **海水池塘**：距离国家测绘地理信息局界定海岸线2千米范围内(山东沿海地区为5千米)的单个塘体形状规则、且面积大于5亩以上的海水池塘或成片海水池塘,样图如图1-6所示。类型标号为2。

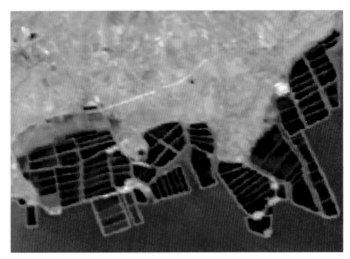

图1-6 (成片)海水池塘

(2) **浅海设施养殖区**：浅海海水中遥感影像能够辨别的、且面积大于5亩以上成片的网箱养殖区、筏式养殖区和其他设施养殖区,样图如图1-7所示。类型标号为2。

图1-7 浅海设施养殖区

海水池塘和浅海设施养殖区的养殖面积统计包括正用于养殖和暂未养殖的水体。

3. 大水面

本书中的大水面,是指面积大于500亩以上的天然湖泊或大型水库,样图如图1-8所示。类型标号为4。

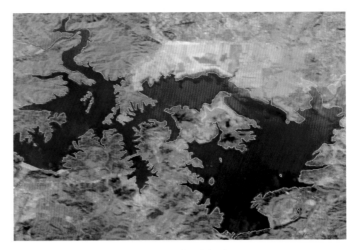

图1-8 大型水库

4. 典型非养殖水体

(1) **河流等水体**：河流、进排水渠道等流动性水体及公园内观赏水体等列为典型非养殖水体,不作为养殖水体面积遥感普查的提取对象,样图如图1-9所示。

图1-9 颐和园休闲观光水域

(2) **盐场等水体**：沿海地区如盐场等确认为非养殖功能的水体,不作为养殖水体面积遥感普查的提取对象,样图如图1-10所示。

图1-10 盐场

二、水体面积提取规则

1. 独立水体

对单个池塘、山塘、水库和湖泊等水体面积的提取,以遥感影像中实际显示的水陆交界水线为边界,形成闭合线计算水体面积。

2. 成片池塘水体

对成片池塘养殖水体面积的提取,以成片池塘在遥感影像中实际显示的最外沿水陆交界水线为边界,形成闭合线计算其水体面积;提取面积包括成片池塘中的塘埂和未被水覆盖的斜坡面积。

若大规模成片池塘区域中存在河流和大于30米宽度的道路,按河流或道路走向将大规模成片池塘分解成若干个小型成片池塘,剔除河流和道路面积后再进行水体面积提取。

3.浅海设施养殖水体

对浅海设施养殖水体面积的提取,以遥感影像中实际显示的成片养殖区最外沿设施连线为边界,形成闭合线计算其水体面积。

第五节　水产养殖水体资源成果图制作

一、全国1:25万测绘成果的使用

全国1:25万测绘成果的主要应用图层有行政区划层、公路层、铁路层、地名层、水系层与等高线层。其中公路、铁路、地名与水系层等四项主要应用于整饰成果图件,等高线图层主要应用于辅助水产养殖水域遥感提取方面,行政区划层主要用于分区域统计。成果图提供除经纬度之外,在叠加

上道路、水系、地名与政区数据后,能够更直观的凸显养殖水域的位置信息与地理属性,显示方式更为直观。

二、成果图制作

成果图主要包括县级以上地区的遥感影像图和水产养殖水体资源分布图。影像成果图底图主要由中巴地球资源卫星影像与电子地图中的铁路、公路组成。水产养殖水体资源分布图以水产养殖水体资源数据与电子地图数据中的道路、水系、地名与政区数据共同组成。影像成果图利用的中巴影像经过假彩色合成,可以直观展示区域信息,并依据影像的颜色、形状、纹理信息来判读水域、建筑和植被等不同信息,同时通过添加标注、交通图等数据信息,显示不同目标的空间地理位置信息。水产养殖水体资源图主要包括省、市、县三级。省、市级成果图能够展示下属行政级别的区划信息以及水产养殖水体资源本底数据,市级成果图中附有养殖水体资源结构组成情况,可直观显示下属各县区不同养殖水体类型比例。县区级水产养殖水体资源分布图为最终产品图,可更为直观显示本县区范围内的各个水产养殖水体的分布位置与利用类型。

第二章　江西省水产养殖概况及其水体资源

一、自然水资源条件

江西省,古称"吴头楚尾,粤户闽庭",别称赣鄱大地,地处东南偏中部长江中下游南岸。全省下辖南昌、上饶、九江、景德镇、萍乡、新余、鹰潭、赣州、宜春、吉安、抚州等11个地级市、19个市辖区、11个县级市、70个县,总面积16.69万平方千米。全境属中亚热带温暖湿润季风气候,年均气温16.3~19.5℃,气候温和,雨量丰沛,四季分明,日照充足,夏冬长,春秋短,多年平均降水量约1 640毫米,是"形胜之区",为典型的江南鱼米之乡。

1. 河流

江西省境内河流众多,水系纵横,流域面积10平方千米以上的大小河流有3 700多条,其中100平方千米以上的河流有451条。主要河流有赣江、抚河、信江、饶河、修河等5大河流,均汇入全国最大的淡水湖——鄱阳湖,经湖口注入长江,形成完整的鄱阳湖水系。此外,北部还有直接汇入长江的长河、沙河等河流,西部有汇入洞庭湖水系的渌水、栗水、渼水等河流,以及南部汇入东江水系的寻乌河、定南水等河流。

2. 湖泊

江西省境内不含鄱阳湖,有大中型湖泊16个,水域总面积7.18万公顷,占全省总面积的0.43%,主要分布在鄱阳湖周围及长江沿岸。依据其成因和自然环境及形态,一般可分为两种类型:一是因地质运动而自然演变形成的天然湖泊,如赛城湖、赤湖、太白湖、芳湖、瑶湖等;二是因综合水利设施建设、围堵鄱阳湖或其他大型湖汊而形成的湖泊,如新妙湖、南北港、矶山湖、寺下湖、军山湖、青岚湖等。这些湖泊基本上都经过改造,出口处大都建有涵闸和拦鱼设施,湖泊中水体水质肥沃,水草及天然饵料丰富,基本上未受污染,生态条件良好。

3. 水库、山塘

江西省境内水库、山塘星罗棋布,已建成各类水利工程40万余座。其中,各类水库有9 782座,山塘有24万多座,蓄水能力293亿立方米。据统计,大型水库有25座,中型水库有238座,小(一)型水库有1 439座,小(二)型水库有8 080座。

二、水生生物资源条件

全省境内水产生物资源丰富,已查明的鱼类有155种、约占全国淡水鱼总数的19.2%,有虾类7种、蟹类4种、蚌类51种、螺类27种、蛙类25种,还有不少珍稀水生植物及水生野生动物。其中鄱阳湖水体中的水生生物资源尤为丰富,已鉴定的浮游植物计有154属,分隶于8个门54个科;浮游动物主要有原生动物、腔肠动物、轮虫类、枝角类和桡足类等;水生维管束植物有102种,分隶于38科;鱼类有122种,分隶于21科;水生动物有国家一、二级保护动物白鳍豚和江豚。优质的水体资源与环境,丰富的水产生物资源,为江西省渔业产业健康发展,提供了得天独厚的养殖环境与种质条件。

三、水产养殖基本情况

据渔业统计数据,2008~2010年江西省水产养殖平均年总产量为182.80万吨,养殖面积为41.49万公顷,渔业产值为232.79亿元,渔民人均纯收入持续增长,纯收入达8 522元,年均增幅在8%以上。近年来,江西省渔业部门大力推进现代渔业建设,全面推广水产健康养殖新技术,推动实施了重点渔区"三万万工程"(万亩以上连片标准化池塘、亩均销售额和养殖户人均纯收入超万元)和丘陵地区"千万万工程"(千亩以上连片标准化池塘、亩均销售额和养殖户人均纯收入超万元),渔业生产连续多年保持平稳发展势头,取得了良好的经济、生态和社会效益。

江西省水产养殖主产区主要集中在环鄱阳湖地区,以

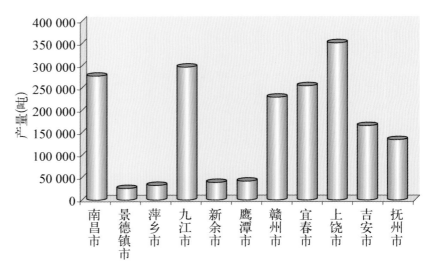

图2-1　2008~2010年江西省各市年养殖平均产量构成

上饶、九江、南昌等3市为主，集中在九江、彭泽、都昌、永修、湖口、鄱阳、余干、南昌、新建、进贤等10个养殖大县。江西省各市年平均养殖产量构成如图2-1所示。

四、水产养殖基本特点

江西省水产养殖类型多样、养殖品种丰富。养殖方式主要以池塘、水库、湖泊、河沟、稻田等为主，2010年各养殖类型的养殖产量分别占总产量的54.3%、24.2%、14.2%、3.2%、2.8%。养殖品种，鱼类主要有青鱼、草鱼、鲢、鳙、鲤鱼、鲫鱼、鳊鱼等大宗经济鱼类及鳗鱼、鲴鱼、鳜鱼、黄鳝（泥鳅）、黄颡鱼（乌鱼）、翘嘴鲌等特色鱼类；虾蟹类主要有克氏原螯虾、青虾、河蟹；贝类主要养殖对象为三角帆蚌、池蝶蚌；其他养殖品种还有棘胸蛙、龟鳖、娃娃鱼、鲟鱼和胭脂鱼等。如图2-2所示。

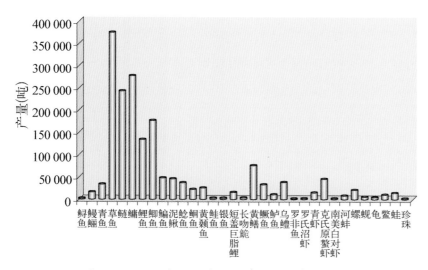

图2-2　2010年江西省主要养殖品种产量结构

目前，江西省已构建起合理的优势水产品养殖区域布局，培植并稳步发展了"一大十特"的特色水产养殖产业。"一大"，即以青鱼、草鱼、鲢、鳙、鲤鱼、鲫鱼、鳊鱼等"七大家鱼"为养殖重点的大宗淡水鱼养殖；"十特"，即重点开发鳗鱼、虾蟹、鲴鱼、鳜鱼、黄鳝（泥鳅）、珍珠、黄颡鱼（乌鱼）、龟鳖、棘胸蛙（娃娃鱼）及丘陵山区小型鱼类等特色鱼类养殖。全省正以此为重点，努力打造现代特色渔业产业链，加快建设生产发展、生态文明、资源节约、环境友好的现代水产养殖业。

五、养殖水体资源遥感监测结果

项目组按照水产养殖水体资源提取规范，以2008年CBERS影像数据为主，部分地区辅以2009年和2010年影像数据，对江西省各市（区、县）具有养殖功能的内陆养殖池塘，以及具有养殖功能或潜在养殖功能的水库、山塘和大于33.33公顷（500亩）以上的大水面水体进行了信息提取，结果如表2-1所示。

表2-1　江西省各地区水产养殖水体资源遥感监测结果

（续表）

地区		内陆池塘（公顷）	水库、山塘（公顷）	大水面（公顷）	区县合计（公顷）	总计（公顷）
南昌市	市辖区	1 284	510	1 039	2 833	80 630
	南昌县	8 805	2 376	8 566	19 747	
	安义县	503	822	134	1 459	
	新建县	2 167	2 904	15 500	20 571	
	进贤县	1 194	3 417	31 409	36 020	
景德镇市	市辖区	117	258		375	5 109
	浮梁县	53	603	156	812	
	乐平市	142	2 738	1 042	3 922	
萍乡市	市辖区	13	829	36	878	2 763
	上栗县	79	455	108	642	
	芦溪县	20	578	107	705	
	莲花县	9	387	142	538	
九江市	市辖区	338	541	7 932	8 811	186 293
	九江县	1 015	794	7 318	9 127	
	德安县	218	1 214	475	1 907	
	都昌县	2 176	2 076	61 480	65 732	
	湖口县	209	999	11 287	12 495	
	彭泽县	962	1 667	3 998	6 627	
	瑞昌市	219	809	3 899	4 927	
	武宁县	63	768	21 898	22 729	
	星子县	585	945	12 514	14 044	
	修水县	158	639	2 103	2 900	
	永修县	2 052	2 076	32 866	36 994	
新余市	市辖区	496	2 723	2 468	5 687	10 604
	分宜县	406	1 251	3 260	4 917	
鹰潭市	市辖区	41	267	38	346	4 889
	贵溪市	542	1 160	629	2 331	
	余江县	274	881	1 057	2 212	
赣州市	市辖区	192	107	36	335	23 933
	安远县	3	462	35	500	
	崇义县	90	182	2 585	2 857	
	大余县	133	668	565	1 366	
	定南县	72	166	227	465	
	赣县	189	743	705	1 637	
	会昌县	35	816	442	1 293	
	龙南县	6	288		294	
	南康市	26	1 463		1 489	
	宁都县	178	818	1 374	2 370	
	全南县	78	305	280	663	
	瑞金市	158	474	456	1 088	
	上犹县	28	261	1 899	2 188	
	石城县		373	85	458	
	信丰县	147	2 045	583	2 775	
	兴国县	83	594	1 625	2 302	
	寻乌县		425	39	464	
	于都县	174	1 048	167	1 389	

地区		内陆池塘（公顷）	水库、山塘（公顷）	大水面（公顷）	区县合计（公顷）	总计（公顷）
宜春市	市辖区	69	1 818	867	2 754	40 372
	高安市	1 566	3 469	2 901	7 936	
	靖安县	54	170	745	969	
	铜鼓县	6	53	563	622	
	樟树市	2 095	1 937	1 211	5 243	
	宜丰县	173	2 816	608	3 597	
	奉新县	49	1 340	186	1 575	
	丰城市	2 352	5 017	3 858	11 227	
	上高县	625	4 198	656	5 479	
	万载县	55	705	210	970	
上饶市	市辖区	155	455	35	645	95 415
	上饶县	67	468	935	1 470	
	德兴市	40	508	531	1 079	
	广丰县	162	635	491	1 288	
	横峰县	35	492	36	563	
	鄱阳县	3 058	3 648	40 490	47 196	
	铅山县	55	699	407	1 161	
	万年县	1 234	1 018	942	3 194	
	婺源县	116	802	1 144	2 062	
	弋阳县	49	1 105	469	1 623	
	余干县	3 423	1 794	28 194	33 411	
	玉山县	50	820	853	1 723	
吉安市	市辖区	160	1 982	1 070	3 212	24 612
	吉安县	161	2 483	1 151	3 795	

地区		内陆池塘（公顷）	水库、山塘（公顷）	大水面（公顷）	区县合计（公顷）	总计（公顷）
吉安市	安福县	57	975	1 207	2 239	24 612
	吉水县	53	1 785	319	2 157	
	井冈山市	20	129	188	337	
	遂川县	29	234	62	325	
	泰和县	335	2 747	1 468	4 550	
	万安县	68	1 644	740	2 452	
	峡江县	70	1 143	352	1 565	
	新干县	194	914	329	1 437	
	永丰县	48	824	269	1 141	
	永新县	11	855	536	1 402	
抚州市	市辖区	276	2 898	1 167	4 341	23 800
	东乡县	402	2 417	1 504	4 323	
	崇仁县	100	1 156	226	1 482	
	广昌县	9	243	365	617	
	金溪县	80	783	676	1 539	
	乐安县	29	600	97	726	
	黎川县	89	315	2 004	2 408	
	南城县	539	550	5 468	6 557	
	南丰县		578	450	1 028	
	宜黄县	175	30	359	564	
	资溪县	41	82	92	215	
全省总计		44 166	105 259	348 995	498 420	498 420

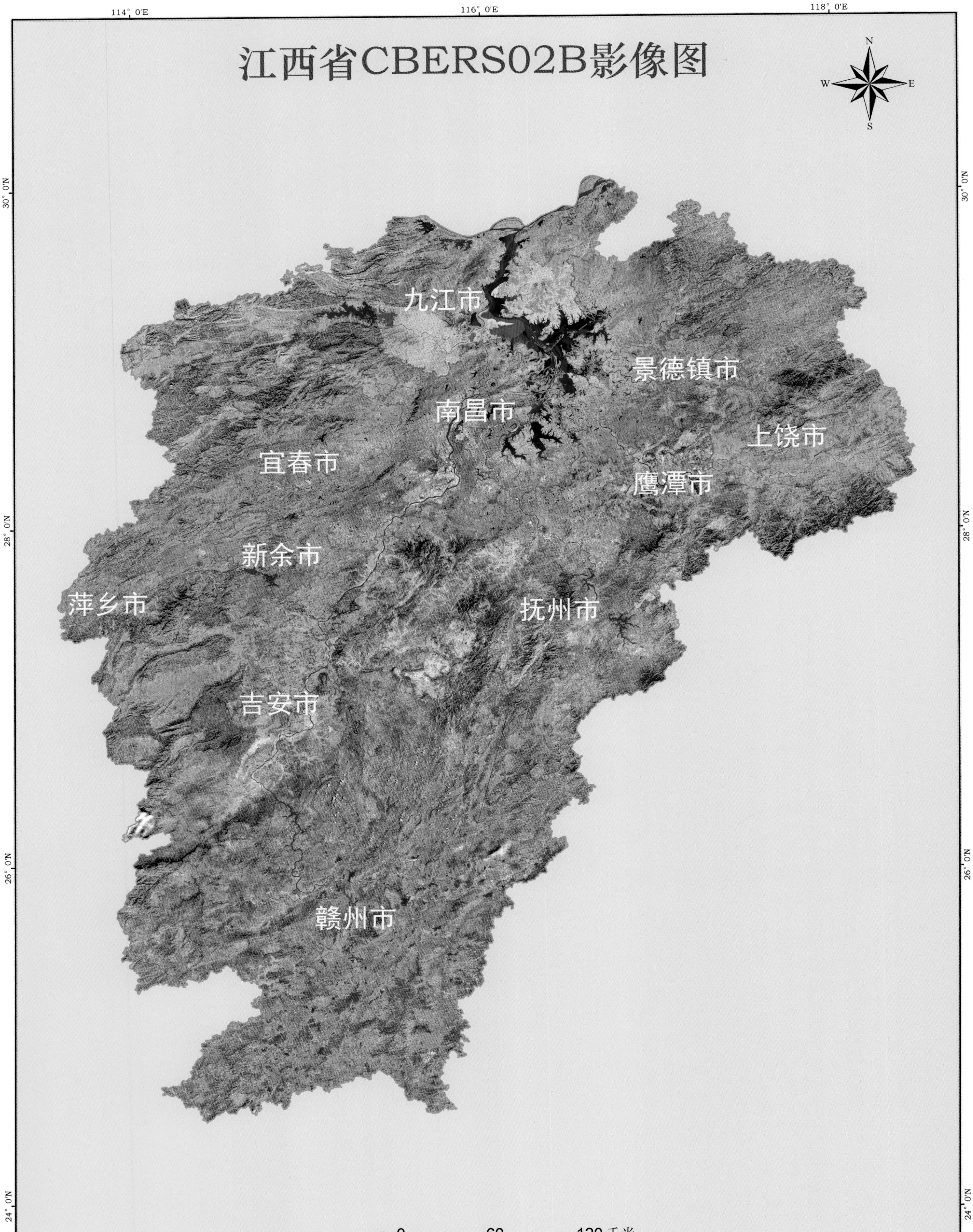
江西省CBERS02B影像图
N
W
E
S
114° 0'E
116° 0'E
118° 0'E
30° 0'N
28° 0'N
26° 0'N
24° 0'N
九江市
景德镇市
南昌市
上饶市
宜春市
鹰潭市
新余市
萍乡市
抚州市
吉安市
赣州市
0
60
120 千米

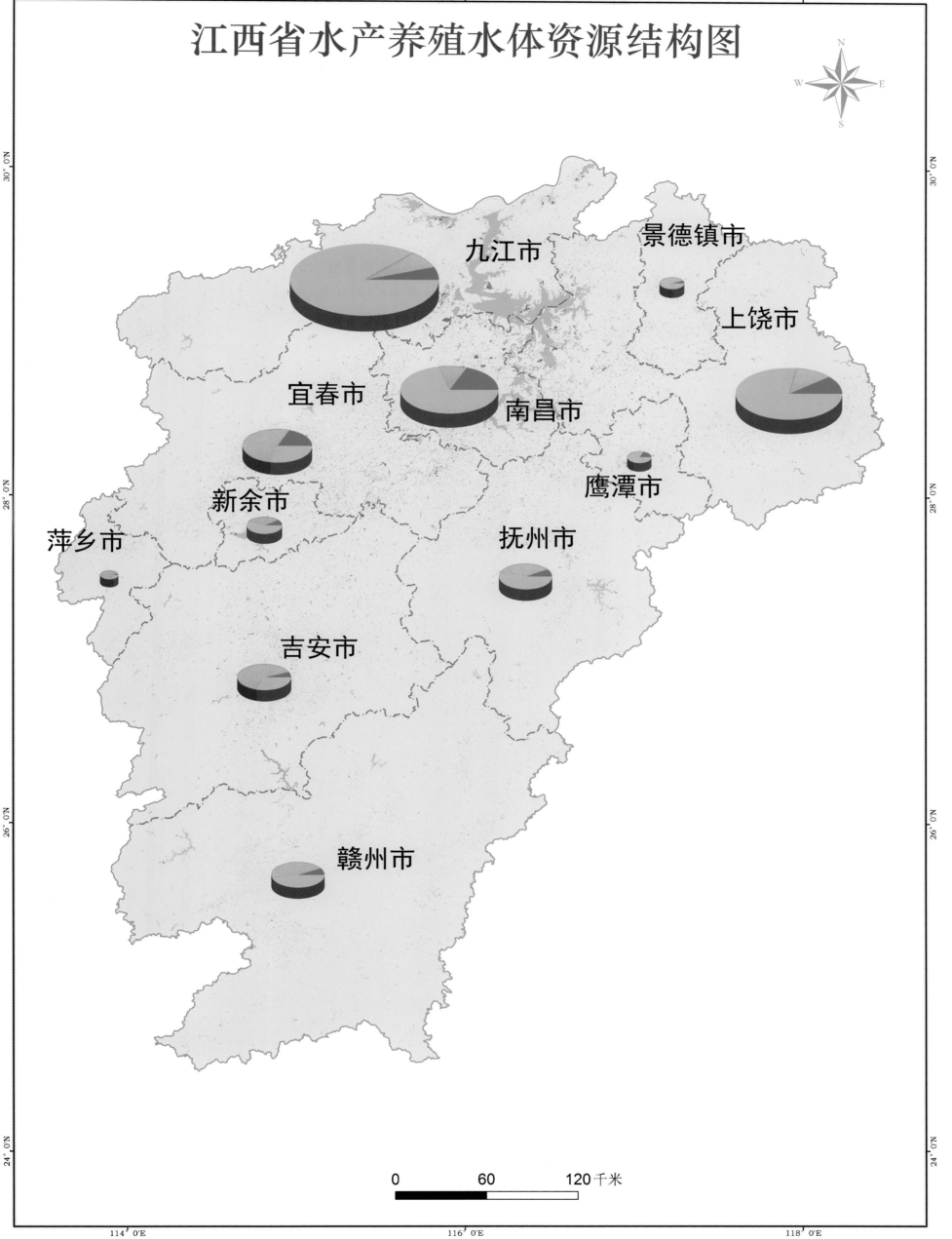

江西省水产养殖水体资源结构图

九江市

景德镇市

上饶市

宜春市

南昌市

新余市

鹰潭市

萍乡市

抚州市

吉安市

赣州市

0   60   120千米

11

第一节 南昌市

一、自然水资源与生物资源条件

南昌市地处江西中部偏北，赣江、抚河下游，濒临鄱阳湖西口岸，是长江、珠江三角洲连接带，赣江、抚河、锦河、信江、潦河的主支流贯穿其间，属亚热带季风区。全市下辖东湖区、西湖区、青云谱区、青山湖区、湾里区、红谷滩区6个区，以及南昌县、新建县、进贤县、安义县4个县，另外设有红谷滩新区、高新区、南昌经济开发区、小蓝经济技术开发区、桑海经济技术开发区、望城新区，总面积7 402.36平方千米。境内气候湿润温和，雨量充沛，年降水量1 600～1 700毫米。

南昌市域江河港汊纵横交错，水网密布，湖泊、池塘、水库星罗棋布，水域面积21.5万公顷。境内河流主要有赣江、抚河、玉带河、锦江、潦河等，湖泊主要有军山湖、金溪湖、青岚湖、瑶湖等数百个大小湖泊。优越的水域自然条件，对水生动植物的繁衍生长十分有利，为渔业的发展提供了得天独厚的条件。

南昌市水生生物资源丰富，自然界主要水生生物种类和水产养殖品种主要有青鱼、草鱼、鳙、鲢、鳜鱼、鲤鱼、鲫鱼、鳊鱼、团头鲂、黄颡鱼、乌鳢、月鳢、中华绒螯蟹、黄鳝、泥鳅、虾类（克氏原螯虾、青虾）、蛙等。

二、水产养殖基本情况

据渔业统计，2008～2010年南昌市水产养殖产量分别为272 662吨、274 727吨、280 342吨，养殖面积分别为55 728公顷、56 100公顷、55 975公顷，渔业总产值分别为36.13亿元、39.04亿元、42.11亿元。该市水产养殖主要以池塘养殖为主，淡水湖泊和水库养殖为辅。淡水池塘养殖以鲫鱼、草鱼、鳙、鲢、鳜鱼、鲤鱼等品种为主；湖泊和水库养殖以河蟹、草鱼、青鱼等品种为主。

南昌市水产养殖主产区主要集中在南昌、进贤和新建3县，2008～2010年产量以南昌县最高，年平均为99 302吨；其次为进贤县，为79 180吨，再次为新建县，为61 016吨；其余依次为安义县的21 274吨和市辖区的15 547吨。南昌市各县（区）年平均产量结构如图2-1-1所示。

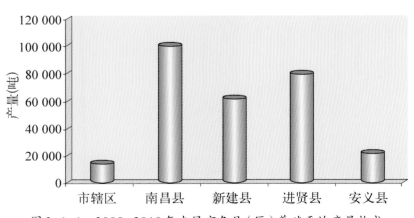

图2-1-1　2008~2010年南昌市各县（区）养殖平均产量构成

三、水产养殖特点

1. 主要水产养殖类型与方式

南昌市水产养殖主要有池塘养殖、水库养殖、湖泊养殖和河沟养殖等类型。

（1）池塘养殖：2010年养殖面积为15 564公顷，平均单产水平为10 068千克/公顷。

（2）水库养殖：2010年养殖面积为5 303公顷，平均单产水平为7 230千克/公顷。

（3）湖泊养殖：2010年养殖面积为31 784公顷，平均单产水平为2 081千克/公顷。

（4）河沟养殖：2010年养殖面积为2 712公顷，平均单产水平为6 391千克/公顷。

（5）其他养殖（含稻田养殖）：2010年养殖面积为747公顷，平均单产水平为2 463千克/公顷。

2. 主要养殖品种结构

南昌市主要养殖品种有克氏原螯虾、青鱼、草鱼、鲢、鳙、鲤鱼、鲫鱼、鳊鱼、泥鳅、鲶鱼、鳜鱼、短盖巨脂鲤、黄鳝等。2010年南昌市养殖品种产量结构如图2-1-2所示。

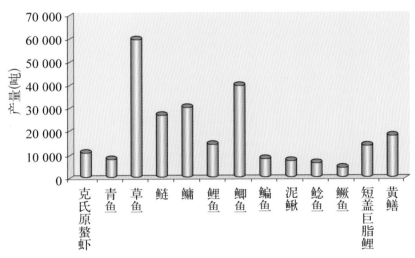

图2-1-2　2010年南昌市主要水产养殖品种产量构成

3. 特色养殖

（1）网箱养殖黄鳝：网箱养殖黄鳝以进贤县、南昌县、新建县等环鄱阳湖的县为主，尤其以进贤的三里乡为重点，2010年三里乡网箱养鳝规模达20万箱，产值达3.2亿元，带动农户800多户。

（2）大水面河蟹放养：河蟹养殖以"军山湖"为龙头品牌，已形成以进贤县为主的河蟹产业。2010年全市河蟹放养面积3.1万公顷，产量2 000多吨。进贤县被评为"中国河蟹之乡"。

四、养殖水体资源遥感监测结果

南昌市水产养殖水体资源遥感监测结果如表2-1-1所示。

表 2-1-1　南昌市水产养殖水体资源

地　区	内陆池塘（公顷）	水库、山塘（公顷）	大水面（公顷）	区县合计（公顷）	总　计（公顷）
市辖区	1 284	510	1 039	2 833	80 630
南昌县	8 805	2 376	8 566	19 747	
安义县	503	822	134	1 459	
新建县	2 167	2 904	15 500	20 571	
进贤县	1 194	3 417	31 409	36 020	

所示。

表 2-1-2　20公顷以上成片池塘分布情况

地　区	数　量（片）	面　积（公顷）	全市总计（公顷）
市辖区	7	478	5 189
南昌县	56	3 574	
安义县			
新建县	17	859	
进贤县	8	278	

五、20公顷以上成片养殖池塘分布

南昌市20公顷以上成片养殖池塘分布如表2-1-2

图 2-1-3　三里乡黄鳝网箱养殖

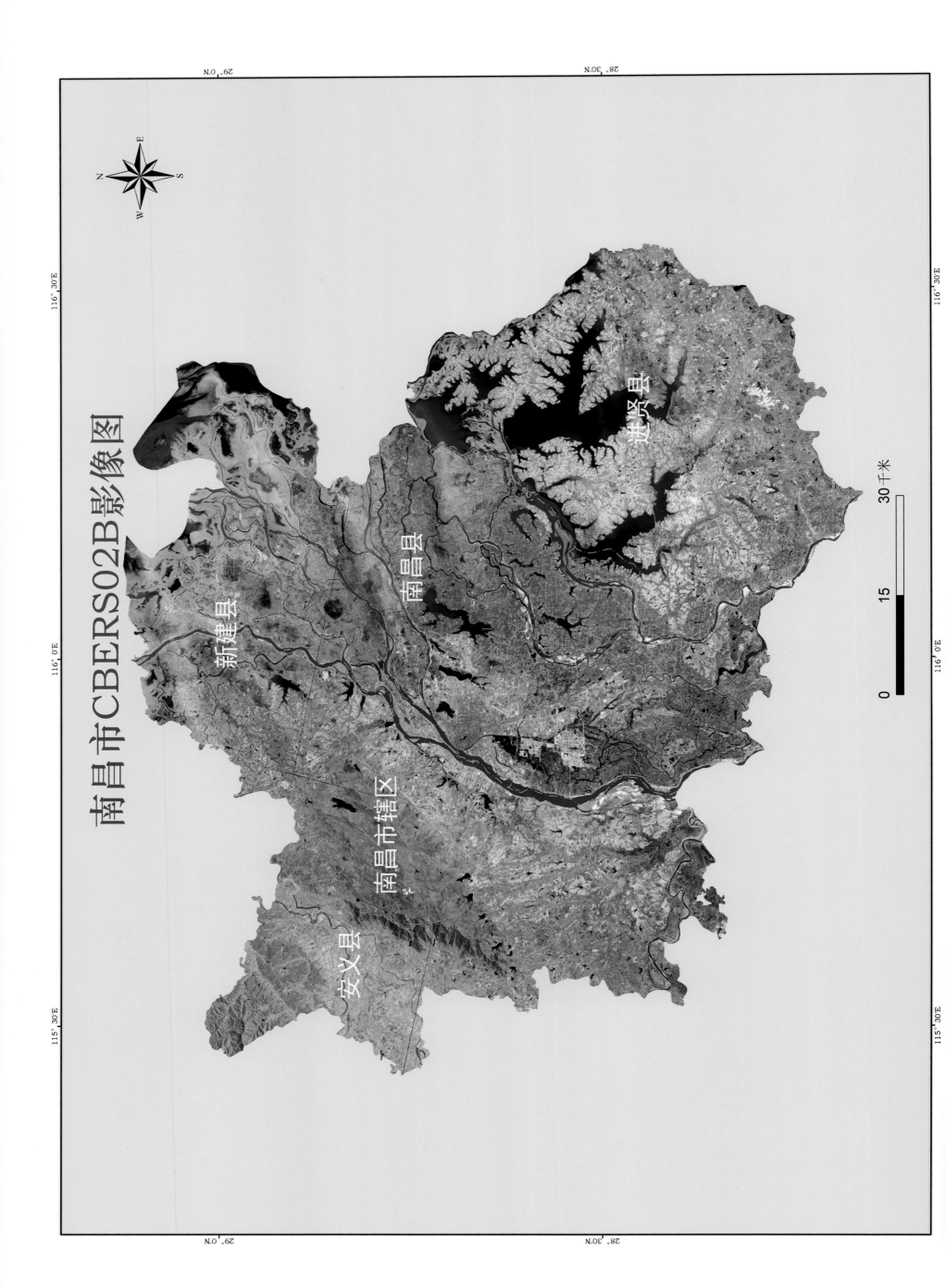

南昌市CBERS02B影像图

新建县

南昌县

进贤县

安义县

南昌市市辖区

0   15   30千米

14

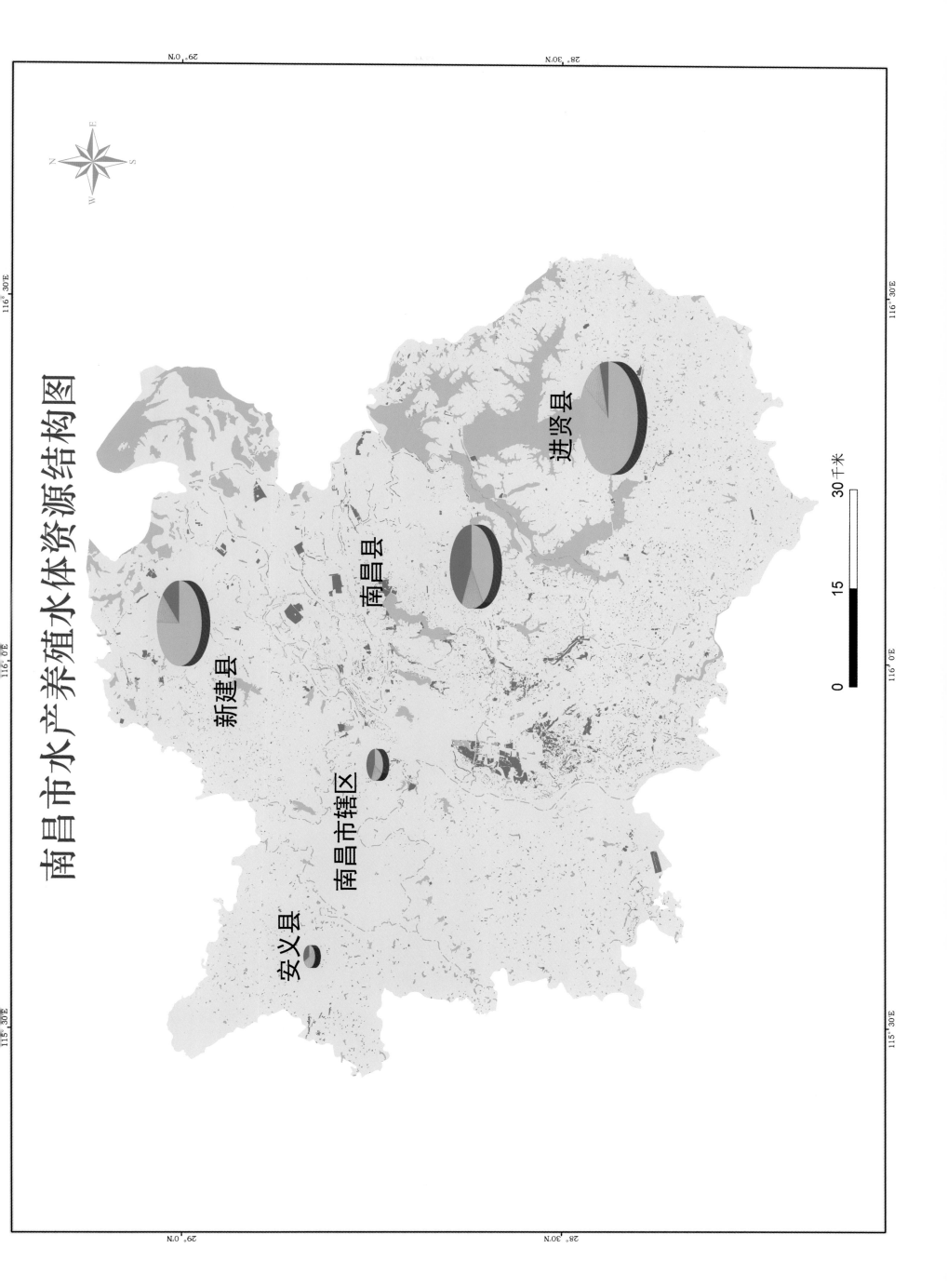

南昌市水产养殖水体资源结构图

安义县

南昌市辖区

新建县

南昌县

进贤县

0   15   30千米

15

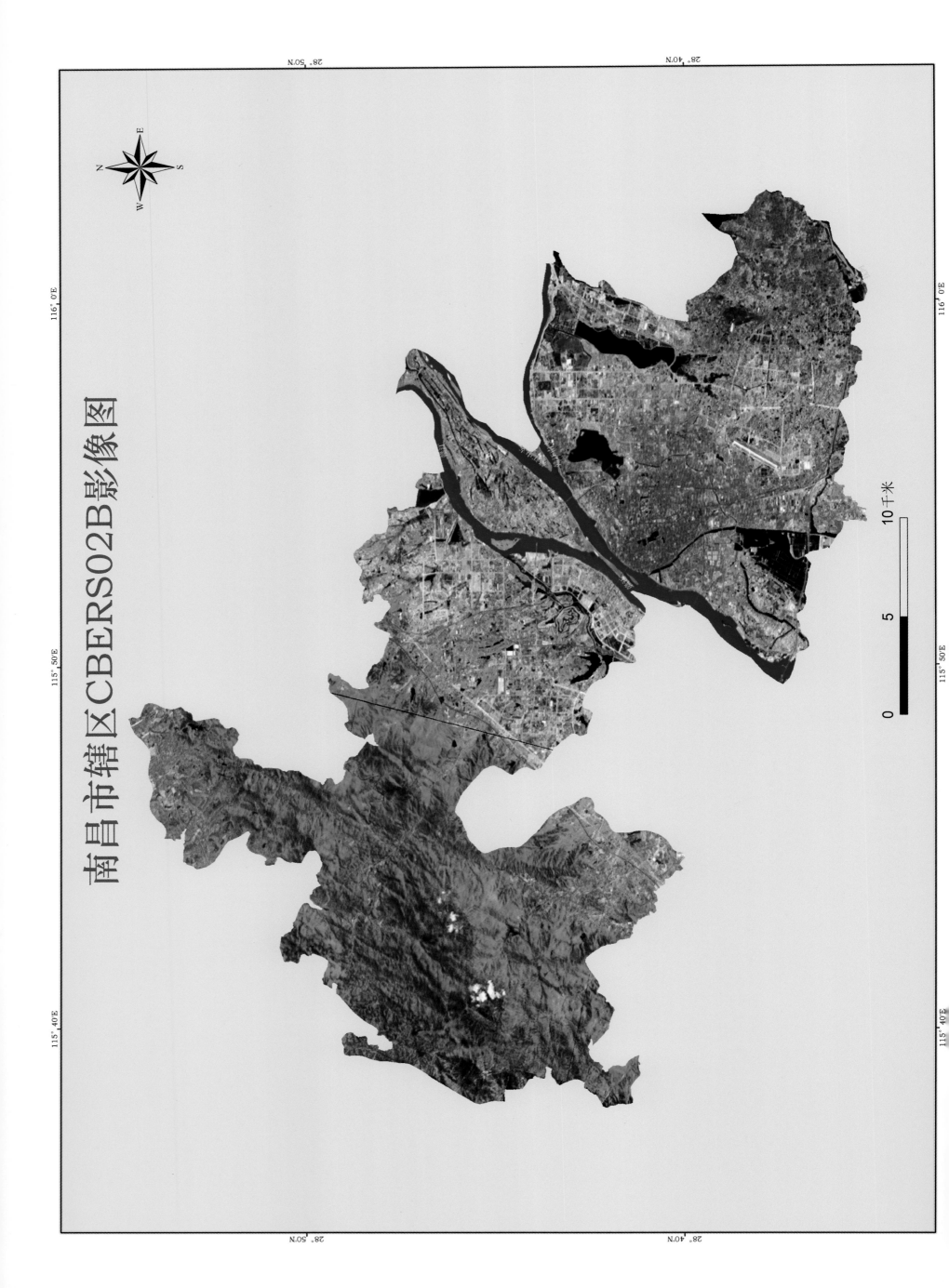

南昌市辖区CBERS02B影像图

10千米

16

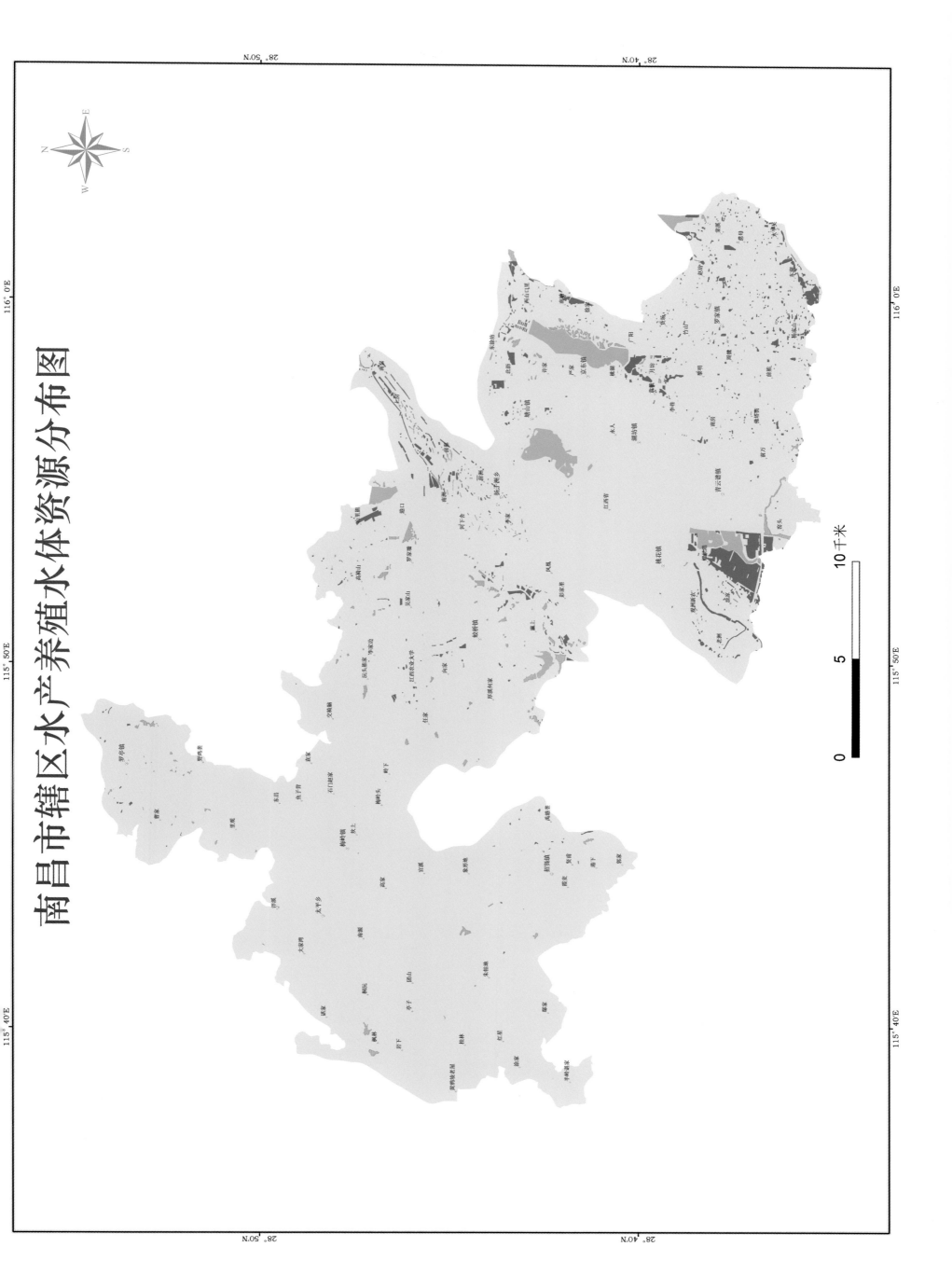

南昌市辖区水产养殖水体资源分布图

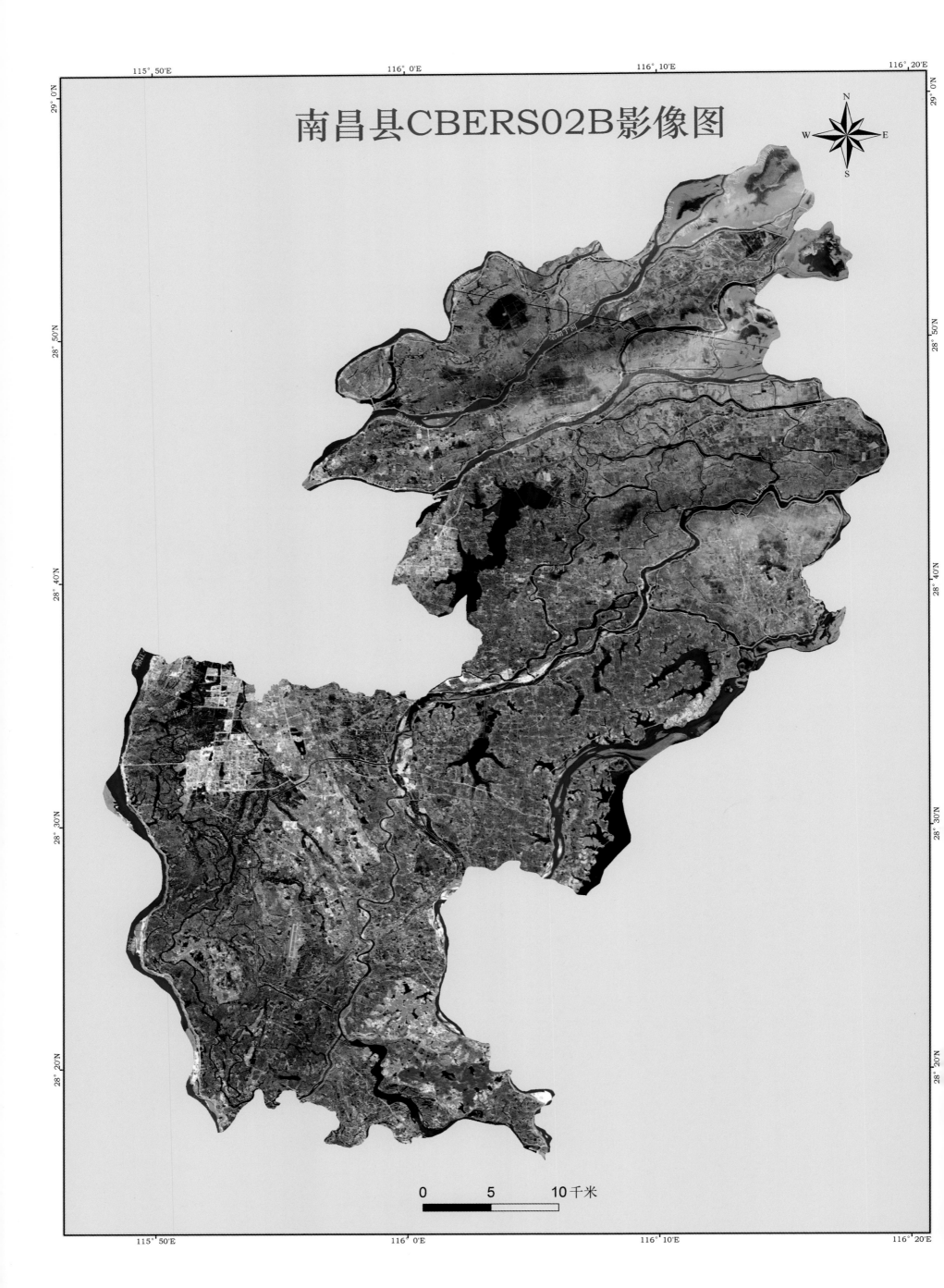

南昌县CBERS02B影像图

0　　5　　10千米

南昌县水产养殖水体资源分布图

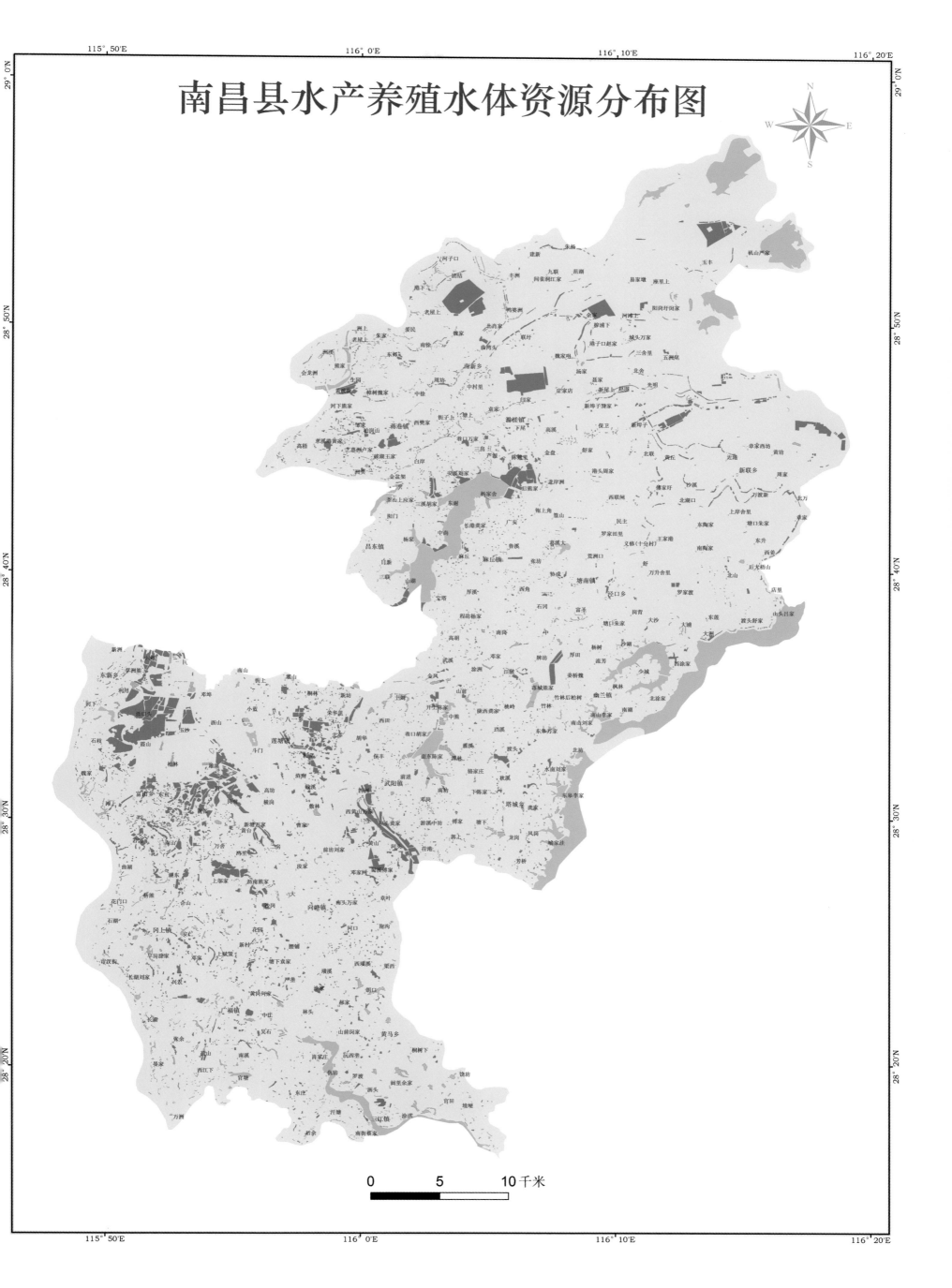

0　5　10千米

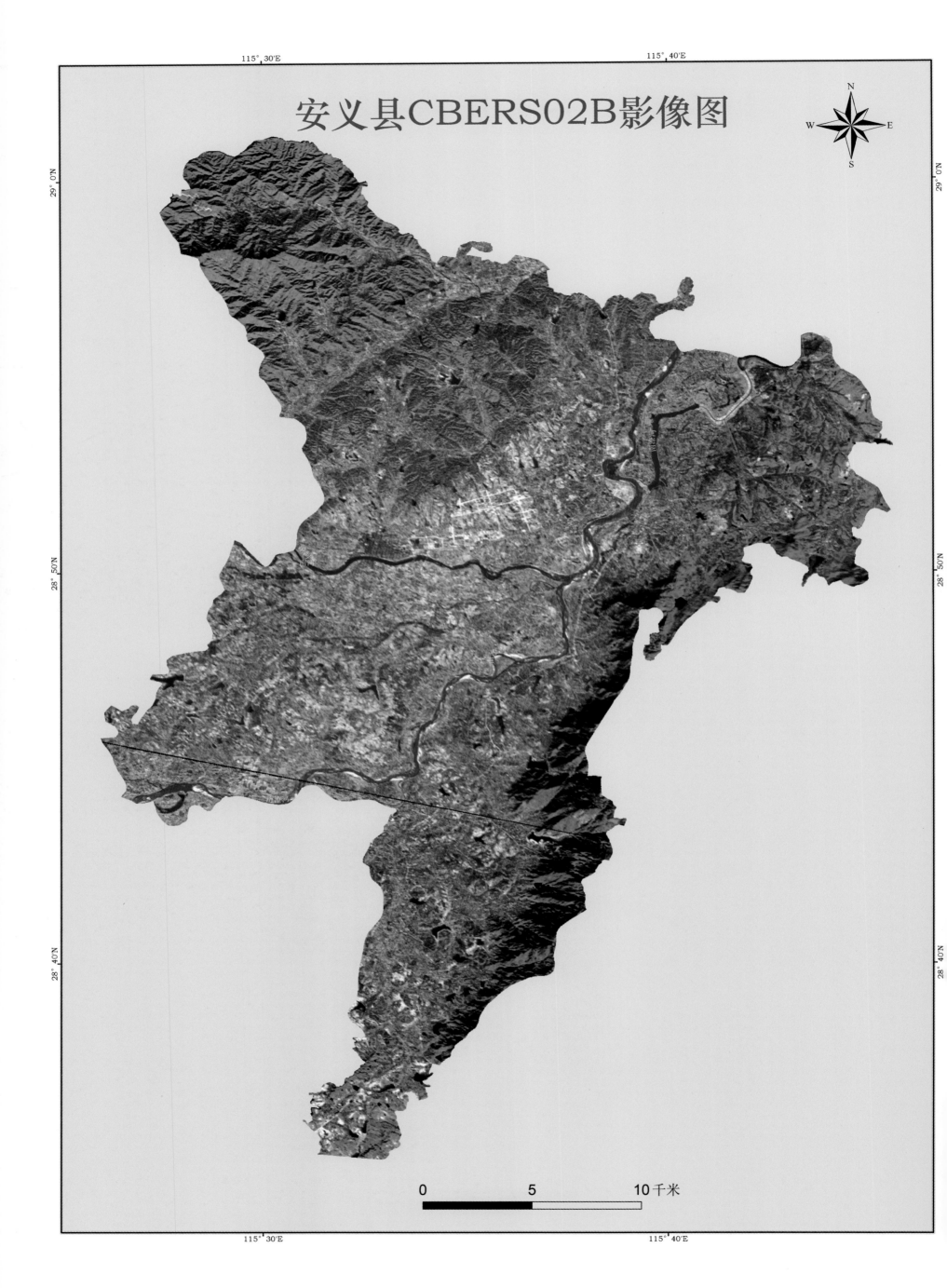

安义县CBERS02B影像图

安义县水产养殖水体资源分布图

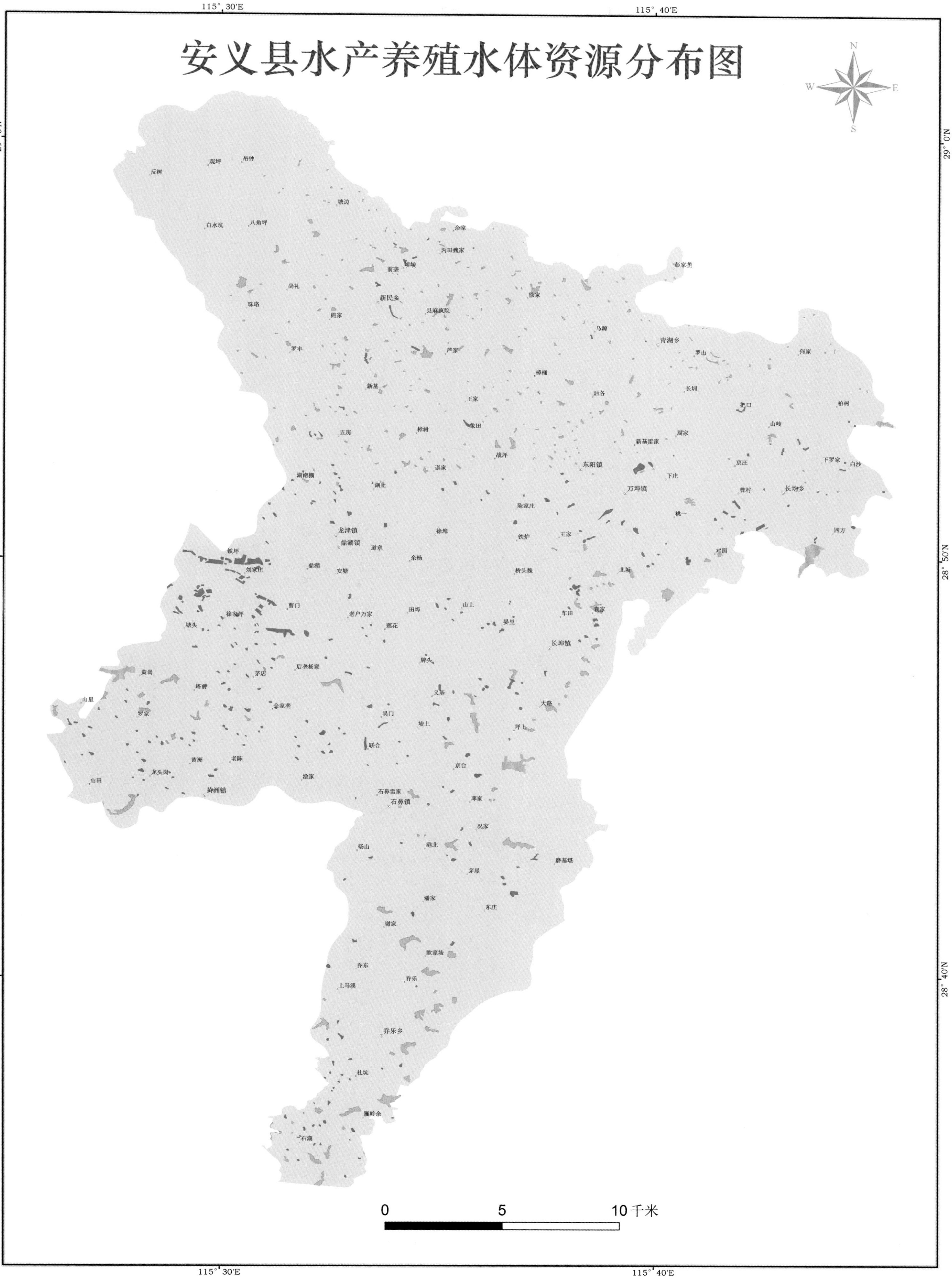

反桐　观坪　吊钟

白水坑　八角坪　塘边

尚礼　　　　　新民乡　余家
陈家　　　　　丙田魏家
珠塔　　蒋泰　新峻
　　　　　　　县麻家院　　郑家垄
罗丰　　　　　严家　　　　　马源　　青湖乡　罗山　　　何家
新基　　　　　　　樟植　　　　　　　长垅
　　　王家　　　后各　　　　　　　　把口
湖南糊　樟树　象田　　　　新基雷家　周家　　山岐　柏树
五房　　　战坪　　东阳镇　下庄　京庄　　下罗家　白沙
　　潮上　诛家　　　陈家庄　万埠镇　曹村　　长均乡
龙津镇　徐埠　　　铁炉　王家　桃一　　　四方
鼎湖镇　进章　余杨　　桥头魏　　对面
铁坪　安塘　　　　　　　　　北坂
刘家庄　　　　　　山上　晏里　车田　袁家
曹门　老户万家　田埠　　　　　长埠镇
徐涛坪　莲花　　　　　　　　大路
塘头　　　　后差杨家　牌头
黄嵩　茅店　　　义基
山里　罗家　塔渚　金家差　吴门　埠上　坪上
龙头阁　黄洲　老陈　涂家　联合　京台
山田　赣洲镇　　　　　　　石鼻雷家
　　　　　　　　石鼻镇　邓家
　　　　砀山　港北　　　　　呪家
　　　　　　茅屋　　　唐基瑶
　　　　　　潘家　东庄
　　　　谢家
　　　　乔东　欧家埠
　　上马溪　乔乐
　　　　乔乐乡
　　　　杜坑
　　　雁岭余
　　石湖

0　　　5　　　10 千米

21

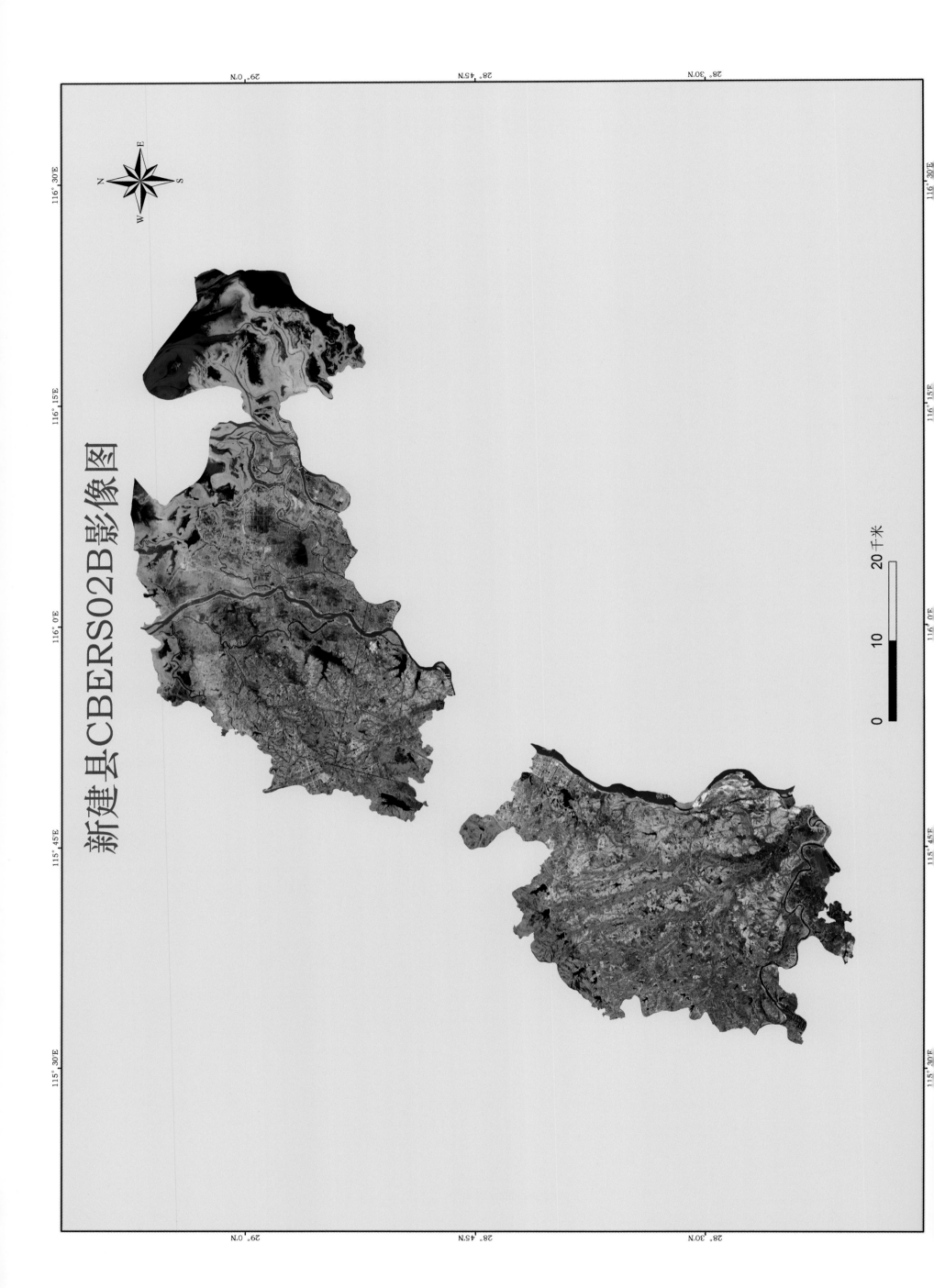

新建县CBERS02B影像图

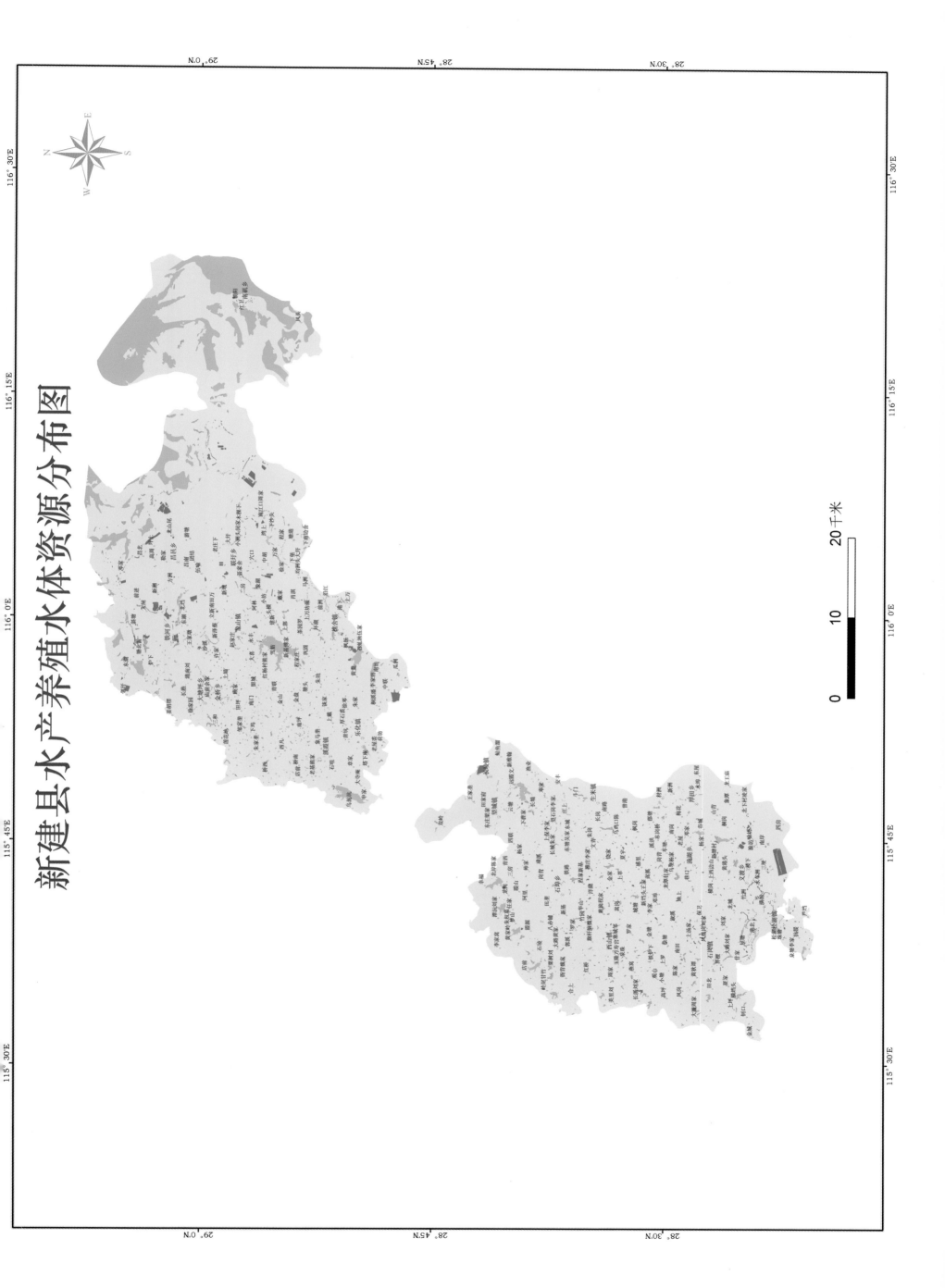

新建县水产养殖水体资源分布图

23

进贤县CBERS02B影像图

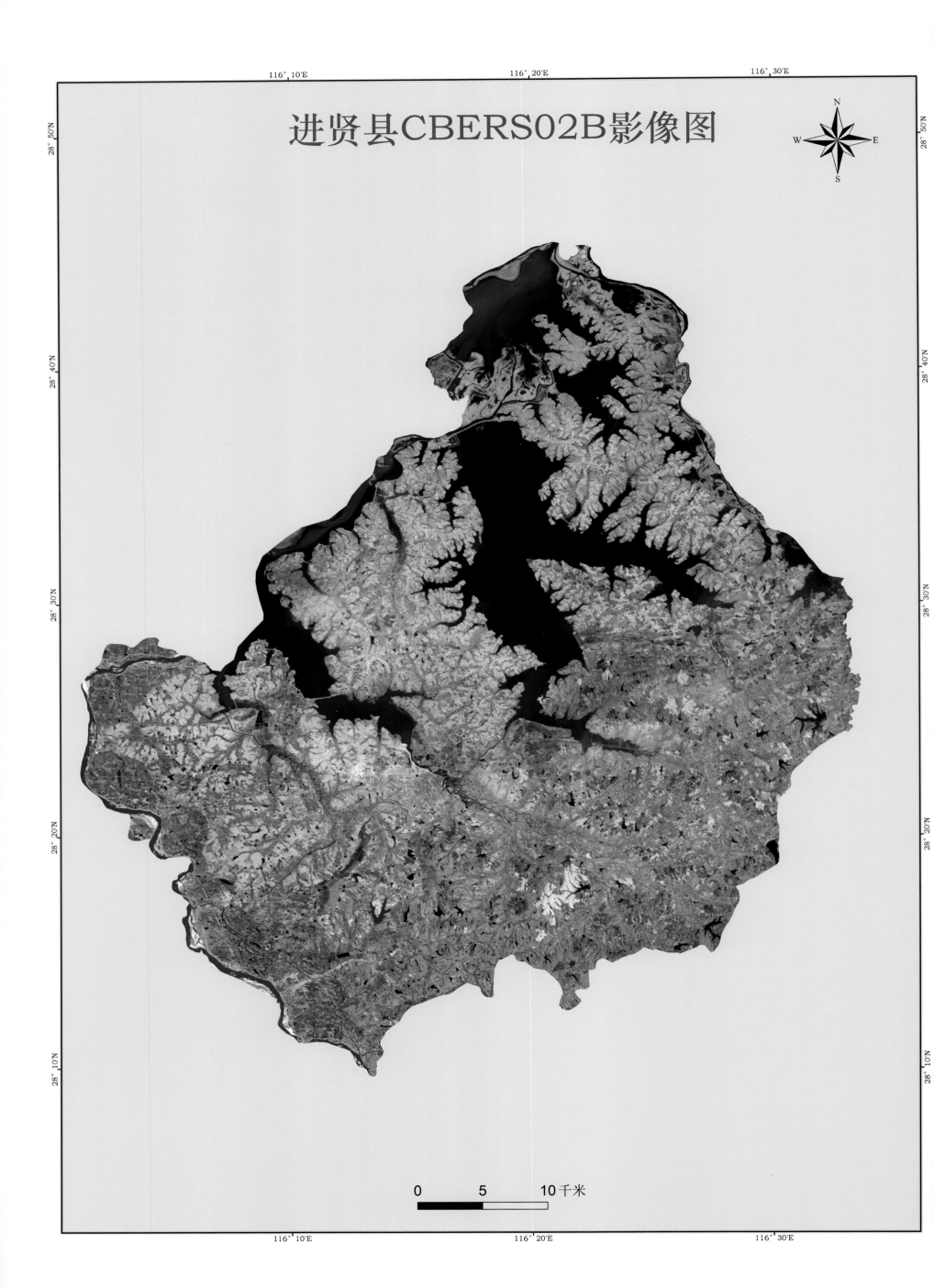

116°10'E　116°20'E　116°30'E

28°50'N　28°40'N　28°30'N　28°20'N　28°10'N

N
W　E
S

0　5　10千米

进贤县水产养殖水体资源分布图

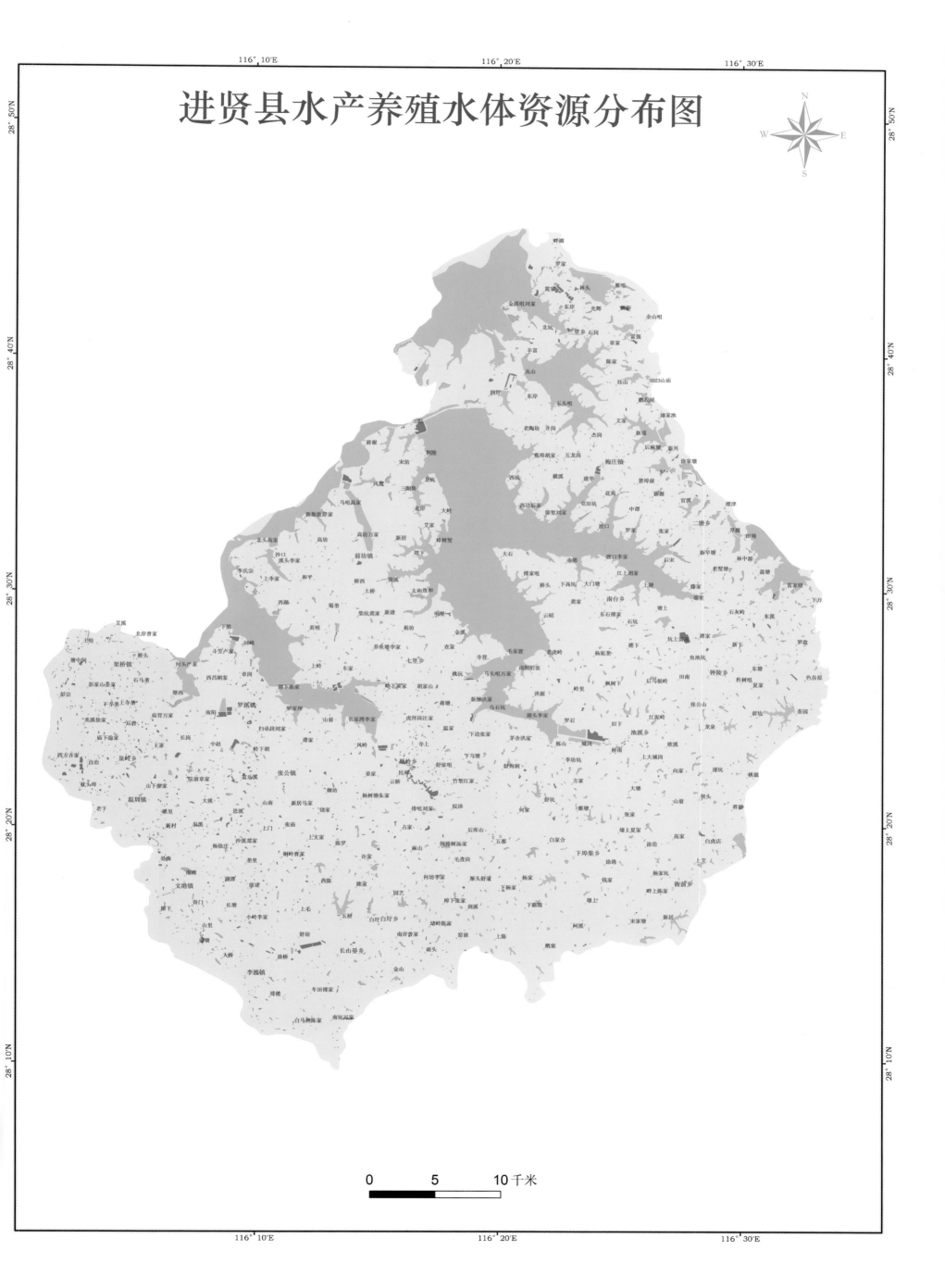

第二节　景德镇市

一、自然水资源与生物资源条件

景德镇市位于江西省东北部，坐落在黄山、怀玉山余脉与鄱阳湖平原过渡地带，扼赣、浙、皖三省交界，属亚热带季风湿润气候区。全市下辖1个市、1个县和2个区，总面积5 256平方千米，境内四季分明、光照充足、雨量充沛，年平均降水量1 763.5毫米。

境内河川纵横交错，水资源丰富，有组成饶河水系的昌江和乐安江两河穿境而过。其中，饶河北支昌江源于安徽省祁门县大洪山，在德镇市境内长70多千米，常年平均水面积有2 000公顷；饶河南支乐安江是饶河的主流，源于婺源县怀玉山区，在境内流经名口、众埠等10余个乡镇，总长83.2千米，水面积3 333.33公顷。昌江、乐安江在景德镇市境内沿途各有四五十条呈羽（网）状分布的支流汇入。

景德镇市属饶河水系，水生动物种类丰富，主要有草鱼、鲫鱼、鲢、鳙、鳊鱼、鳜鱼、翘嘴鲌、珍珠、甲鱼、蛙类、泥鳅、黄鳝、青虾、小龙虾和中华绒螯蟹等鱼类、甲壳动物及软体动物。丰富的淡水生物资源，为景德镇市的水产养殖业发展提供了良好种质条件。

二、水产养殖基本情况

景德镇市水产养殖主要以四大家鱼为主，同时大力发展特种养殖。据渔业统计，2008~2010年水产养殖产量分别为23 637吨、23 701吨、24 316吨；养殖面积分别为6 690公顷、6 704公顷、6 946公顷；渔业总产值分别为3.52亿元、3.62亿元、3.81亿元。该市根据地理环境、水域资源、水生生物资源和渔业生产环境等自然条件，确立了今后渔业生产重点放在池塘、水库无公害养殖和大力发展集旅游、观光、垂钓为一体的"休闲渔业"上，转变发展方式，加快发展绿色渔业、设施渔业、休闲渔业的步伐，在提高品质的基础上主攻单产。

景德镇市水产养殖主产区主要分布在乐平市，其养殖水面占到全市养殖水面的77%左右。2008~2010年各县（市、区）养殖产量以乐平市为最高，年平均为17 778吨；其次为浮梁县的3 060吨、市辖区的3 047吨。景德镇各县（市、区）渔业养殖产量构成如图2-2-1所示。

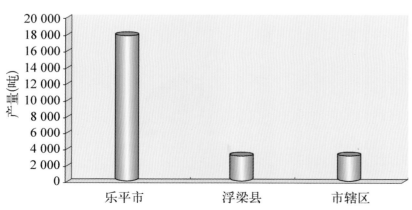

图2-2-1　2008~2010年景德镇市各县（市、区）养殖平均产量构成

三、水产养殖特点

1. 主要水产养殖类型与方式

景德镇市水产养殖主要有池塘养殖、水库养殖、河沟养殖和稻田养殖等类型。

（1）池塘养殖：2010年养殖面积为1 336公顷，平均单产水平为6 051千克/公顷。

（2）水库养殖：2010年养殖面积为5 330公顷，平均单产水平为2 860千克/公顷。

（3）河沟养殖：2010年养殖面积为280公顷，平均单产水平为3 250千克/公顷。

（4）稻田养殖：2010年养殖面积为50多公顷，平均单产水平为1 528千克/公顷。

2. 主要养殖品种结构

景德镇市主要养殖品种有青鱼、草鱼、鲢、鳙、鲫鱼、鳊鱼、鳜鱼、黄鳝、克氏原螯虾。其中，草鱼、鲢、鳙、鲫鱼养殖产量约占养殖产量的62%，其他养殖品种约占38%。景德镇市2010年主要养殖品种产量结构如图2-2-2所示。

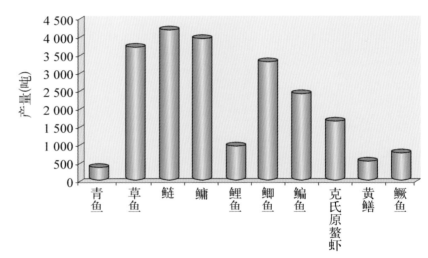

图2-2-2　2010年景德镇市主要养殖品种产量结构

3. 特色养殖

景德镇市特种水产养殖品种主要有河蟹、甲鱼、鳜鱼、鲈鱼、翘嘴鲌、黄鳝、泥鳅、鳗鲡、乌鳢、鲶鱼、鲖鱼、黄颡鱼、青虾、克氏原螯虾、蛙类、珍珠等。

四、养殖水体资源遥感监测结果

景德镇市水产养殖水体资源遥感监测结果如表2-2-1所示。

表2-2-1　景德镇市水产养殖水体资源

地　区	内陆池塘（公顷）	水库、山塘（公顷）	大水面（公顷）	区县合计（公顷）	总　计（公顷）
市辖区	117	258		375	
浮梁县	53	603	156	812	5 109
乐平市	142	2 738	1 042	3 922	

五、20公顷以上成片养殖池塘分布

遥感影像显示，景德镇市未见20公顷以上成片养殖池塘分布。

图2-2-3 浮梁瑶河刺鲃养殖

图2-2-4 水库万亩生态养殖

图2-2-5 休闲垂钓山庄

图2-2-6 民兵水库鲈鱼网箱养殖

景德镇市CBERS02B影像图

浮梁县

景德镇市辖区

乐平市

0   12.5   25 千米

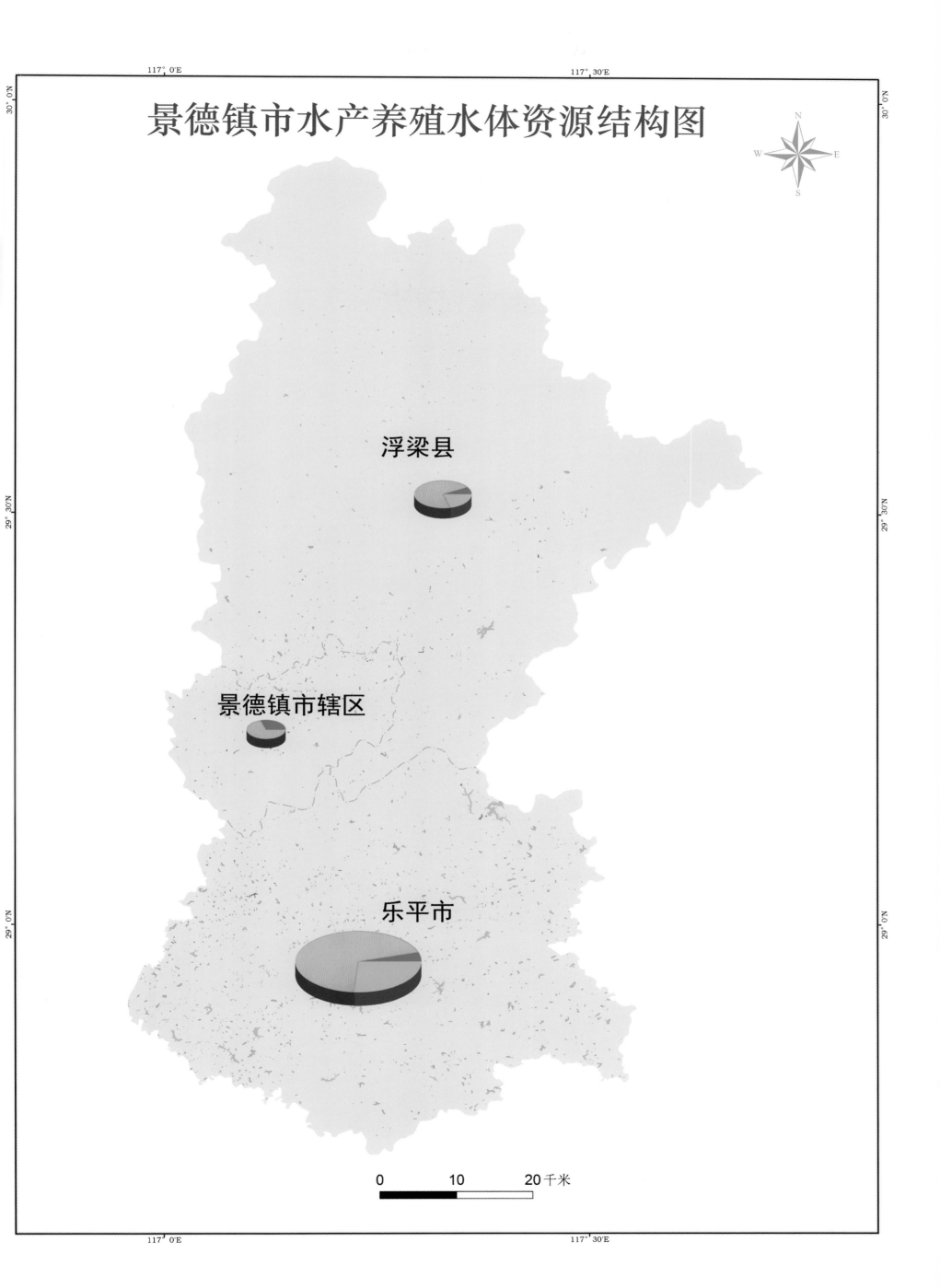

景德镇市水产养殖水体资源结构图

浮梁县

景德镇市辖区

乐平市

0   10   20千米

景德镇市辖区CBERS02B影像图

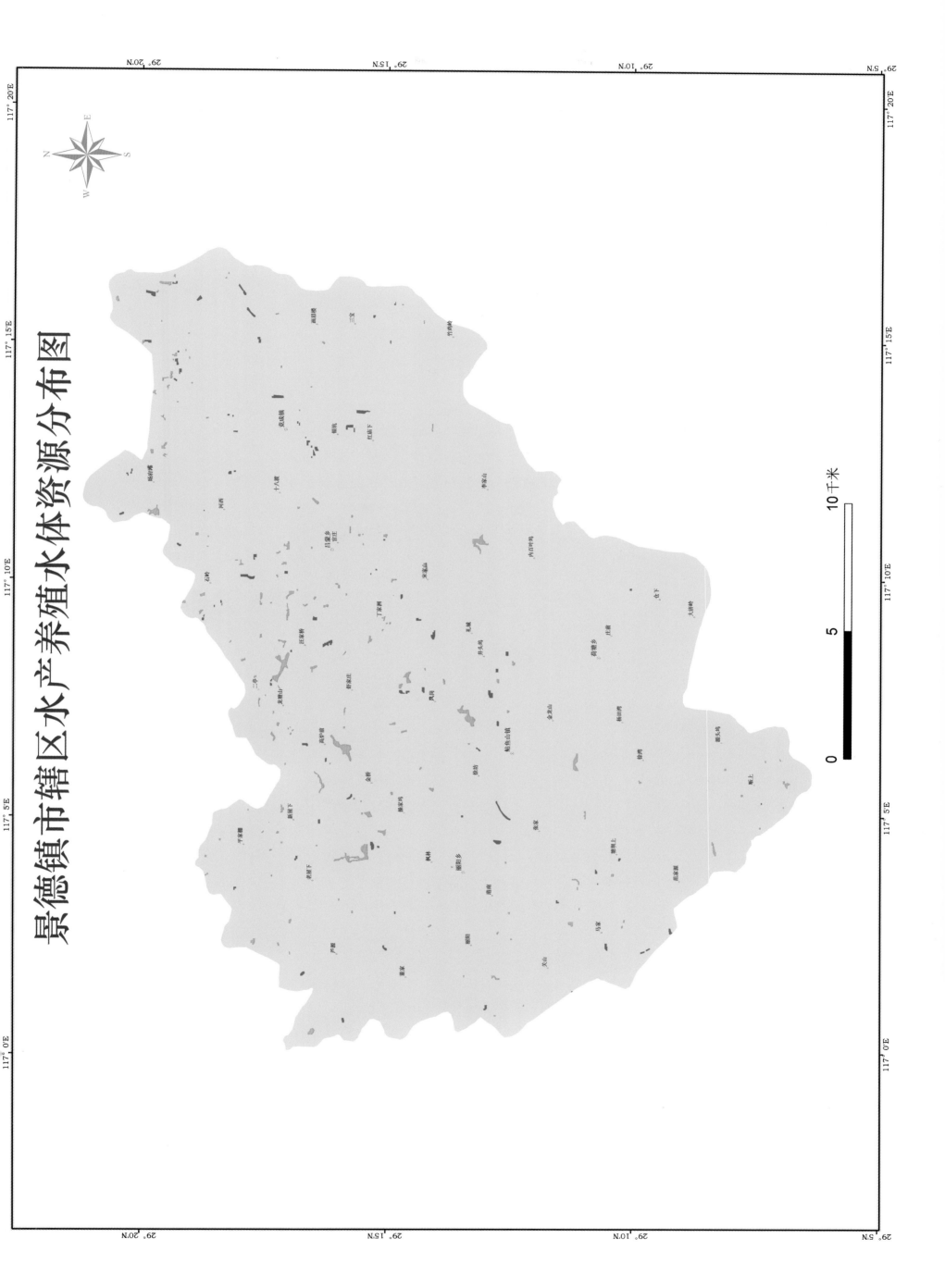

景德镇市辖区水产养殖水体资源分布图

0　　5　　10千米

31

浮梁县CBERS02B影像图

浮梁县水产养殖水体资源分布图

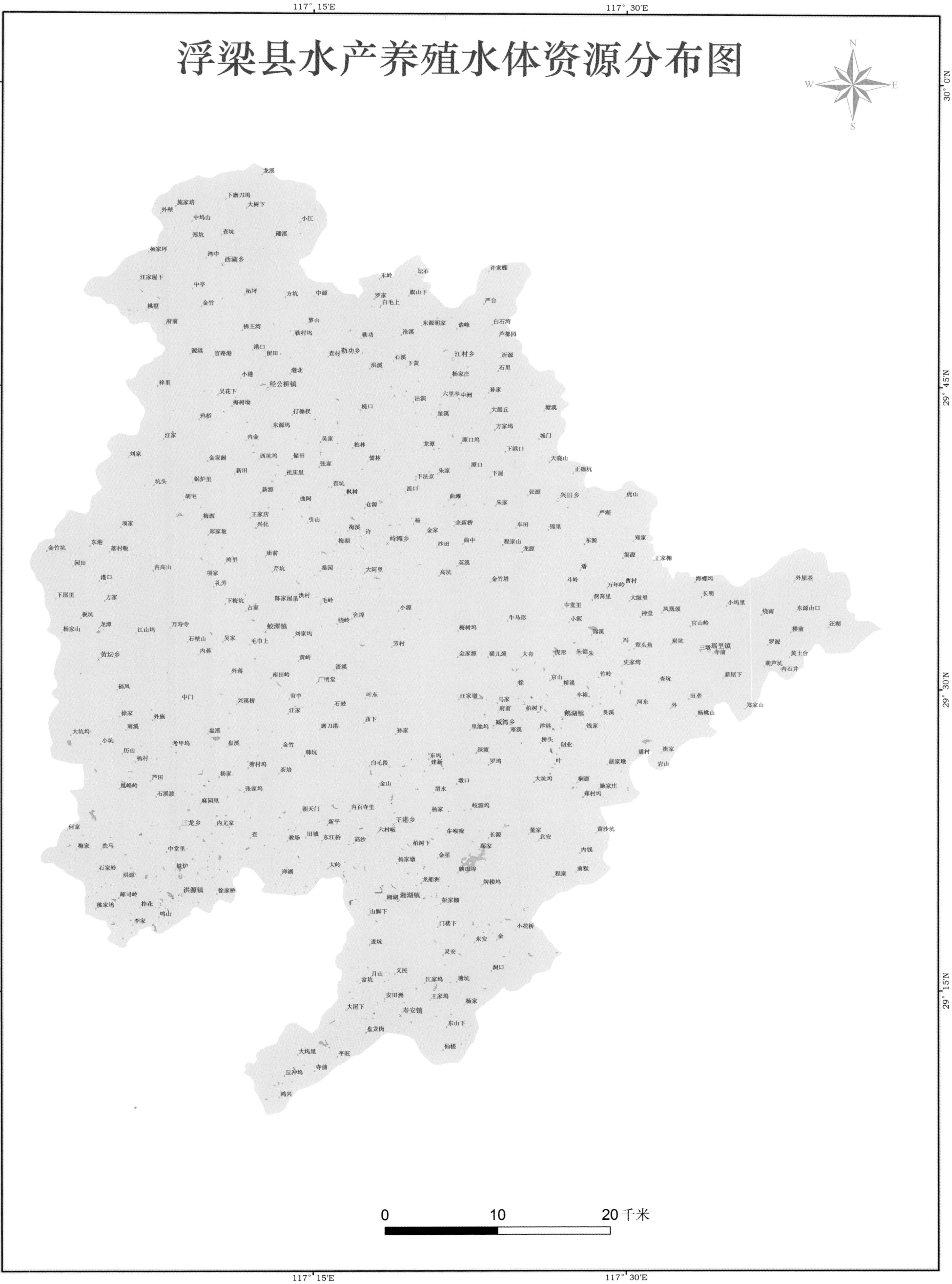

117° 15'E
117° 30'E
30° 0'N
29° 45'N
29° 30'N
29° 15'N
N
S
W
E
经公桥镇
勒功乡
江村乡
西湖乡
峙滩乡
兴田乡
黄坛乡
蛟潭镇
鹅湖镇
瑶里镇
臧湾乡
三龙乡
王港乡
洪源镇
湘湖镇
寿安镇
0
10
20千米

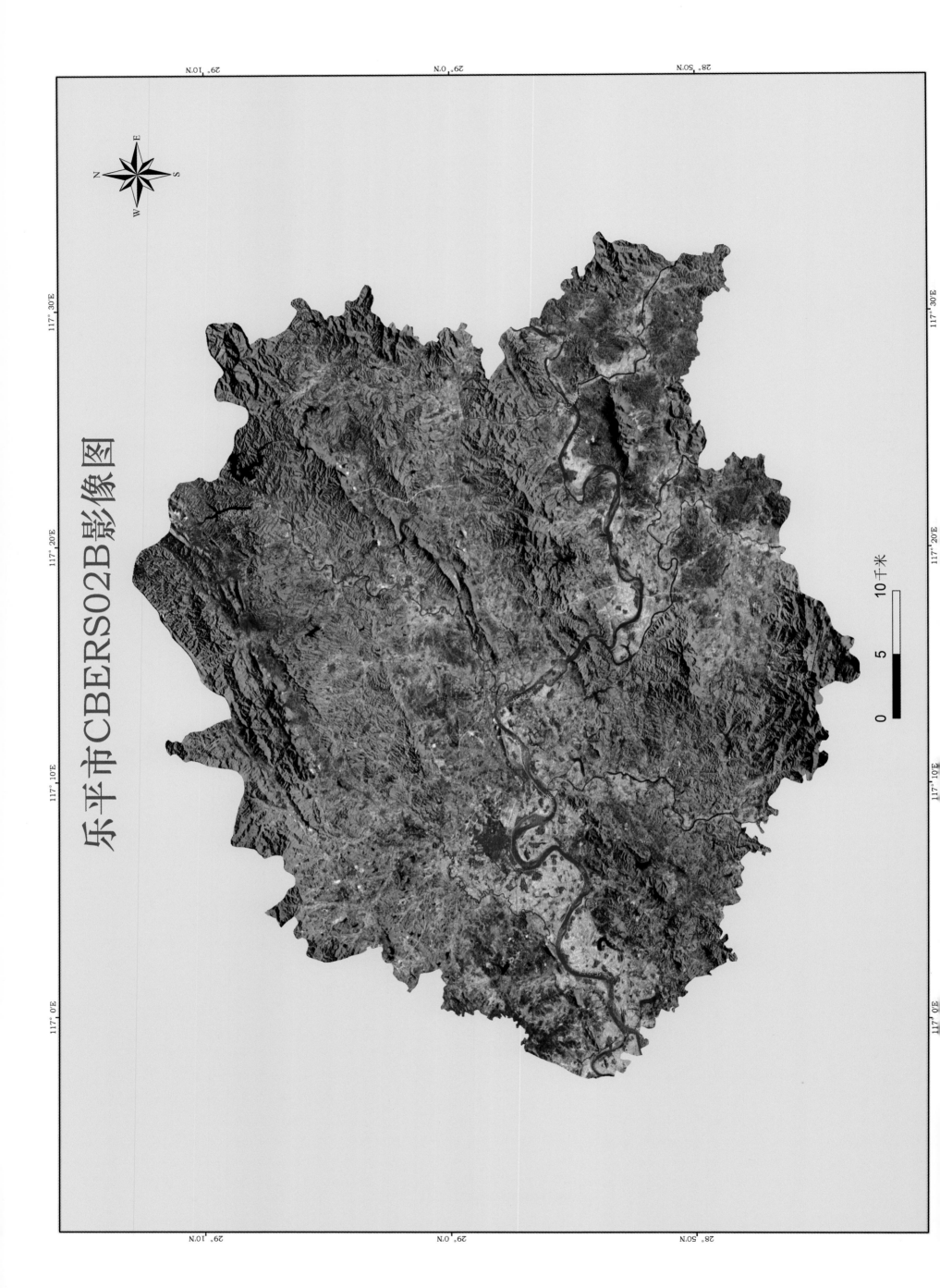

乐平市CBERS02B影像图

34

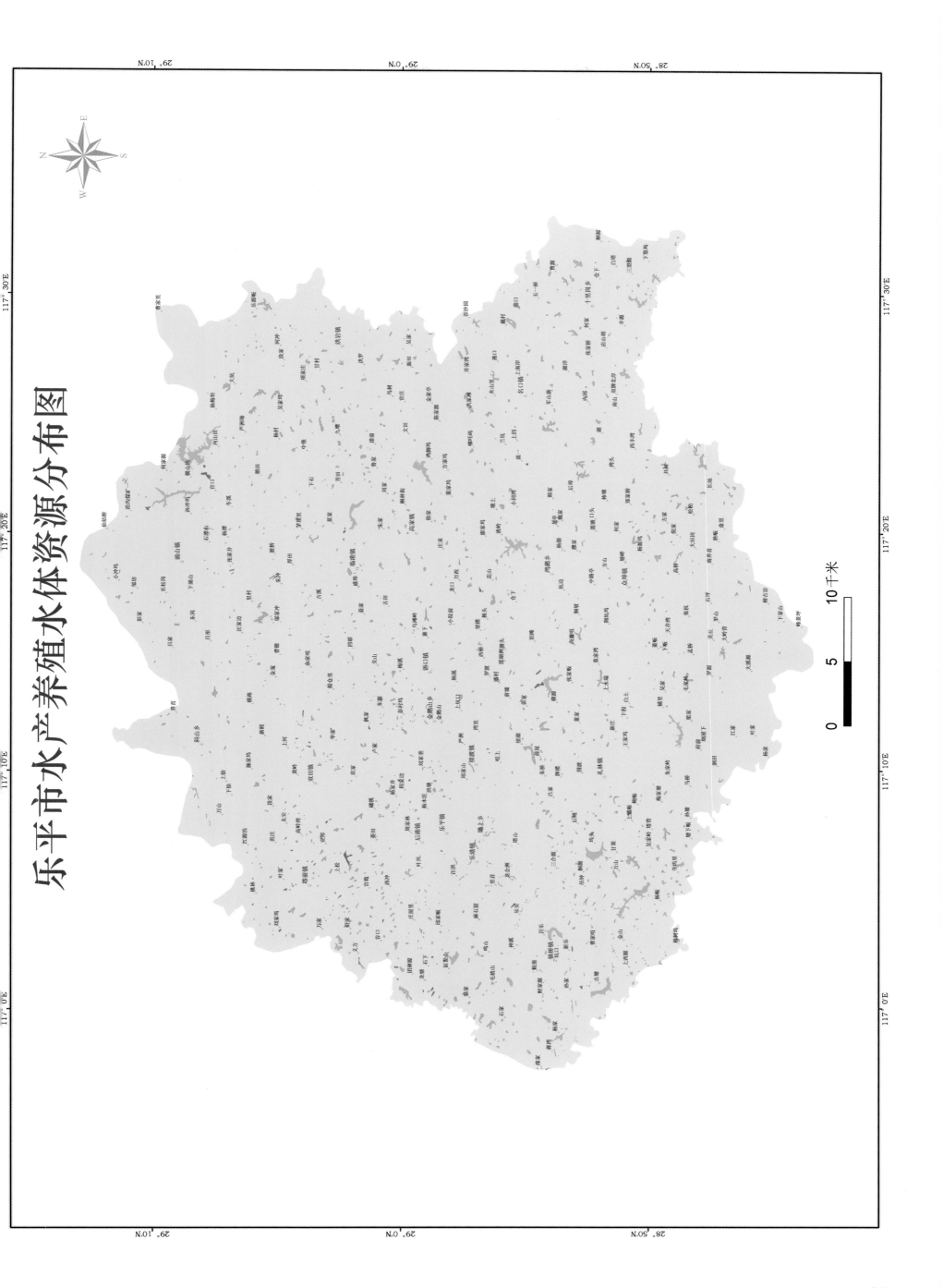

乐平市水产养殖水体资源分布图

35

第三节 萍乡市

一、自然水资源与生物资源条件

萍乡市处于江西省西部，与湖南省的株洲市、长沙市相接；属亚热带季风湿润气候区。全市下辖安源、湘东两个市辖区和莲花、芦溪、上栗等3个县，总面积3 827平方千米。境内四季分明，气候温和，降雨量充沛，年降水量1 500~1 800毫米。

全市水资源丰富，拥有萍水、袁水、栗水、草水和琴水5条河流，系赣江及湘江的支源头，是湘赣两省重要的分水岭。其中，袁水、琴水发源于罗霄山和武功山，流入赣江；萍水、栗水、草水发源于武功山与罗霄山、杨岐山之间，最终注入湘江。

萍乡市水系自然环境中生存的鱼类有6目14科，其中主要是鲤形目鲤科鱼类，常见种类有草鱼、鲢、鳙、青鱼、鲤鱼、鲫鱼、黄尾密鲴、细鳞斜颌鲴、银鲴、肉红鲫、荷包鲫、长春鳊、团头鲂、三角鲂、鳜鱼、圆吻鲴、赤眼鳟、鳘条、南方拟鳘、油条鳘、银飘、麦穗鱼、马口鱼等，其余为鲈形目、鲶形目、合鳃目、鳗鲡目等鱼类。其他水生经济动物有蝾螈、水獭、月鳢、棘胸蛙、黑斑蛙、中华鳖、大蟾蜍乌龟、溪蟹、青虾、三角帆蚌、皱纹冠蚌、背角无齿蚌、田螺、杜氏蚌等；水生经济植物有藕、菱角、芡实、荸荠、茭白、水葫芦、紫背浮萍等。水生生物中常见的浮游生物有绿藻、硅藻、甲藻、蓝藻、轮虫、枝角类、桡足类、原生动物等，是鱼类的天然饵料。

二、水产养殖基本情况

据渔业统计，2008~2010年萍乡市水产养殖产量分别为30 598吨、30 231吨、30 640吨，养殖面积分别为5 123公顷、5 124公顷、5 147公顷，渔业总产值分别为3.26亿元、3.47亿元、3.66亿元。

全市水产养殖主产区主要分布在市辖区、上栗县和芦溪县。2008~2010年各县（区）养殖产量以市辖区为最高，年平均为12 026吨；其次是上栗县，为7 297吨；其余依次为芦溪县和莲花县，分别为7 047吨、4 119吨。萍乡市各县（区）渔业养殖产量构成如图2-3-1所示。

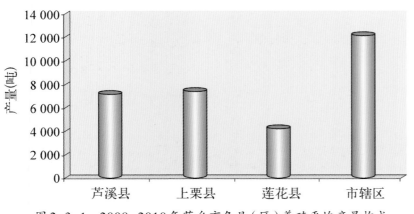

图2-3-1 2008~2010年萍乡市各县（区）养殖平均产量构成

三、水产养殖特点

1. 主要水产养殖类型与方式

萍乡市水产养殖主要包括池塘养殖、水库养殖、河沟养殖和稻田养殖等类型。

（1）**池塘养殖**：2010年养殖面积为3 453公顷，平均单产水平约为6 825千克/公顷。

（2）**水库养殖**：2010年养殖面积为1 641公顷，平均单产水平约为3 590千克/公顷。

（3）**河沟养殖**：2010年养殖面积为28公顷，平均单产水平约为4 875千克/公顷。

（4）**稻田养殖**：2010年养殖面积为2 514公顷，平均单产水平约为525千克/公顷。

2. 主要养殖品种

萍乡市主要养殖品种有青鱼、草鱼、鲢、鳙、鳊鱼、鲤鱼、鲶鱼、黄颡鱼、黄鳝、泥鳅等品种。其中，草鱼、鲢、鳙、鲫鱼养殖面积约占65%，其他特种水产养殖品种占30%。2010年萍乡市主要养殖品种产量结构如图2-3-2所示。

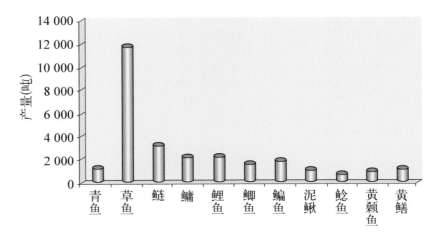

图2-3-2 2010年萍乡市主要养殖品种产量结构

3. 特色养殖

萍乡市结合渔业结构调整，逐年加大发展特种水产养殖力度，积极推进"以少胜多、一县一品"的战略布局。目前主要特种水产养殖品种有鳜鱼、加州鲈、泥鳅、鳗鲡、鲶鱼、黄颡鱼、蛙类、克氏原螯虾、甲鱼等，并初步形成了以萍乡红鲫为主的上栗养殖模式，以黄尾密鲴为主的湘东养殖模式，以甲鱼、鳗鲡为主的莲花养殖模式，以克氏原螯虾、锦鲤为主的安源养殖模式，以脆肉鲩为主的芦溪养殖模式。同时，全市大力发展休闲渔业，休闲渔业面积446.67公顷，产值达1.3亿元。

四、养殖水体资源遥感监测结果

萍乡市水产养殖水体资源遥感监测结果如表2-3-1所示。

表2-3-1 萍乡市水产养殖水体资源

地 区	内陆池塘（公顷）	水库、山塘（公顷）	大水面（公顷）	区县合计（公顷）	总 计（公顷）
市辖区	13	829	36	878	2 763
上栗县	79	455	108	642	

地 区	内陆池塘（公顷）	水库、山塘（公顷）	大水面（公顷）	区县合计（公顷）	总 计（公顷）
芦溪县	20	578	107	705	2 763
莲花县	9	387	142	538	

五、20公顷以上成片养殖池塘分布

遥感影像显示，萍乡市未见20公顷以上成片养殖池塘。

图2-3-3 芦溪南坑脆肉鲩养殖基地

图2-3-4 莲花甲鱼养殖基地

图2-3-5 上栗萍乡红鲫养殖基地

图2-3-6 上栗天堂湖水库网箱养鱼

萍乡市CBERS02B影像图

上栗县

萍乡市辖区

芦溪县

莲花县

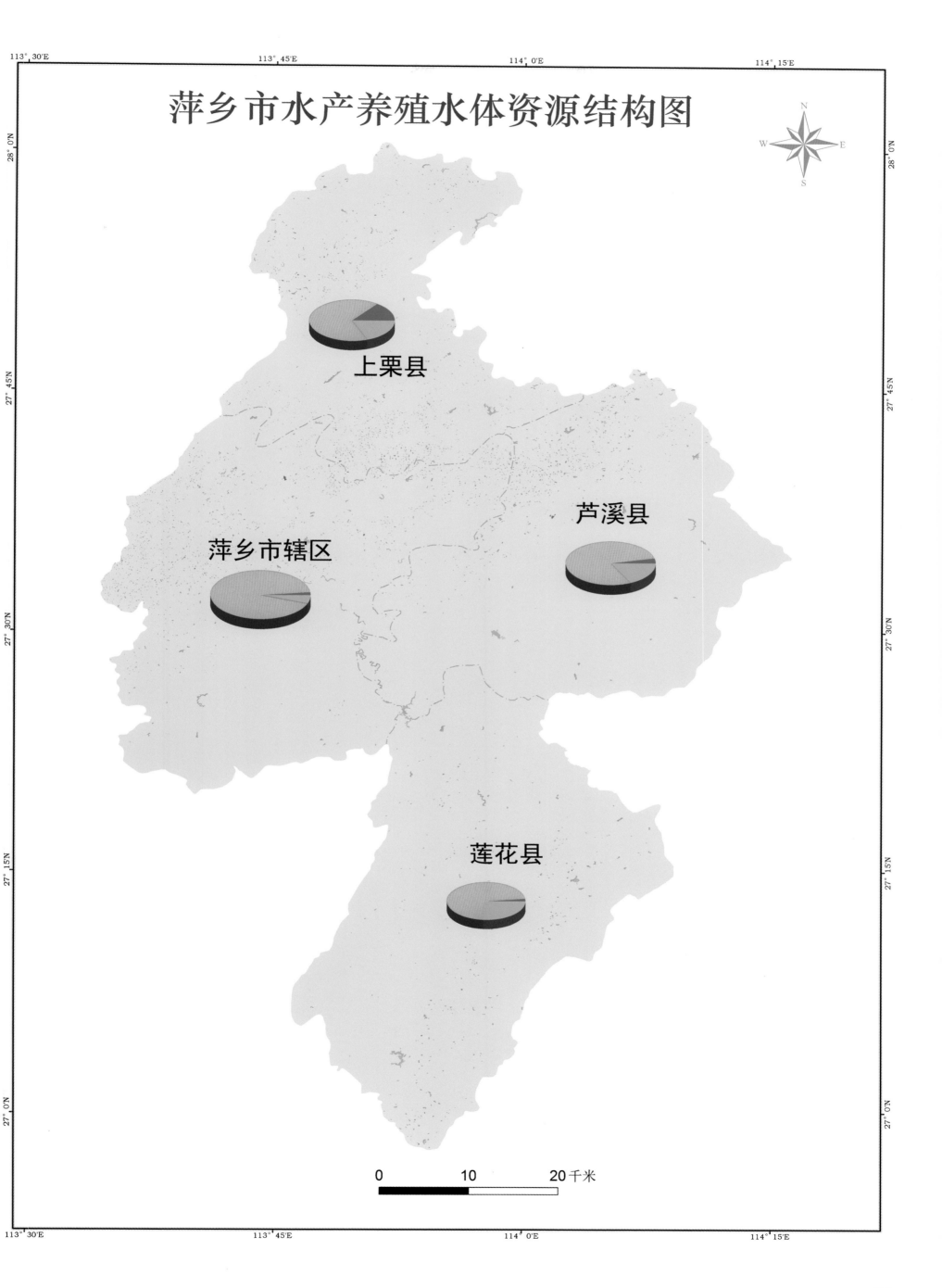

萍乡市水产养殖水体资源结构图

上栗县

芦溪县

萍乡市辖区

莲花县

0   10   20千米

萍乡市辖区CBERS02B影像图

10千米

5

0

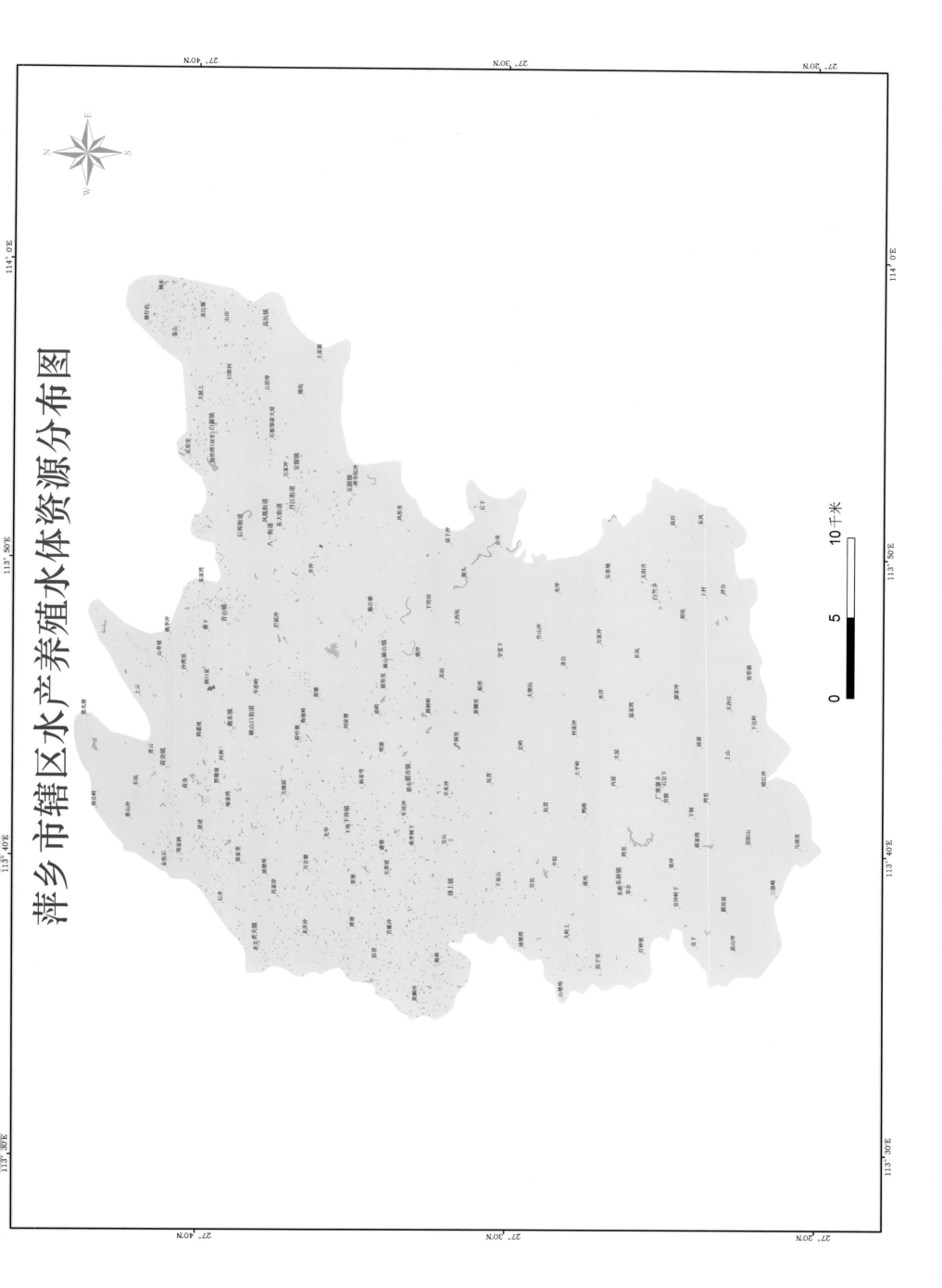

萍乡市辖区水产养殖水体资源分布图

10千米

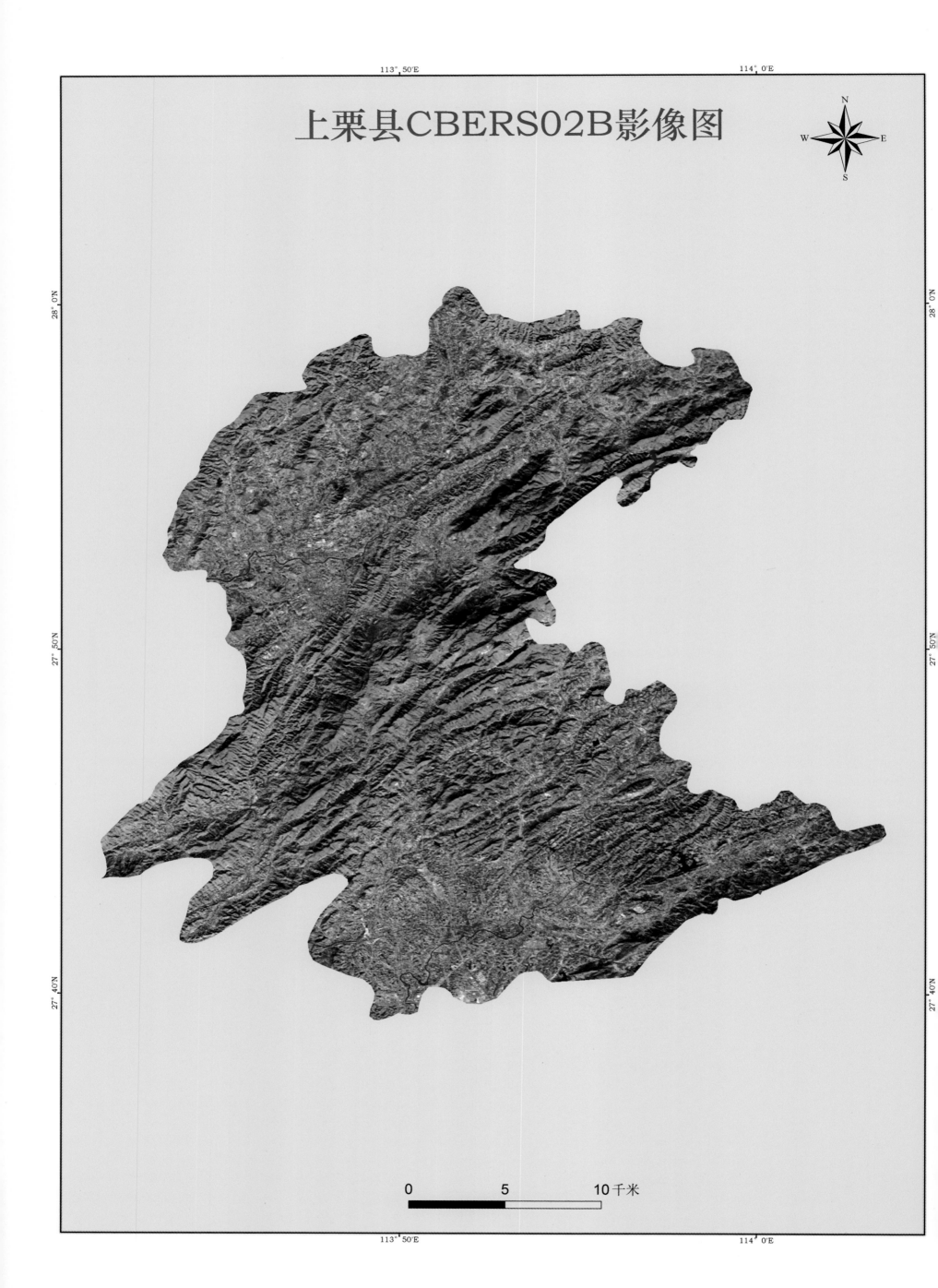

上栗县CBERS02B影像图

上栗县水产养殖水体资源分布图

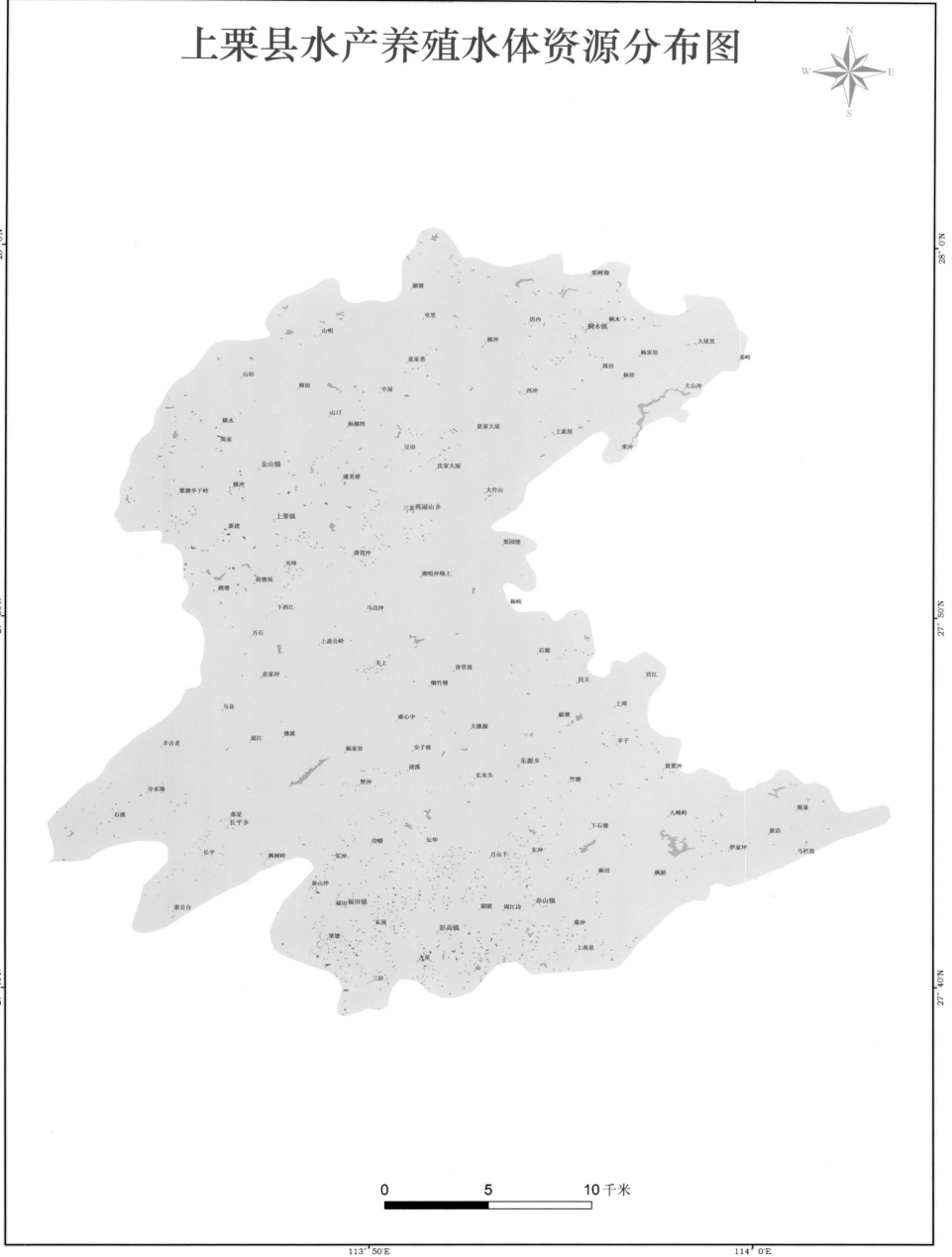

芦溪县CBERS02B影像图

10千米

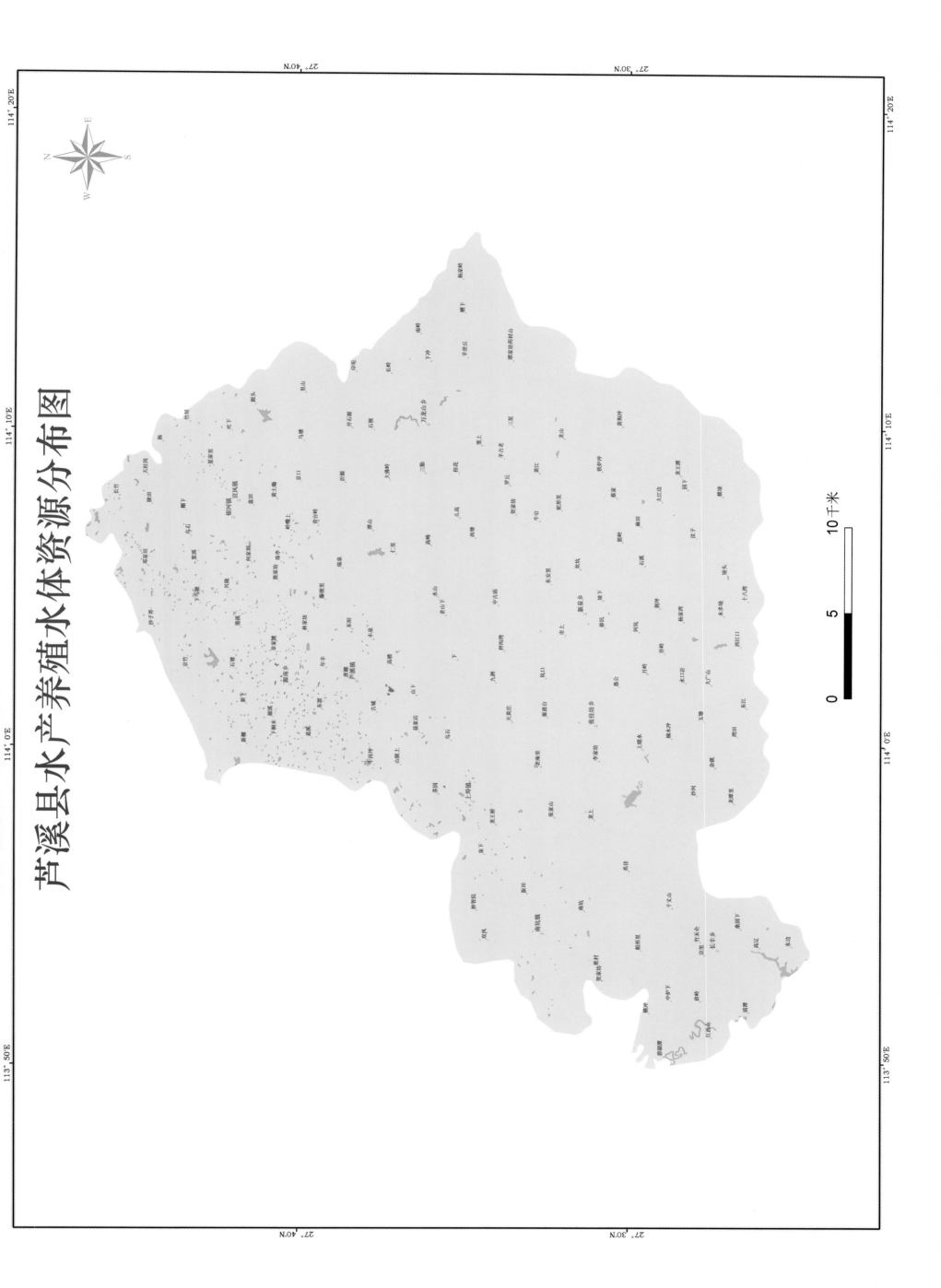

芦溪县水产养殖水体资源分布图

0　　　5　　　10千米

莲花县CBERS02B影像图

0　　5　　10千米

46

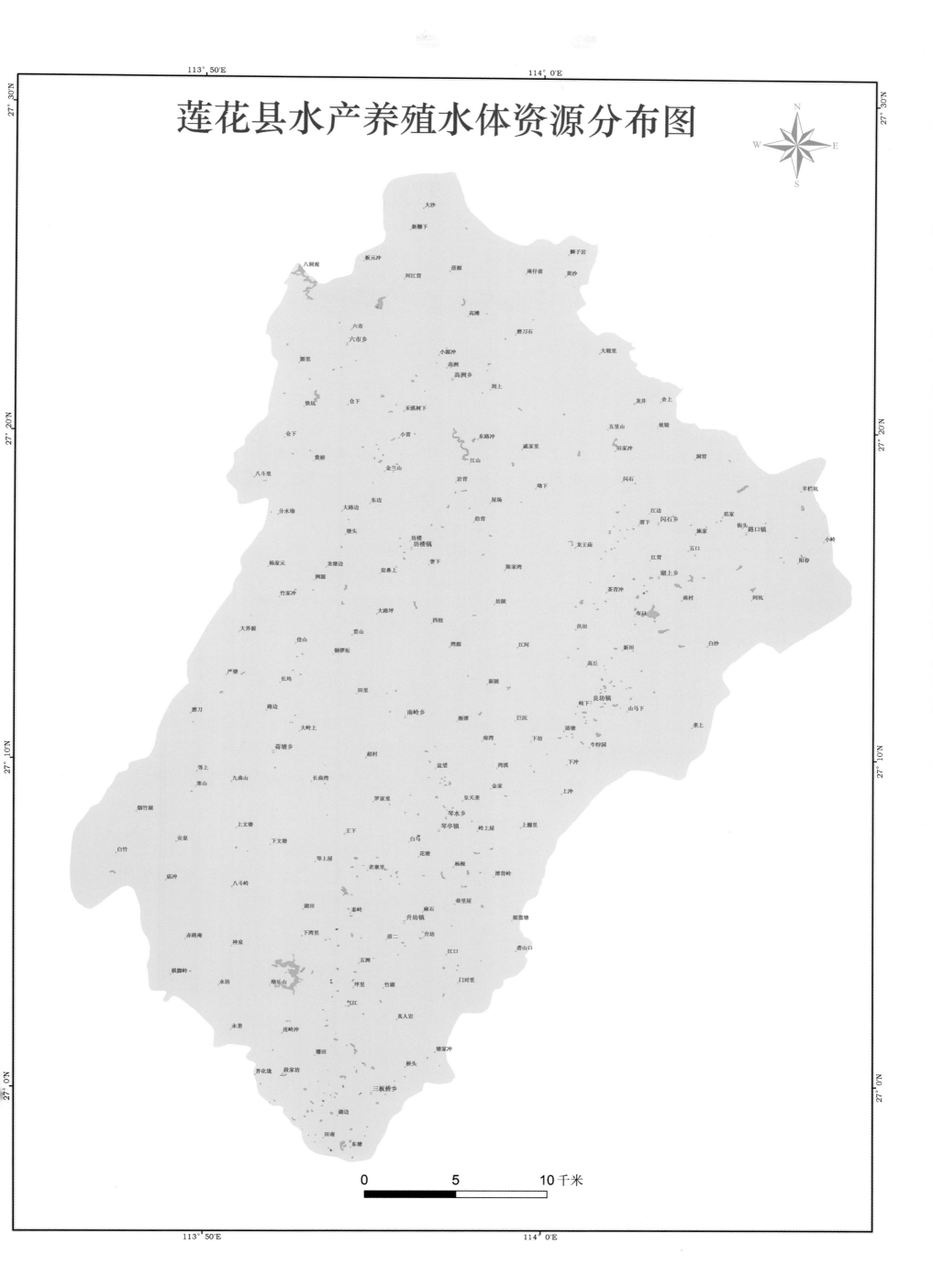

莲花县水产养殖水体资源分布图

0   5   10千米

第四节　九江市

一、自然水资源与生物资源条件

九江市位于长江中下游结合部南岸,濒临鄱阳湖,东西长270千米,南北宽140千米,地处中亚热带向北亚热带过渡区。全市下辖浔阳区、庐山区、瑞昌市、共青城、九江县、湖口县、都昌县、星子县、德安县、永修县、武宁县、修水县、彭泽县等14个县(市、区),总面积约18 823平方千米,占江西省总面积的11.3%。境内季节分明,气候温和,雨量充沛,日照充足,年平均气温16~17℃,年降水量1 300~1 600毫米。

九江市境内河港沟渠纵横交错,湖泊塘库星罗棋布。2009年水产统计普查,全市水域面积为342 340公顷,主要有湖泊、河港、水库、池塘等,分为天然捕捞水面和可养殖水面两大类。境内主要有修河、博阳河、长河三大水系,万亩以上湖泊有10个,千亩以上31个,全省最大的柘林水库库容达79.2亿立方米。湖口水位吴淞高程21.71米时,九江市所辖鄱阳湖湖面面积为198 212公顷,占通江湖体面积的60.03%。鄱阳湖沿岸有13个县、区,其中九江市所辖的有7个,即庐山区、星子县、德安县、共青城、永修县、湖口县、都昌县。这些县、区是九江市捕捞业的主要场所和重要的生产基地。

九江市属长江水系,水生动物种类丰富,主要有鱼类、甲壳动物及软体动物。全市共有鱼类118种,隶属于12目25科77属。以鲤科鱼类最多,计64种,占54.2%;其次为鮠科,有14种,占11.80%。甲壳动物及软体动物主要有虾蟹类、贝类和螺类,约55种。浮游植物种类有7门25种66属。浮游动物有原生动物22属33种,腔肠动物1属1种,轮虫类11科25属33种,枝角类6科18属39种,桡足类4科11属19种。丰富的淡水生物资源,为九江市的水产养殖业发展提供了良好的种质条件。淡水养殖品种主要有草鱼、鲫鱼、鲢、鳙、鳊鱼、鳜鱼、翘嘴鲌、珍珠、甲鱼、蛙类、泥鳅、黄鳝、青虾、小龙虾和中华绒螯蟹等。

二、水产养殖基本情况

九江市水产养殖主要以四大家鱼为主,同时大力发展特色养殖。据渔业统计,2008~2010年九江市水产养殖产量分别为288 972吨、293 570吨、299 581吨,养殖面积分别为74 130公顷、77 886公顷、79 741公顷,渔业总产值分别为36.96亿元、36.57亿元、38.69亿元。

九江市淡水养殖主产区主要集中在都昌县、九江县、永修县、彭泽县、武宁县、湖口县和瑞昌市。2008~2010年各县(市、区)养殖产量以都昌县为最高,年平均产量为53 846吨;其次是九江县,为38 260吨,其余依次为永修县、彭泽县、武宁县、湖口县、瑞昌市、市辖区、星子县、修水县、德安县,分别为37 739吨、36 234吨、27 133吨、25 546

吨、24 011吨、19 278吨、17 666吨、10 032吨、4 297吨。九江市各县(市、区)的渔业养殖产量构成如图2-5-1所示。

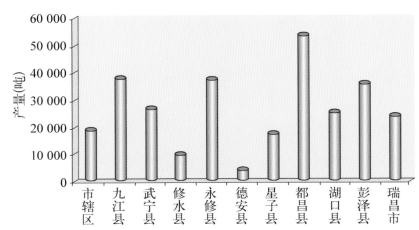

图2-4-1　2008~2010年九江市各县(市、区)养殖平均产量构成

三、水产养殖特点

1. 主要水产养殖类型与方式

九江市水产养殖主要有池塘养殖、湖泊养殖、水库养殖、河沟养殖、稻田养殖和其他养殖。

(1) **池塘养殖**:2010年养殖面积为23 303公顷,平均单产水平为6 772千克/公顷。

(2) **湖泊养殖**:2010年养殖面积为31 862公顷,平均单产水平为2 580千克/公顷。

(3) **水库养殖**:2010年养殖面积为21 193公顷,平均单产水平为2 139千克/公顷。

(4) **河沟养殖**:2010年养殖面积为2 430公顷,平均单产水平为4 106千克/公顷。

(5) **稻田养殖**:2010年养殖面积为272公顷,平均单产水平为411千克/公顷。

(6) **其他养殖**:2010年养殖面积为952公顷,平均单产水平为4 197千克/公顷。

2. 主要养殖品种

九江市主要养殖品种有青鱼、草鱼、鲢、鳙、鲫鱼、鳊鱼、鲤鱼、鲶鱼、黄颡鱼、鳜鱼、鲫鱼、黄鳝、泥鳅、鲈鱼、鳗鲡、乌鳢、小龙虾、河蚌等品种。其中,草鱼、鲢、鳙、鲫鱼养殖面积约占55%,其他精品养殖品种约占45%。2010年九江市主要养殖品种产量结构如图2-4-2所示。

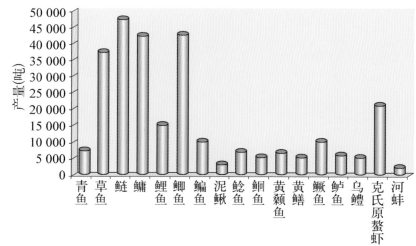

图2-4-2　2010年九江市主要养殖品种产量结构

3. 特色养殖

九江市特种水产养殖品种主要有河蟹、甲鱼、鳜鱼、鲈鱼、翘嘴鲌、黄鳝、泥鳅、鳗鲡、乌鳢、鲶鱼、鲫鱼、黄颡鱼、青虾、克氏原螯虾、银鱼、史氏鲟、蛙类、珍珠等。

2008~2010年，九江市结合渔业结构调整，逐年加大发展特种水产力度，积极推进"一县一品、数县一板块"的战略布局，特色渔业加速发展，基本形成了以珍珠、虾蟹为主的东南湖区渔业板块，以鳜鱼、甲鱼、翘嘴鲌为主的中部昌九沿线渔业板块，以银鱼和网箱养殖为主的库区渔业板块。2010年全市特种水产养殖面积已达3.56万公顷，占养殖面积的44.47%，特种水产品产量达12.36万吨，建成了环鄱阳湖渔业产业六大养殖基地，分别为以彭泽县为主养的3 333.33公顷彭泽鲫主养基地，以都昌为重点的4 760公顷珠鱼混养养殖基地，以瑞昌市、九江县为龙头的9 906.67公顷小龙虾养殖基地，以沿江滨湖为依托的18 640公顷湖泊河蟹养殖基地，以永修县为主体的万亩鳜鱼养殖基地，以及德安县的千亩翘嘴鲌养殖基地。

九江市现已创建农业部标准化水产健康养殖示范场51个，彭泽县成为九江第一个水产标准化养殖示范区，并被授予"中国鲫鱼之乡"称号；都昌县生产的淡水珍珠享誉中外，并被授予"中国淡水珍珠之乡"称号。另外，湖口河蟹、瑞昌、星子小龙虾也久负盛名。

四、养殖水体资源遥感监测结果

九江市水产养殖水体资源遥感监测结果如表2-4-1所示。

表2-4-1 九江市水产养殖水体资源

地 区	内陆池塘（公顷）	水库、山塘（公顷）	大水面（公顷）	区县总计（公顷）	总 计（公顷）
市辖区	338	541	7 932	8 811	186 293
九江县	1 015	794	7 318	9 127	

（续表）

地 区	内陆池塘（公顷）	水库、山塘（公顷）	大水面（公顷）	区县总计（公顷）	总 计（公顷）
德安县	218	1 214	475	1 907	186 293
都昌县	2 176	2 076	61 480	65 732	
湖口县	209	999	11 287	12 495	
彭泽县	962	1 667	3 998	6 627	
瑞昌市	219	809	3 899	4 927	
武宁县	63	768	21 898	22 729	
星子县	585	945	12 514	14 044	
修水县	158	639	2 103	2 900	
永修县	2 052	2 076	32 866	36 994	

五、20公顷以上成片养殖池塘分布

九江市20公顷以上成片养殖池塘分布如表2-4-2所示。

表2-4-2 20公顷以上成片池塘分布情况

地 区	数量（片）	面积（公顷）	全市合计（公顷）
市辖区	2	69	7 116
九江县	13	2 459	
德安县	2	70	
都昌县	19	1 870	
湖口县	1	22	
彭泽县	15	678	
瑞昌市	3	77	
武宁县			
星子县	8	483	
修水县			
永修县	21	1 388	

图2-4-3 都昌县池塘珍珠养殖

图2-4-4 标准化池塘养殖基地

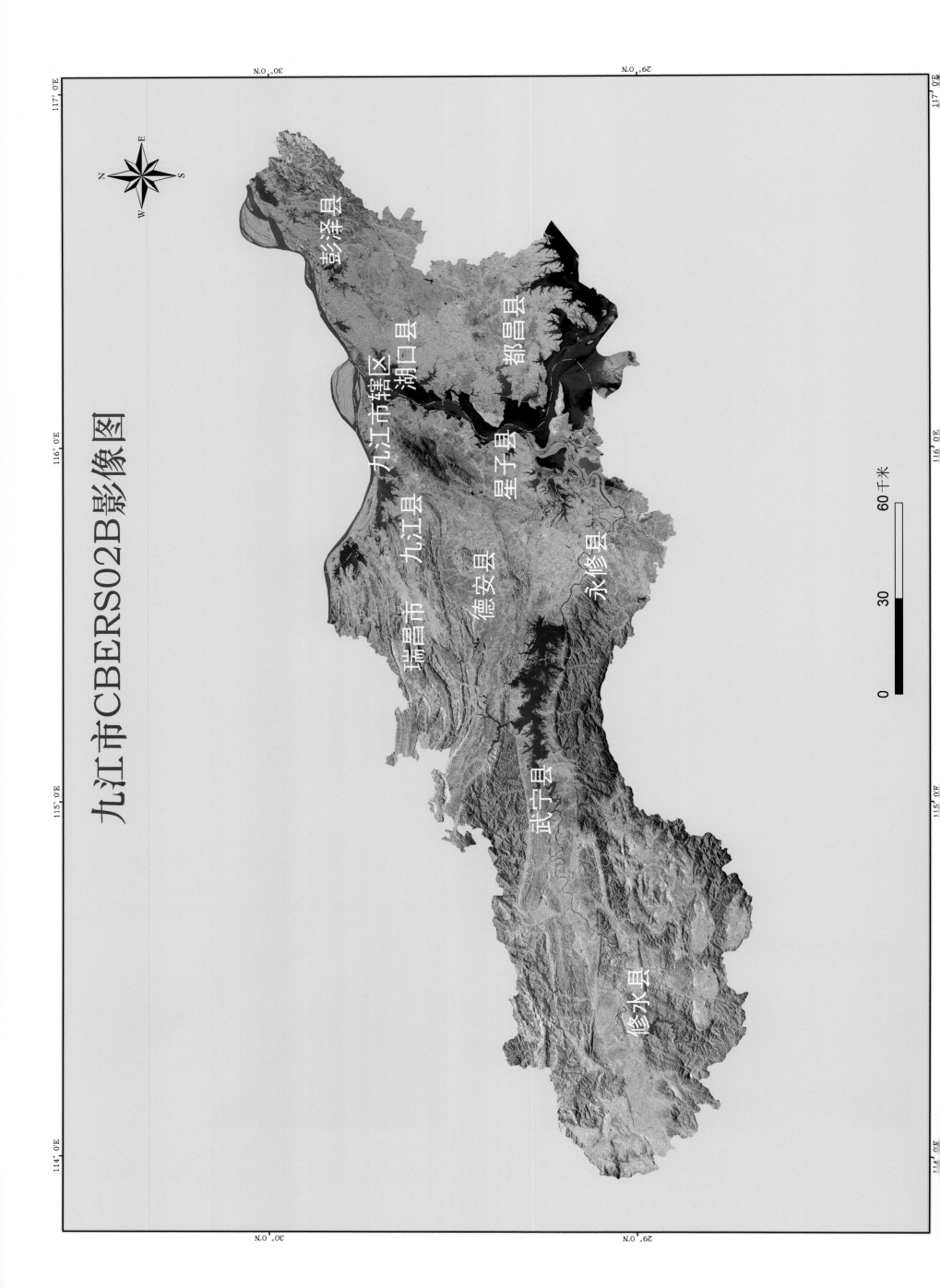

九江市CBERS02B影像图

彭泽县
都昌县
九江市辖区
湖口县
星子县
瑞昌市
九江县
德安县
永修县
武宁县
修水县

0　　　30　　　60千米

50

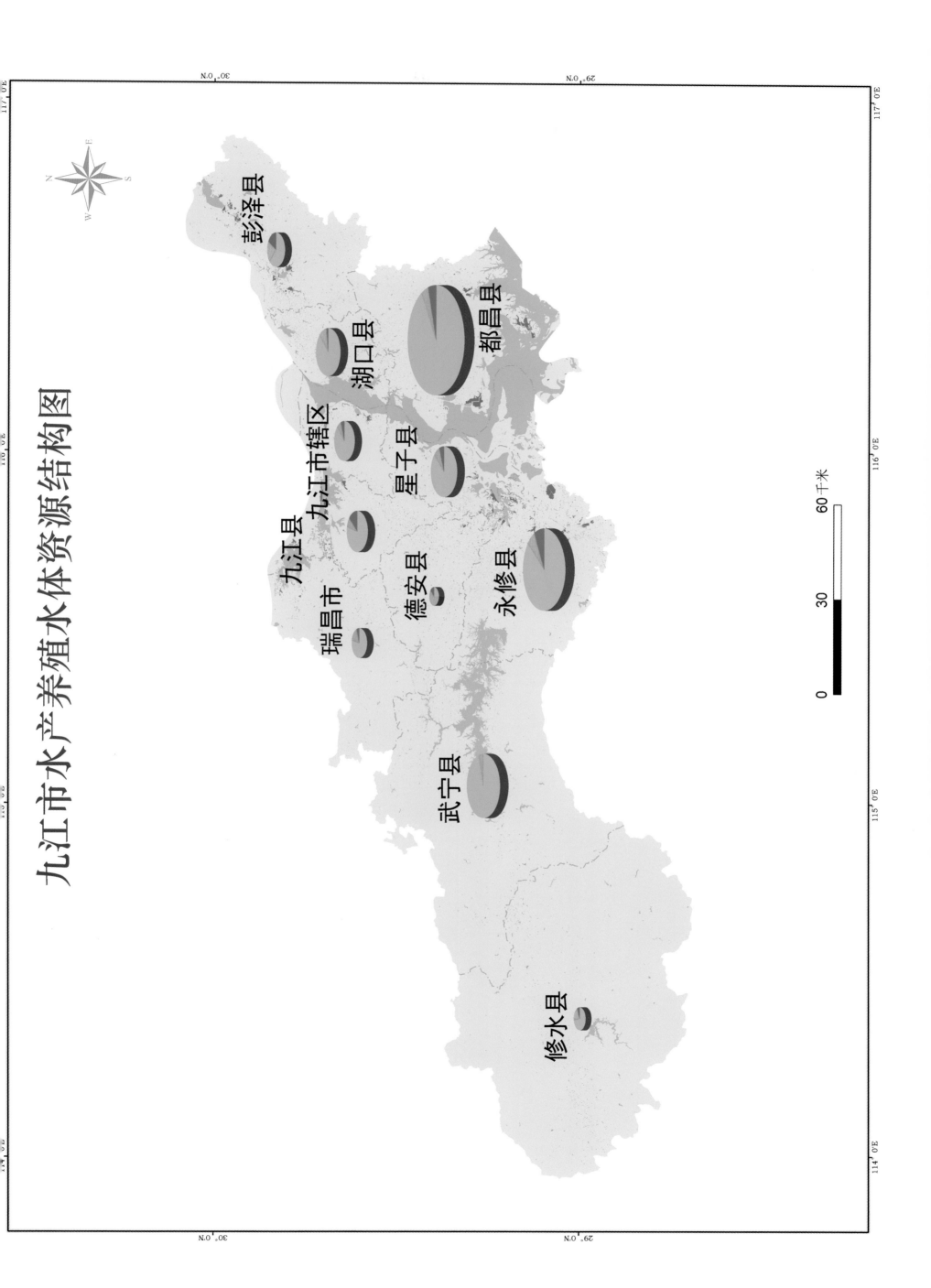

九江市水产养殖水体资源结构图

彭泽县

湖口县

都昌县

九江市辖区

九江县

星子县

瑞昌市

德安县

永修县

武宁县

修水县

0   30   60千米

九江市辖区CBERS02B影像图

52

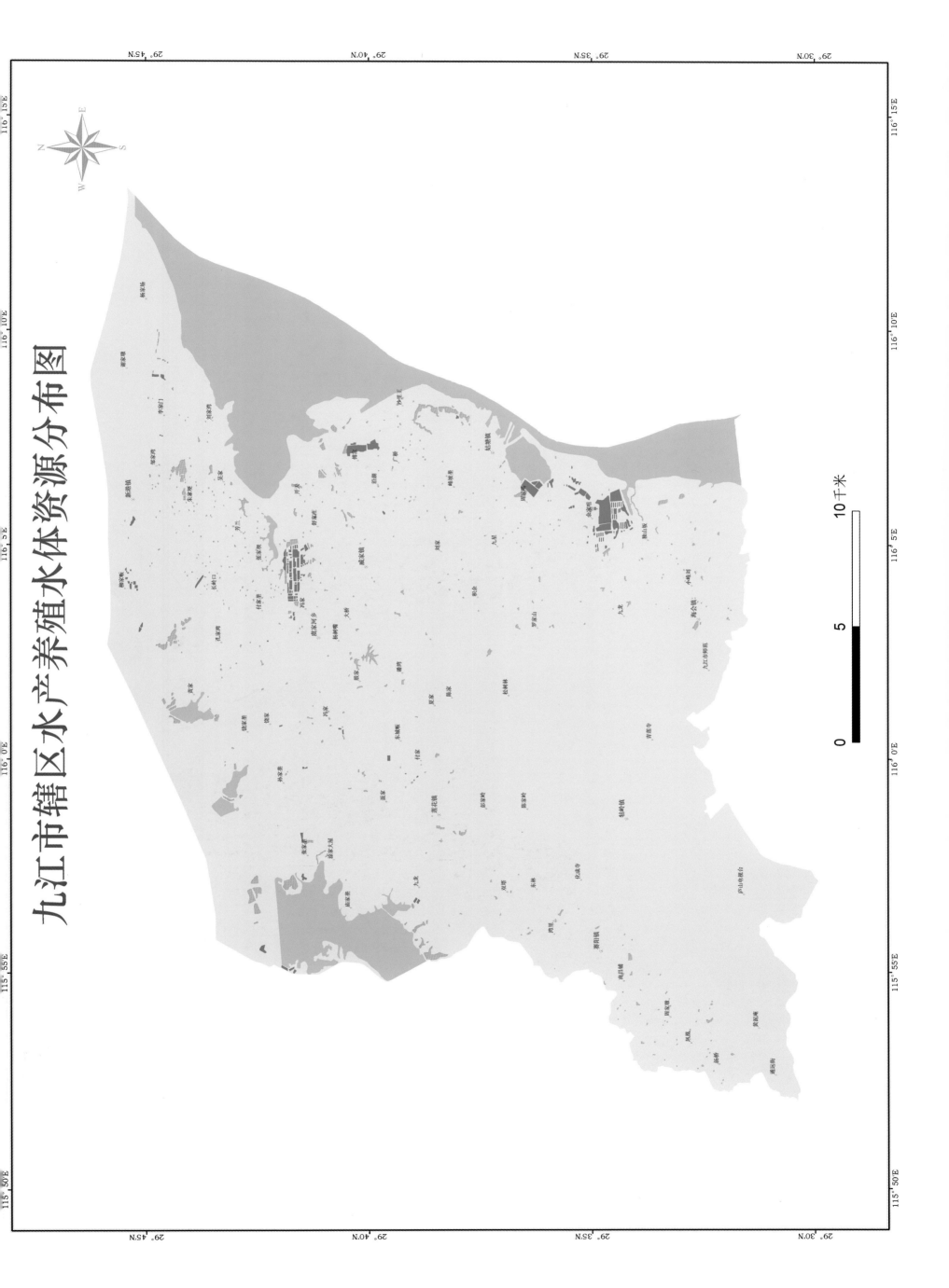

九江市辖区水产养殖水体资源分布图

九江县CBERS02B影像图

54

九江县水产养殖水体资源分布图

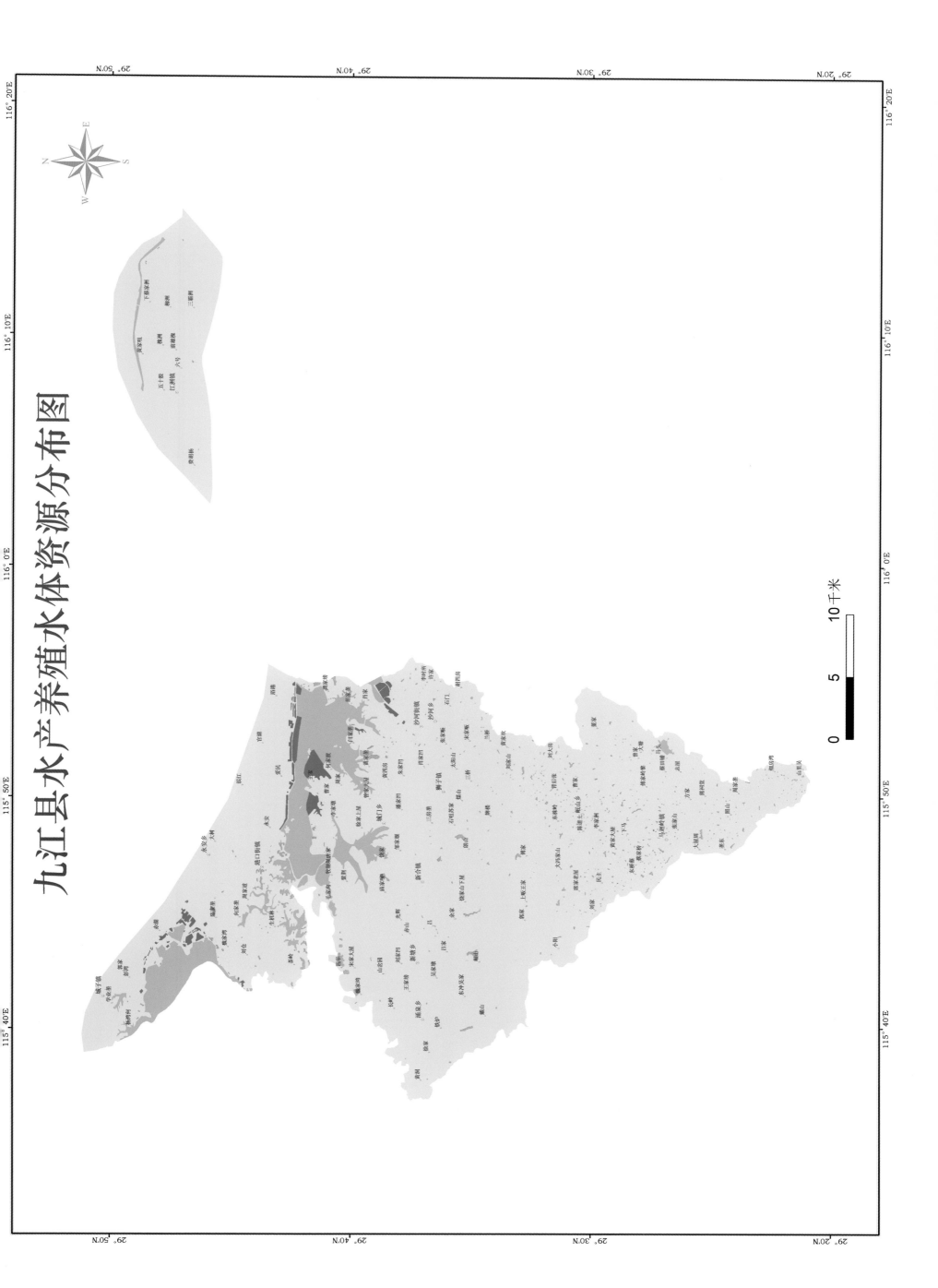

0   5   10千米

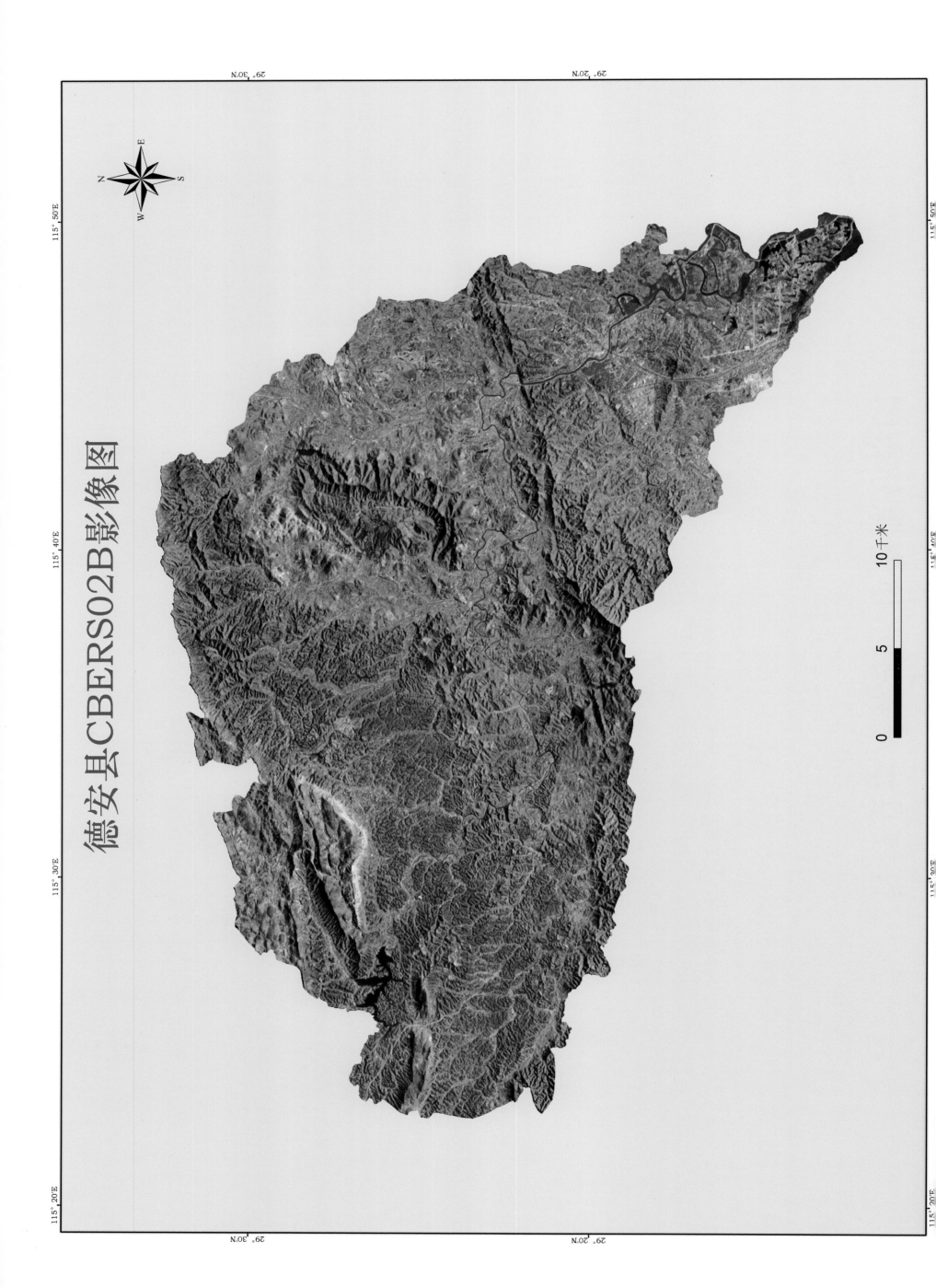

德安县CBERS02B影像图

115°,20'E　115°,30'E　115°,40'E　115°,50'E

29°,30'N　29°,20'N

0　5　10千米

56

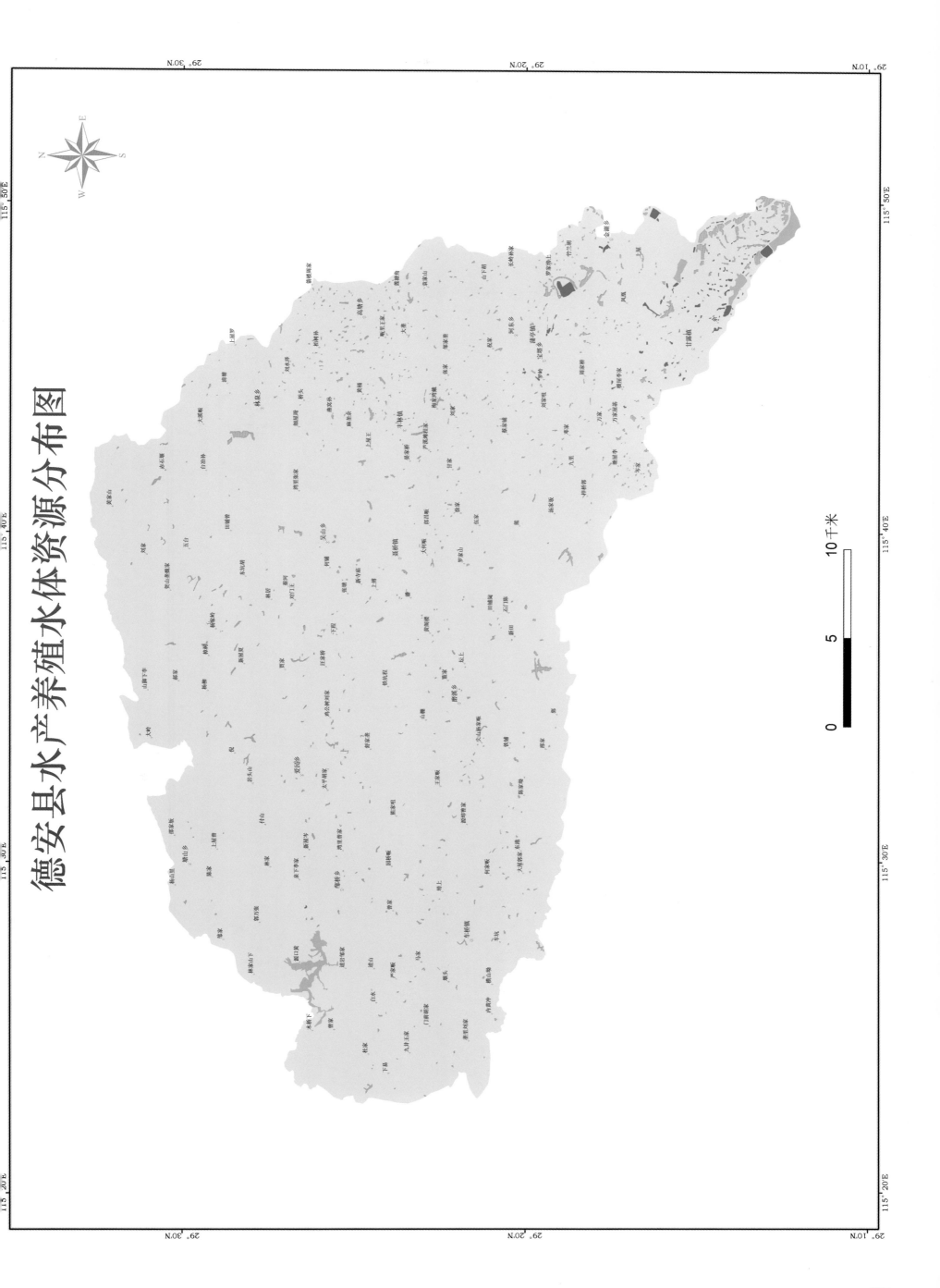

德安县水产养殖水体资源分布图

都昌县CBERS02B影像图

0　　　　10　　　　20千米

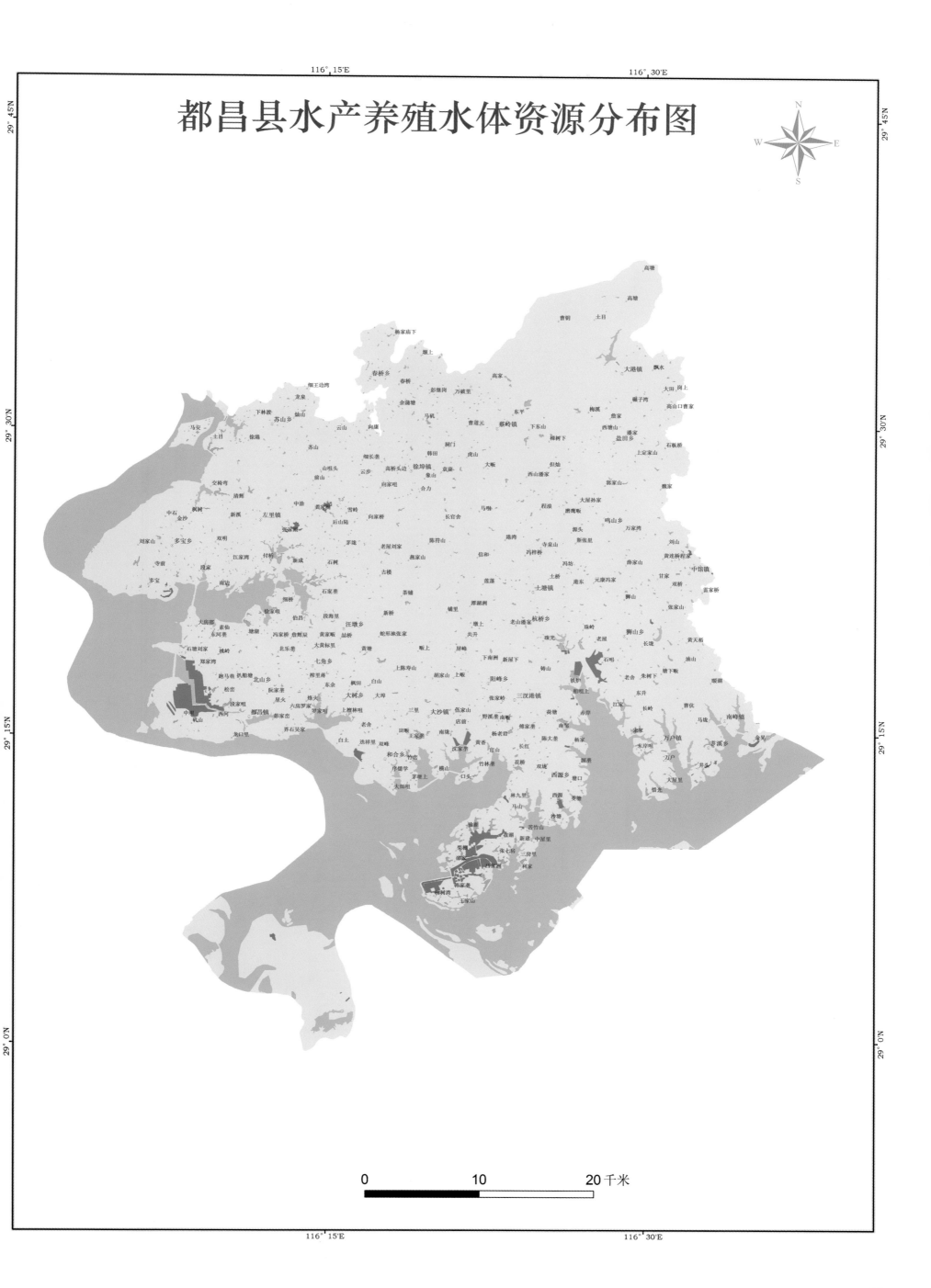

都昌县水产养殖水体资源分布图

0   10   20千米

湖口县CBERS02B影像图

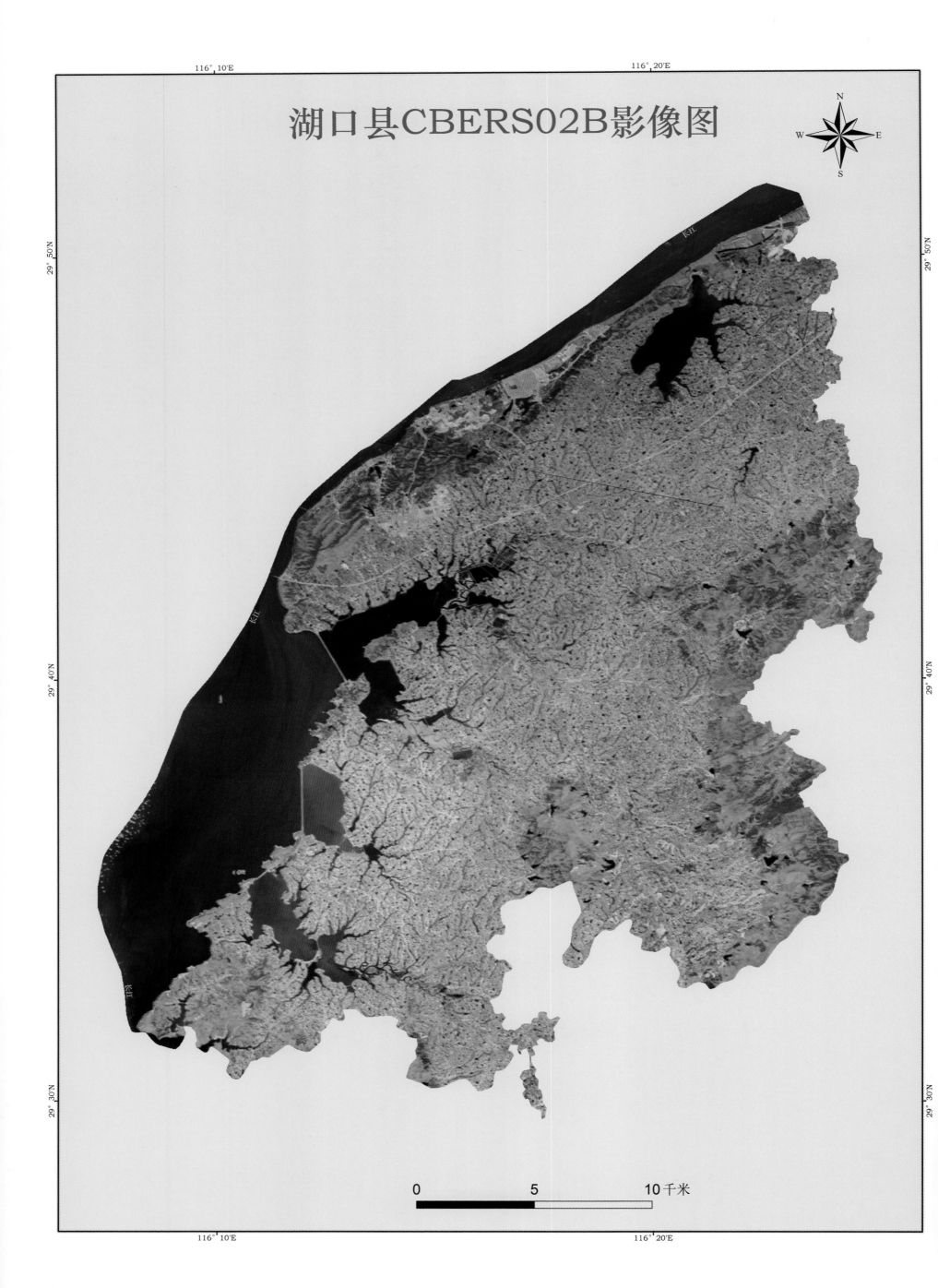

0　　　　5　　　　10千米

湖口县水产养殖水体资源分布图

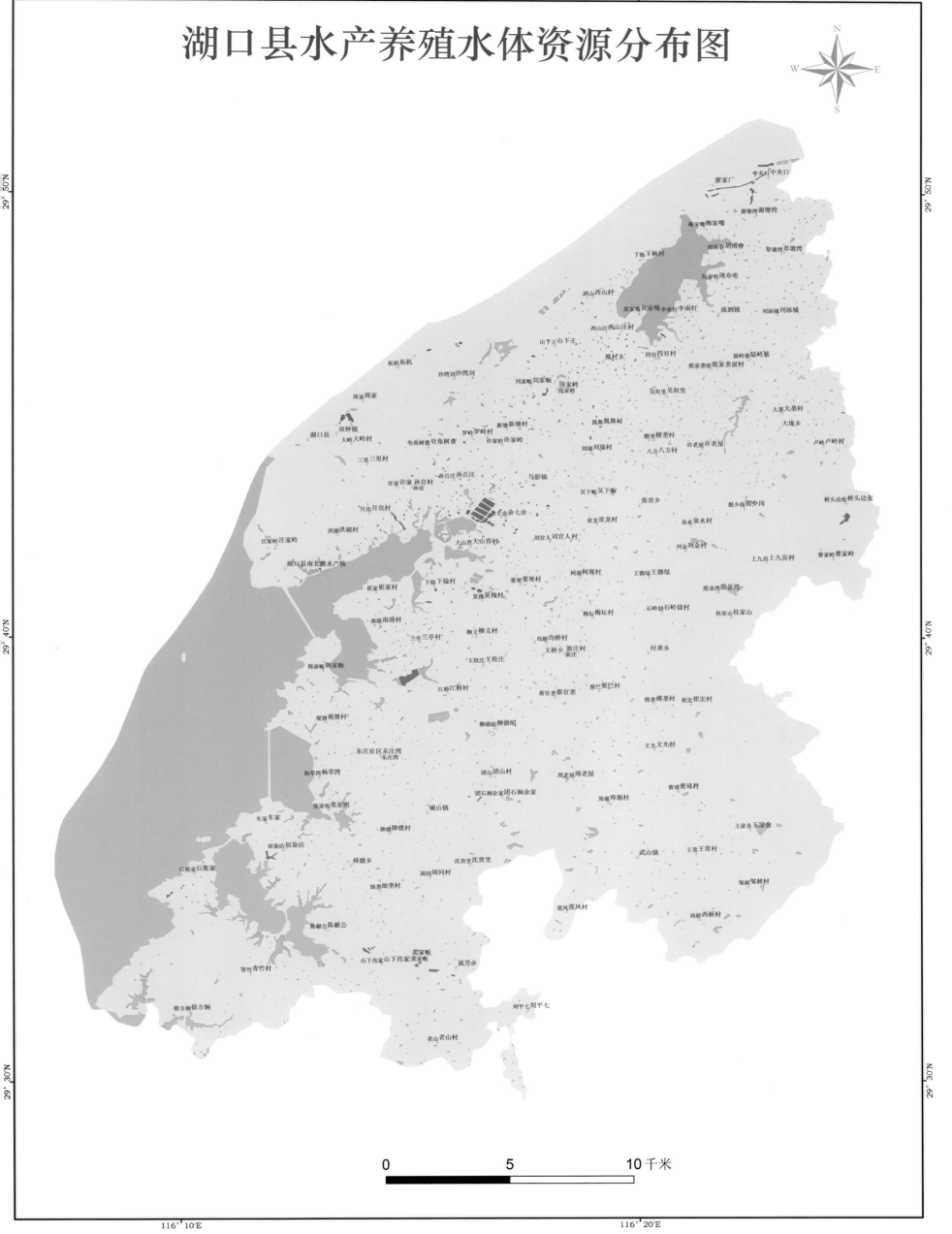

0　　　　　　5　　　　　　10千米

彭泽县CBERS02B影像图

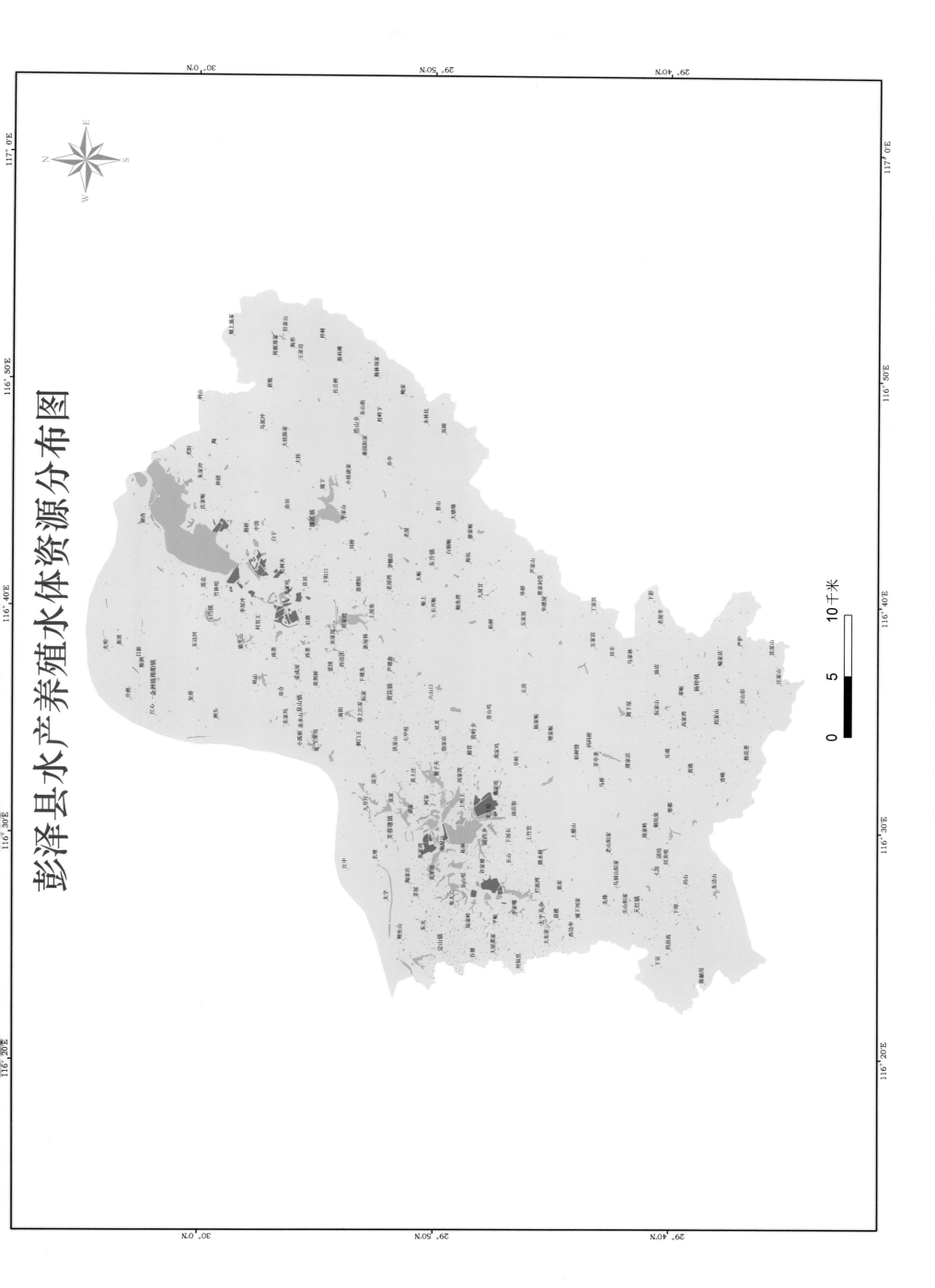

彭泽县水产养殖水体资源分布图

0 5 10千米

63

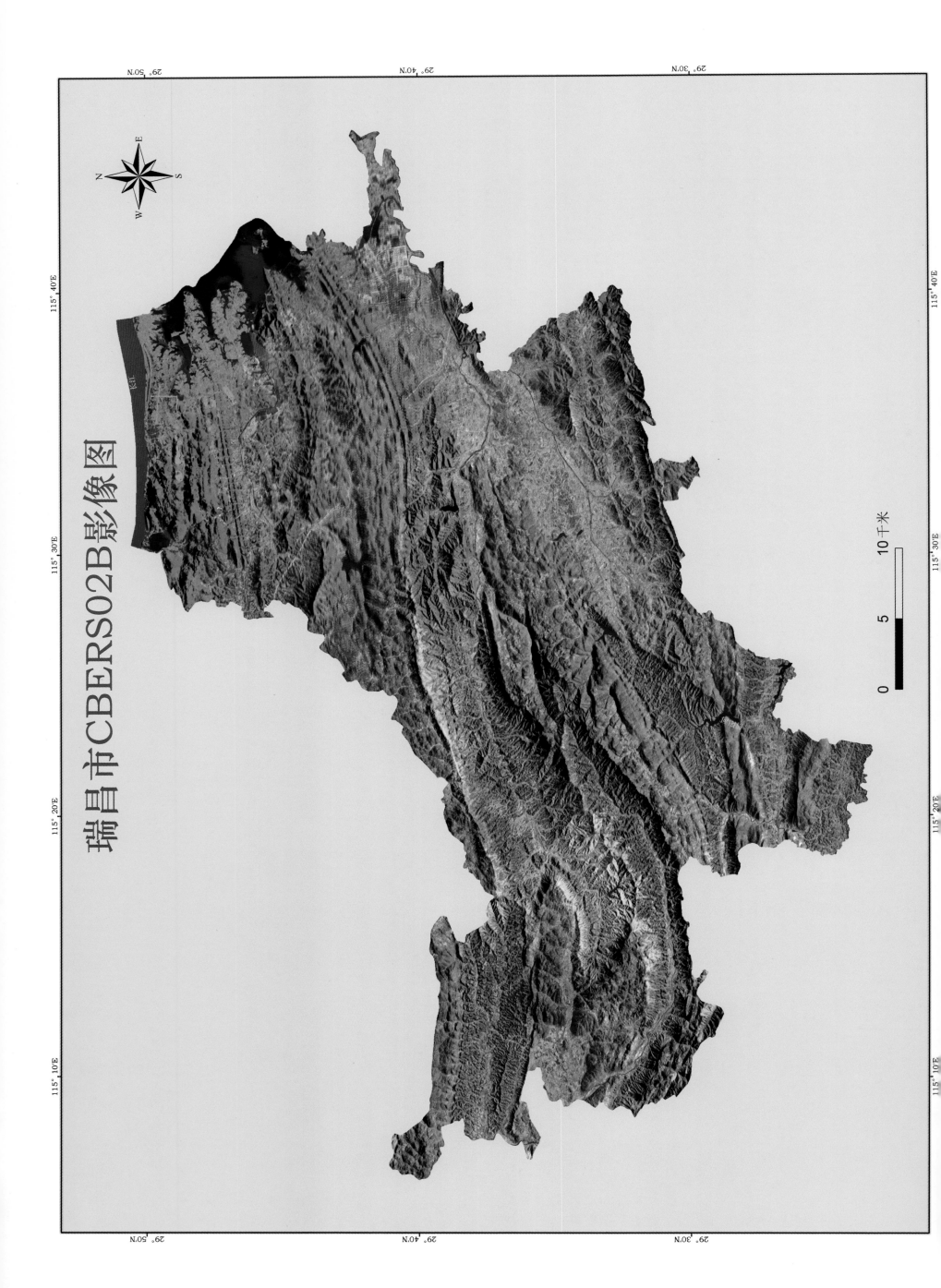

瑞昌市CBERS02B影像图

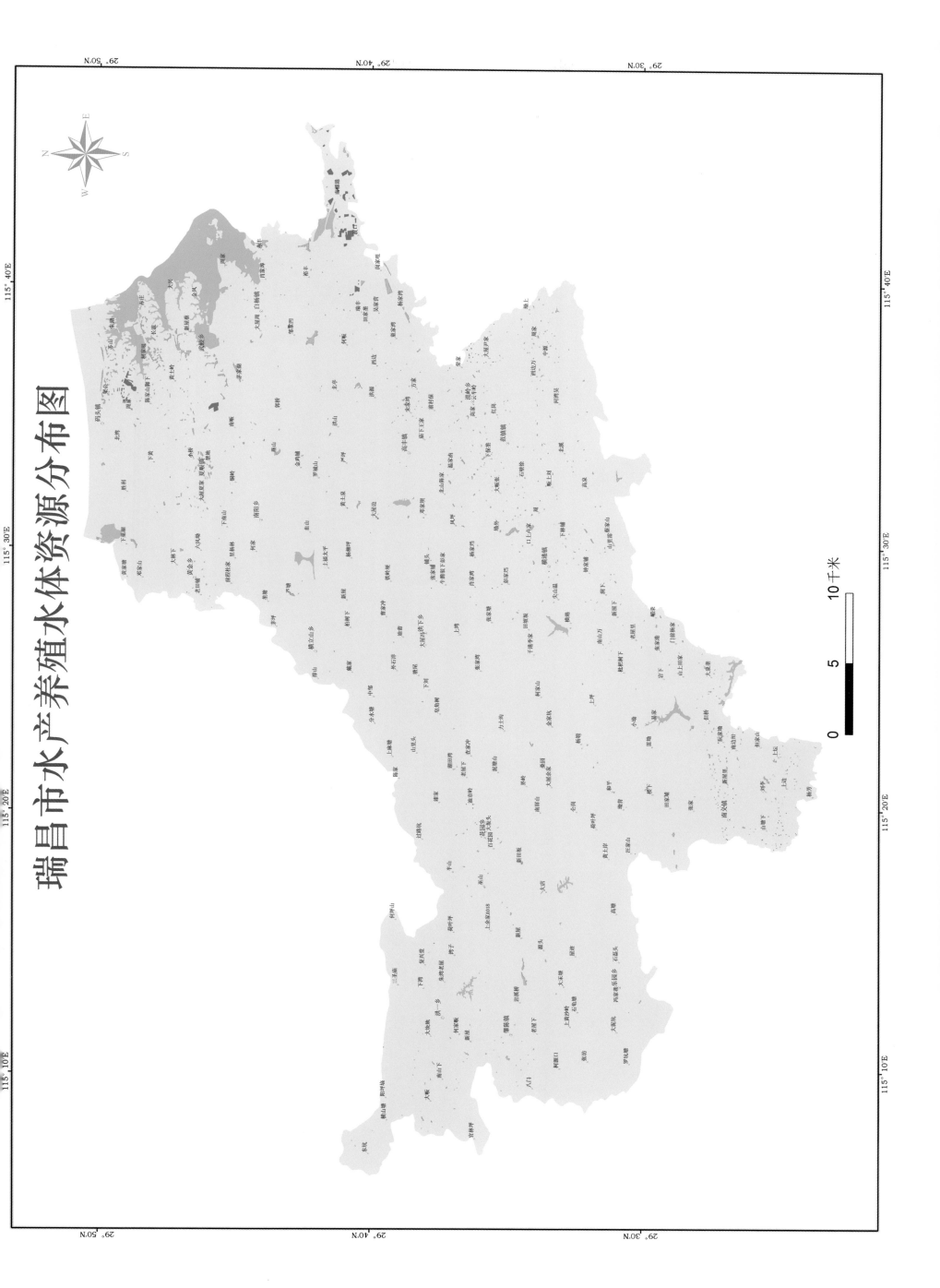

瑞昌市水产养殖水体资源分布图

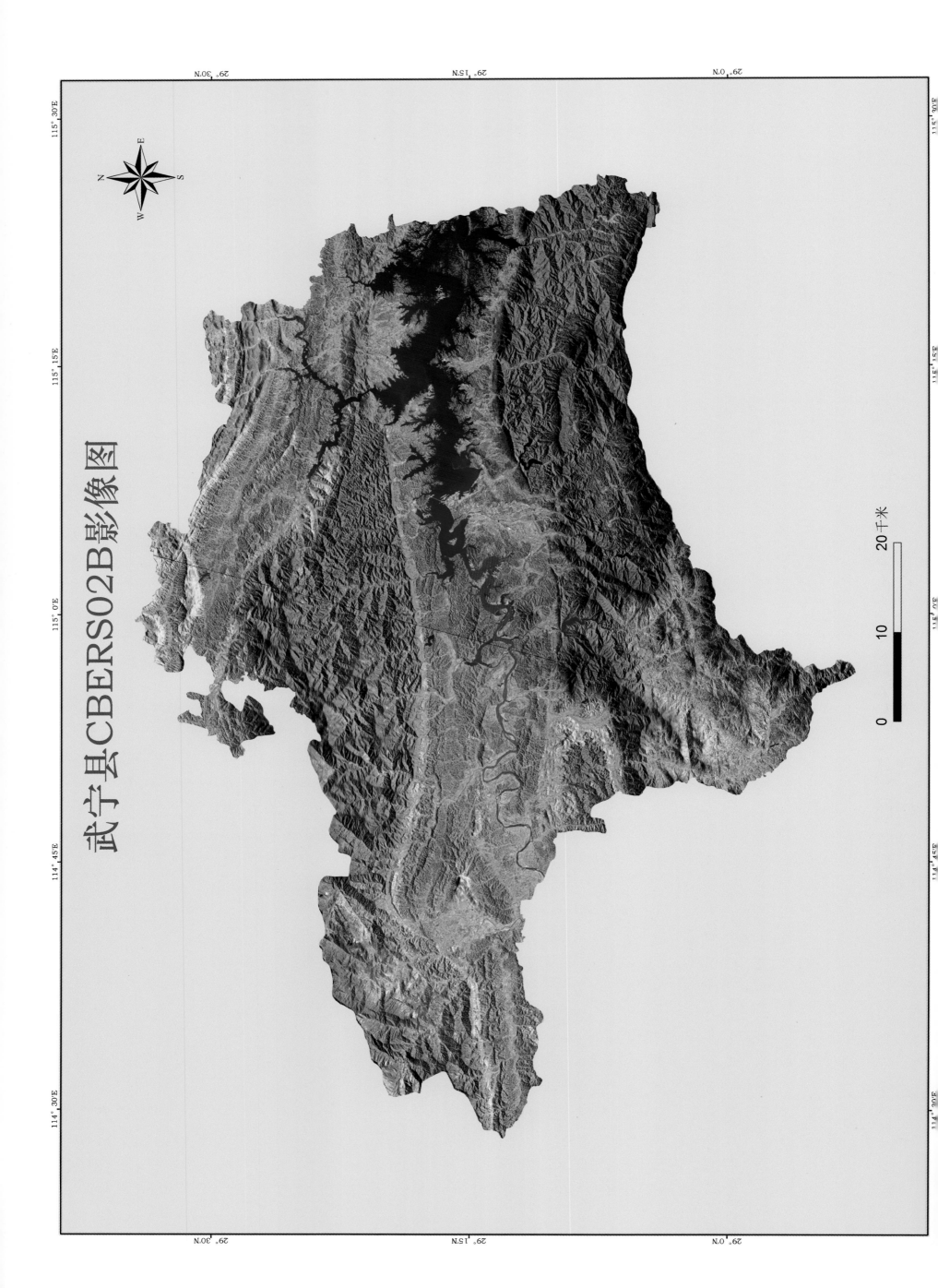

武宁县CBERS02B影像图

20千米

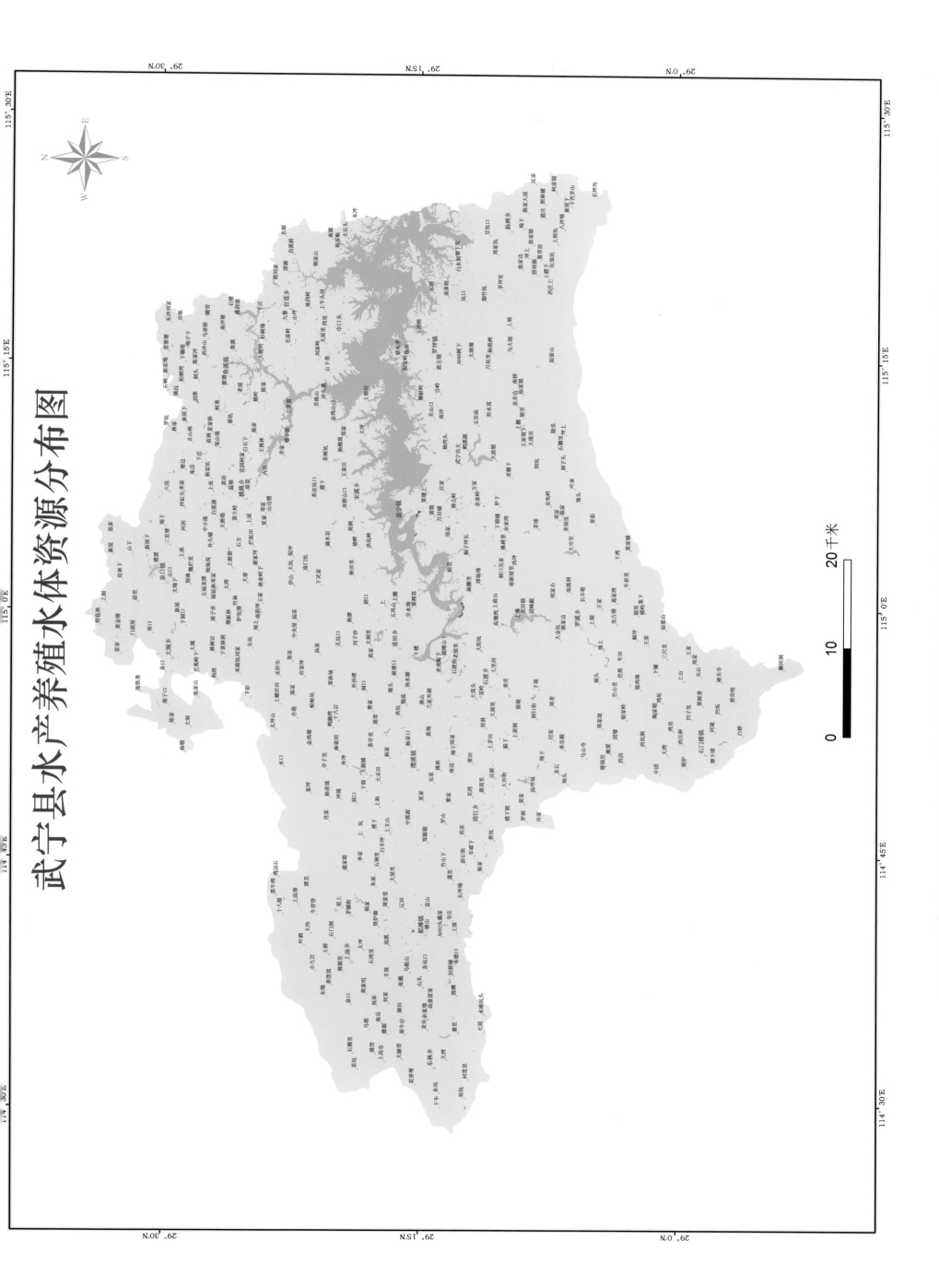

武宁县水产养殖水体资源分布图

星子县CBERS02B影像图

115° 50'E   116° 0'E

29° 30'N
29° 20'N
29° 10'N

N   W   E   S

0   5   10千米

68

星子县水产养殖水体资源分布图

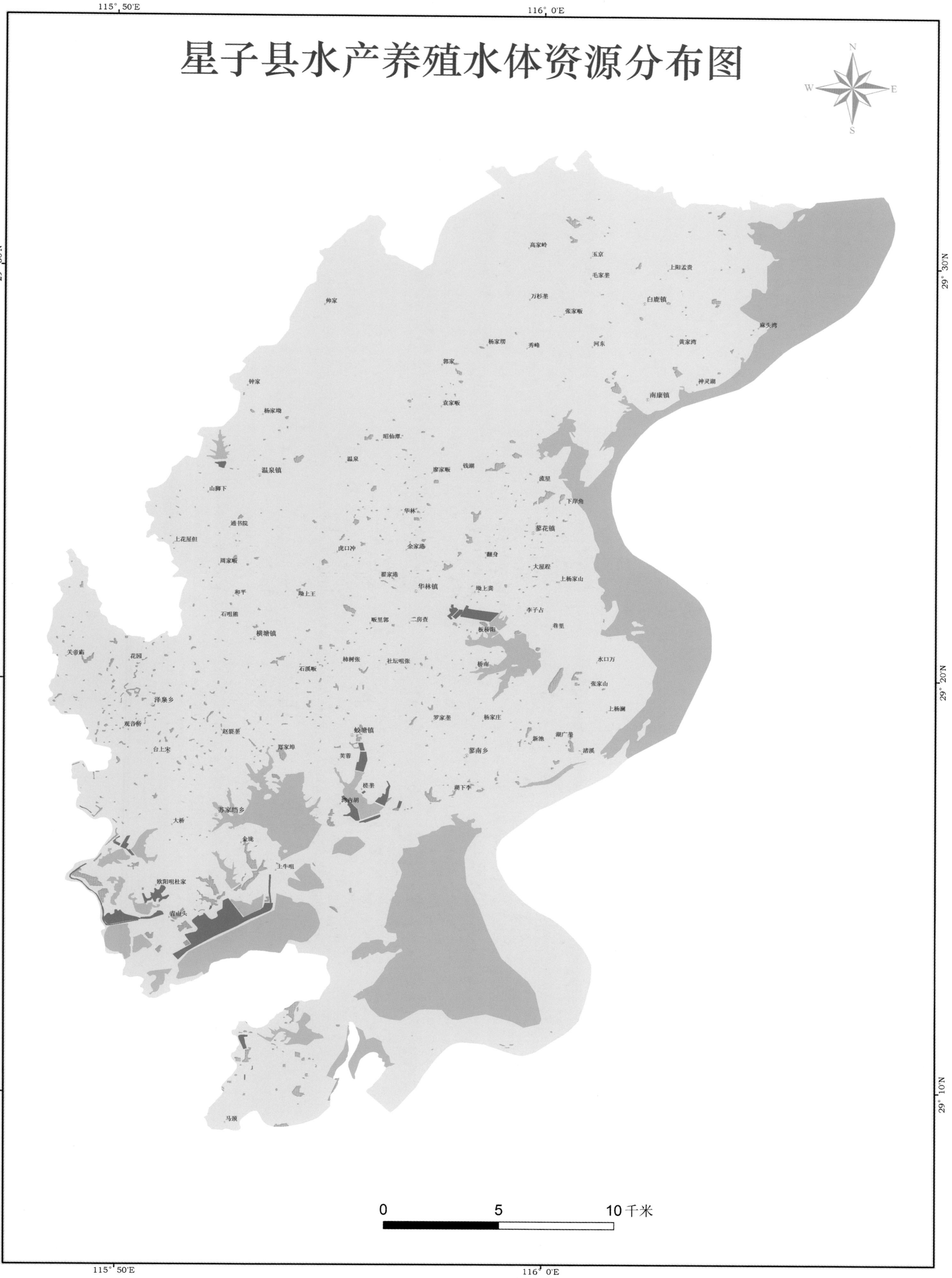

115°50'E 116°0'E

29°30'N

29°20'N

29°10'N

帅家
钟家
杨家垱
山脚下
温泉镇
通书院
上花屋但
周家畈
和平
石咀围
横塘镇
关帝庙
花园
泽泉乡
观音桥
台上宋
赵裹垄
雷家埠
大桥
欧阳咀杜家
青山头
金堆
土牛咀
苏家挡乡
芙蓉
蓼南朋
蛟塘镇
桃垄
石溪畈
梓树张
壮坛唱张
墩上王
畈里郭
二房查
板杨祖
墩上黄
华林镇
虎口冲
余家港
翟家港
华林
昭仙厚
温泉
廖家畈
钱湖
郭家
袁家畈
杨家坳
秀峰
高家岭
万杉垄
张家畈
玉京
毛家垄
上阳孟贵
白鹿镇
河东
南康镇
神灵湖
黄家湾
麻头湾
流星
下岸角
蓼花镇
赖身
大屋程
上杨家山
李子占
巷里
水口万
张家山
上杨澜
桥南
罗家垄
杨家庄
新渔
湖广垄
渚溪
蓼南乡
栅下李
马源

0 5 10千米

115°50'E 116°0'E

修水县CBERS02B影像图

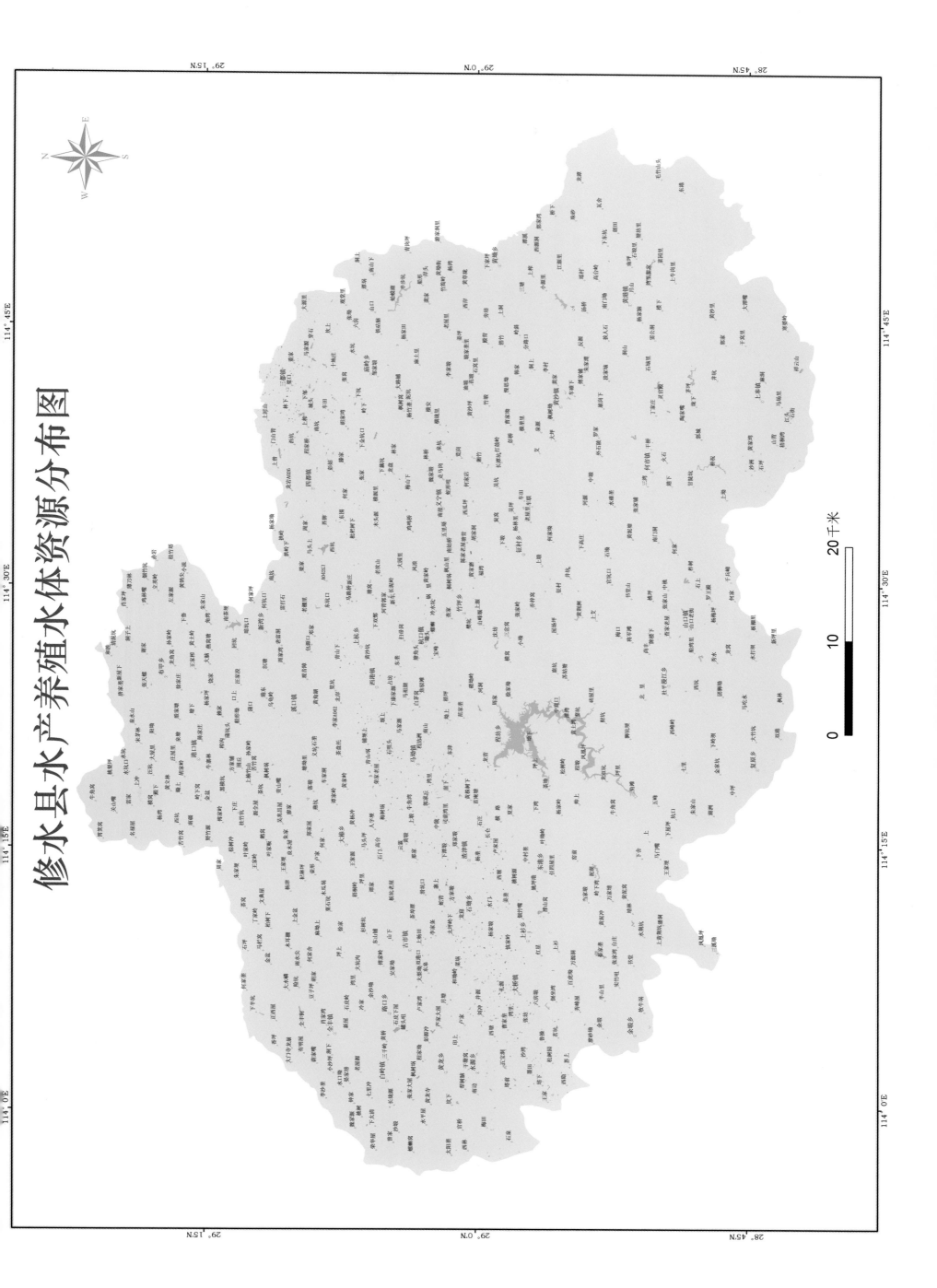

修水县水产养殖水体资源分布图

永修县CBERS02B影像图

10千米

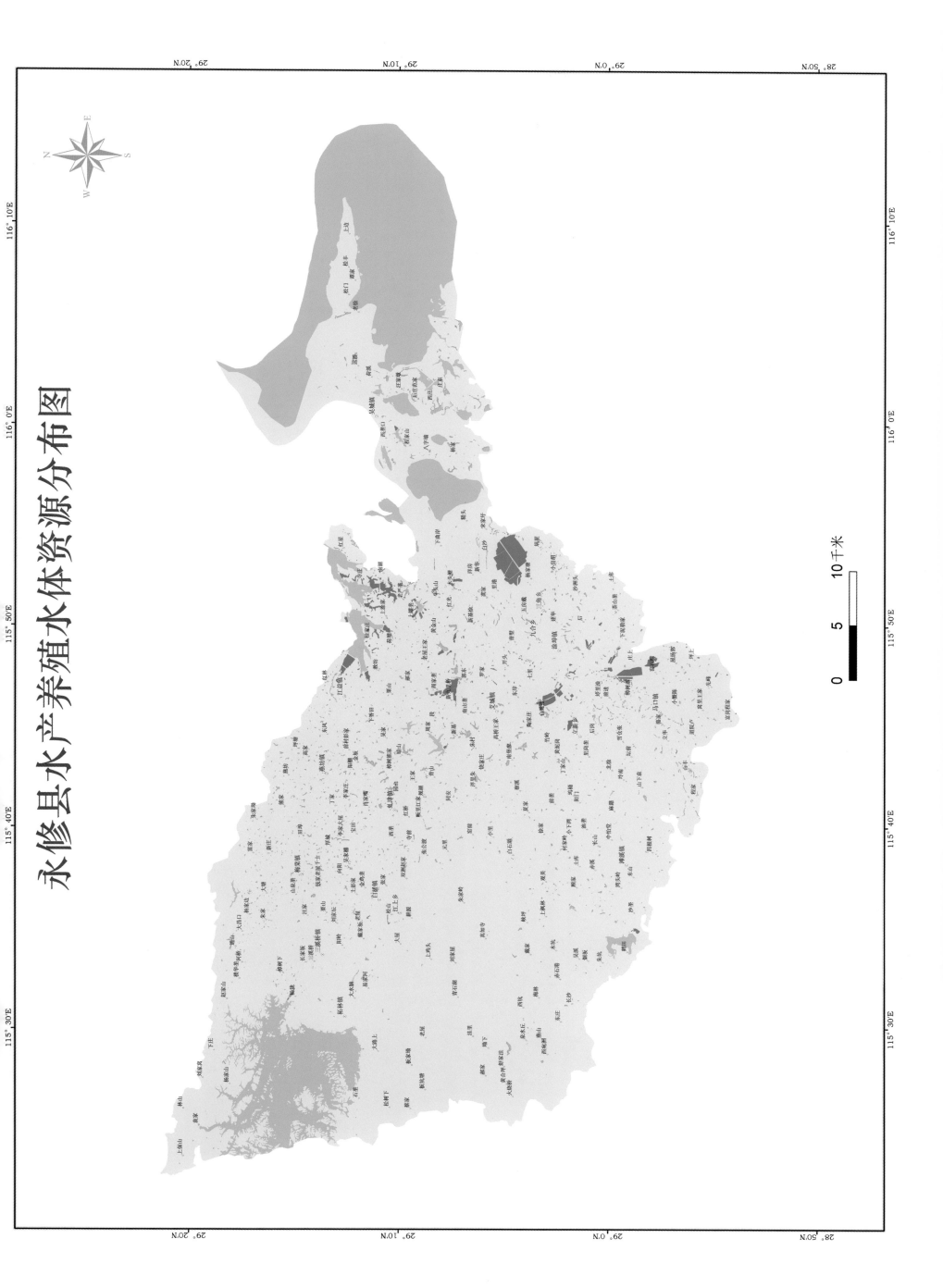

永修县水产养殖水体资源分布图

0 5 10千米

第五节　新余市

一、自然水资源与生物资源条件

新余市位于江西省中部偏西,属中亚热带季风气候区。全市下辖宜县、渝水区、仙女湖名胜风景区、高新技术产业开发区和孔目江生态经济区等5个县区,总面积3 178平方千米。境内气候四季分明,气候温和,日照充足,雨量充沛,多年平均降水量为1 595毫米,多年平均气温17.7℃。

1. 河流

袁河是流经新余市的主要河流,属赣江水系,横贯东西,境内河段长116.9千米。袁河发源于萍乡市武功山北麓,自西向东,经萍乡、宜春两市,在分宜县的洋江乡车田村进入新余市,从渝水区的新溪乡龙尾周村出境,于樟树市张家山的荷埠馆注入赣江。市内各小河溪水,大都以南北向注入袁河,整个水系呈叶脉状。袁河在新余境内有17条支流,分别为塔前江、界水河、周宇江(即划江)、天水江、孔目江、雷陂江、安和江、白杨江、陈家江(即板桥江)、蒙河、姚家江、南安江、杨桥江、凤阳河、新祉河、苑坑河、陂源河。

2. 水库

新余市有各类水库317座,其中大型水库有1座、中型水库有6座、小(一)型水库有41座、小(二)型水库有269座。

3. 水生生物资源

新余市水域内生物资源种类繁多,数量极为丰富。除少数降河洄游鱼类外,境内鱼类属赣江水系,共有鱼类6目14科55种,主要为鲤科鱼类。常见种类主要有草鱼、鲢、鳙、青鱼、鲤鱼、鲫鱼、长春鳊、团头鲂、三角鲂、大眼华鳊、鳡鱼、鳤鱼、红鳍鲌、青梢红鲌、蒙古红鲌、翘嘴红鲌、细鳞斜颌鲴、银鲴、麻花鱼骨、黄尾密鲴、赤眼鳟、刺鲃、花䱤、鳘条、南方拟鳘、油条鳘、银飘、麦穗鱼、马口鱼、鳑鲏、逆鱼、拟棘鳊鲌、蛇鮈、黑鳍鳈、华鳈等35个品种。其他水生经济动物主要为鳖、乌龟、青蛙、沼虾、溪蟹、米虾等。水生经济植物有藕、菱角、慈菇、芡实、荸荠、茭白、水葫芦、紫背浮萍等。水生经济贝类有三角帆蚌、皱纹冠蚌、背角无齿蚌、田螺、湖螺、椎实螺、黄蚬、杜氏蚌、淡水壳菜等。

丰富的淡水生物资源,为新余市的水产养殖业发展提供了良好的种质条件。新余市淡水养殖主要品种有草鱼、鲫鱼、鲢、鳙、鳊鱼、鳜鱼、翘嘴鲌、珍珠、甲鱼、蛙类、泥鳅、黄鳝、青虾、中华绒螯蟹等。

二、水产养殖基本情况

新余市水产养殖主要以四大家鱼为主,同时大力发展特色养殖。据渔业统计,2008~2010年水产养殖总产量分别为35 834吨、35 909吨、37 800吨,养殖面积分别为11 234公顷、11 569公顷、11 833公顷,渔业总产值分别为4.66亿元、4.86亿元、5.14亿元。

新余市水产养殖主产区主要分布在市辖区和分宜县。2008~2010年产量最高为市辖区,年平均为25 473.67吨;其次为分宜县,为11 040.67吨。2008~2010年新余市各县(区)的养殖产量构成如图2-5-1所示。

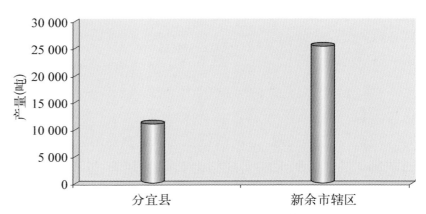

图2-5-1　2008~2010年新余市各县(区)养殖平均产量构成

三、水产养殖特点

1. 主要水产养殖类型与方式

新余市水产养殖主要包括池塘养殖、湖泊养殖、水库养殖、河沟养殖、稻田养殖和其他养殖。

(1) **池塘养殖**:2010年养殖面积为2 939公顷,平均单产水平为5 588千克/公顷。

(2) **湖泊养殖**:2010年养殖面积为58公顷,平均单产水平为6 424千克/公顷。

(3) **水库养殖**:2010年养殖面积为8 591公顷,平均单产水平为2 315千克/公顷。

(4) **河沟养殖**:2010年养殖面积为237公顷,平均单产水平为2 591千克/公顷。

(5) **稻田养殖**:2010年养殖面积为64公顷,平均单产水平为1 323千克/公顷。

(6) **其他养殖**:2010年养殖面积为9公顷,平均单产水平为47 955千克/公顷。

全市主要养殖模式有综合养殖模式、80∶20主养模式、"三网"养殖模式、工厂化温室养殖模式等。

2. 主要养殖品种

新余市主要养殖品种有青鱼、草鱼、鲢、鳙、鲫鱼、鳊鱼、鲤鱼、鲶鱼、黄颡鱼、鳜鱼、珍珠、翘嘴鲌、加州鲈、黄鳝、泥鳅、鳗鲡、乌鳢、蛙类、青虾、小龙虾、河蟹、河蚌、螺、鳖、蛙等品种。2010年新余市各养殖品种年产量结构如图2-5-2所示。

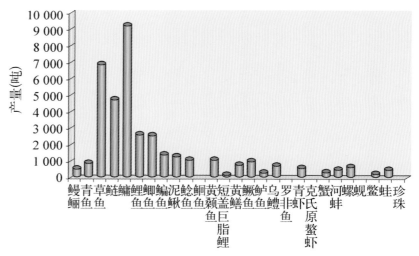

图2-5-2　2010年新余市主要养殖品种产量结构

3. 特色养殖

新余市特种水产养殖品种主要有河蟹、甲鱼、鳜鱼、鲈鱼、翘嘴鲌、黄鳝、泥鳅、鳗鲡、乌鳢、鲶鱼、鲴鱼、黄颡鱼、青虾、克氏原螯虾、蛙类、珍珠等。

近年来，新余市结合渔业结构调整，逐年加大发展特种水产养殖力度，积极推进"一县一品、数县一板块"战略布局，加速发展特色渔业。全市充分利用池塘、水库等资源优势，以"养鱼清水、养鱼治水"为指导，发展不施肥、不投饵、纯天然的有机鱼养殖模式，建立了以仙女湖为中心的有机鱼生产基地，大力发展有机鱼三级养殖模式，即池塘苗种培育、小型水库大规格老口鱼种培育（1千克/尾以上）、仙女湖及中型水库商品有机鱼养殖，形成了仙女湖有机鱼养殖链。

四、养殖水体资源遥感监测结果

新余市水产养殖水体资源遥感监测结果如表2-5-1所示。

表2-5-1　新余市水产养殖水体资源

地区	内陆池塘（公顷）	水库、山塘（公顷）	大水面（公顷）	区县合计（公顷）	总计（公顷）
市辖区	496	2 723	2 468	5 687	10 604
分宜县	406	1 251	3 260	4 917	

五、20公顷以上成片养殖池塘分布

新余市20公顷以上成片养殖池塘分布如表2-5-2所示。

表2-5-2　新余市20公顷以上成片池塘分布情况

地　区	数　量（片）	面　积（公顷）	全市合计（公顷）
市辖区	3	113	320
分宜县	3	207	

图2-5-3　仙女湖有机鱼大捕捞场景

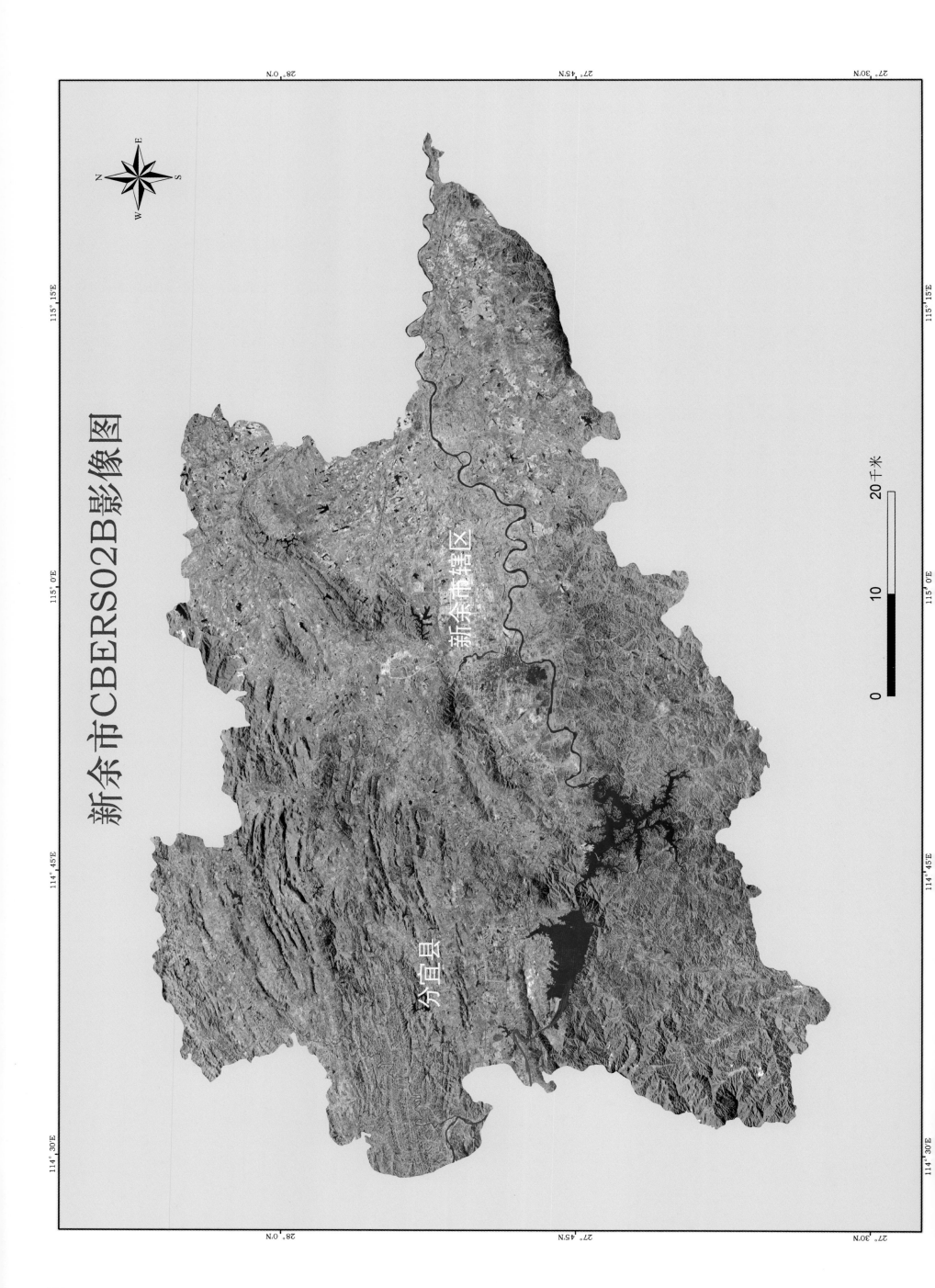

新余市CBERS02B影像图

新余市辖区

分宜县

N
W···E
S

20千米
0   10

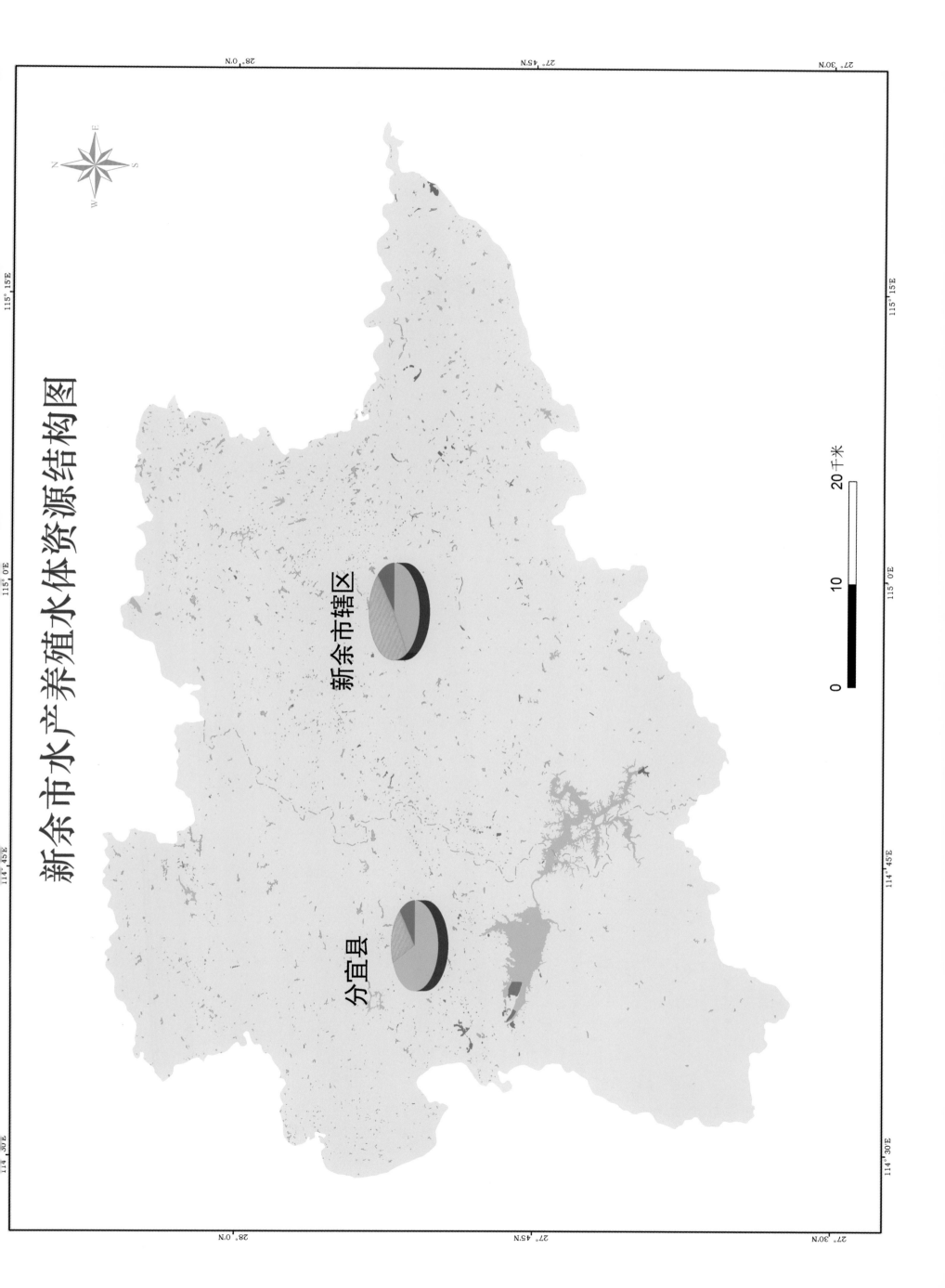

新余市水产养殖水体资源结构图

新余市辖区

分宜县

0   10   20千米

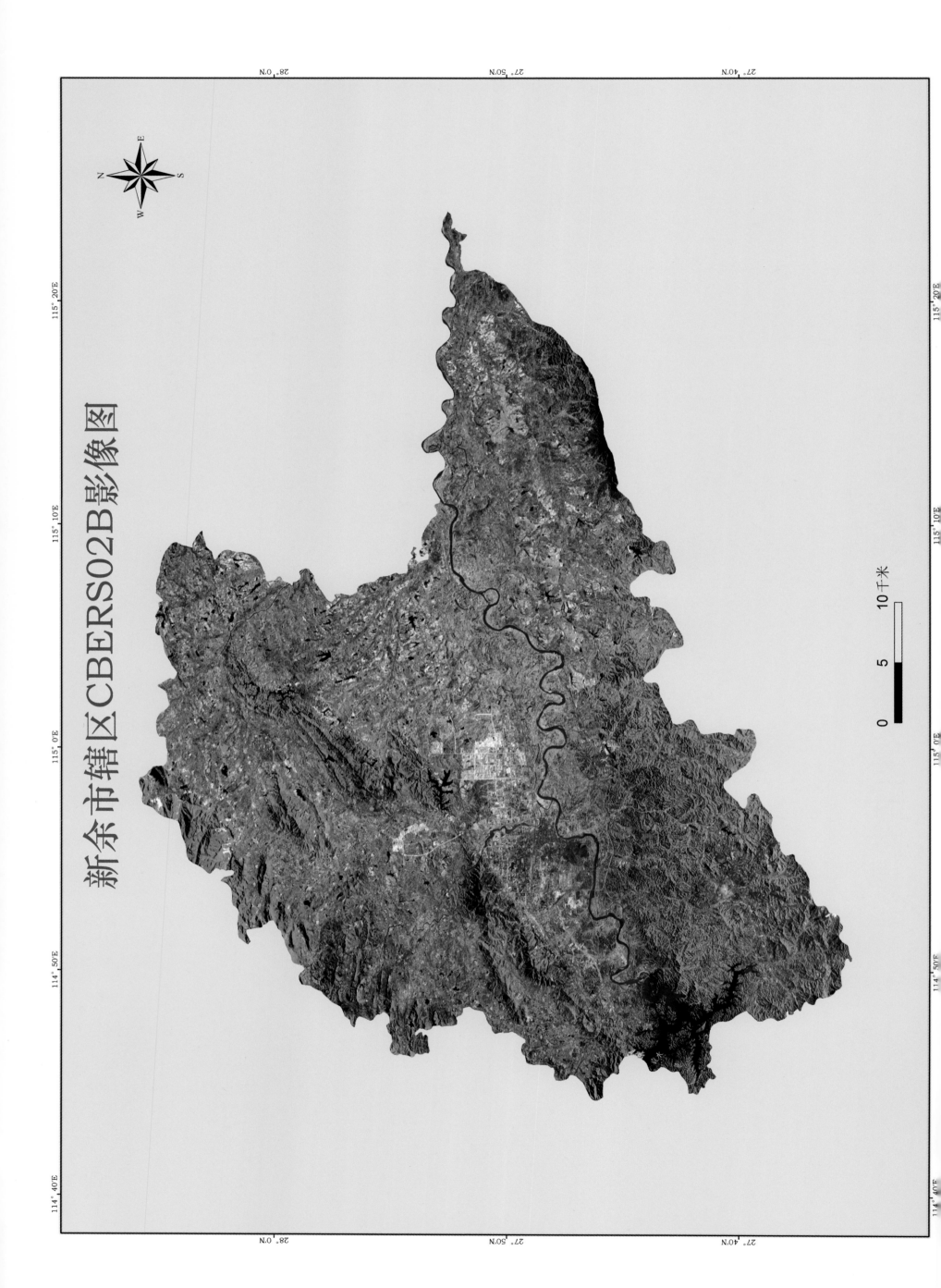

新余市辖区CBERS02B影像图

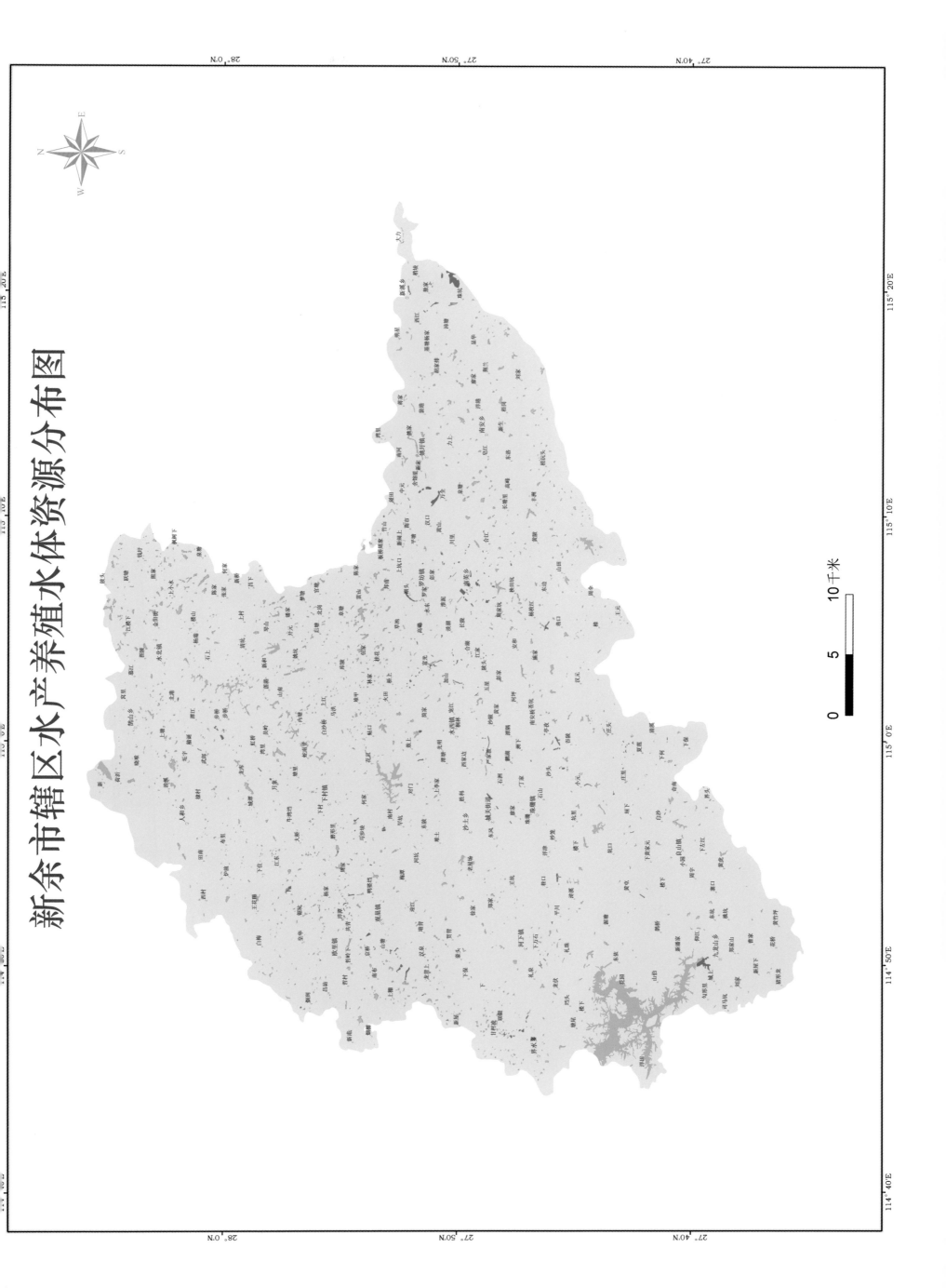

新余市辖区水产养殖水体资源分布图

0　　5　　10千米

分宜县CBERS02B影像图

分宜县水产养殖水体资源分布图

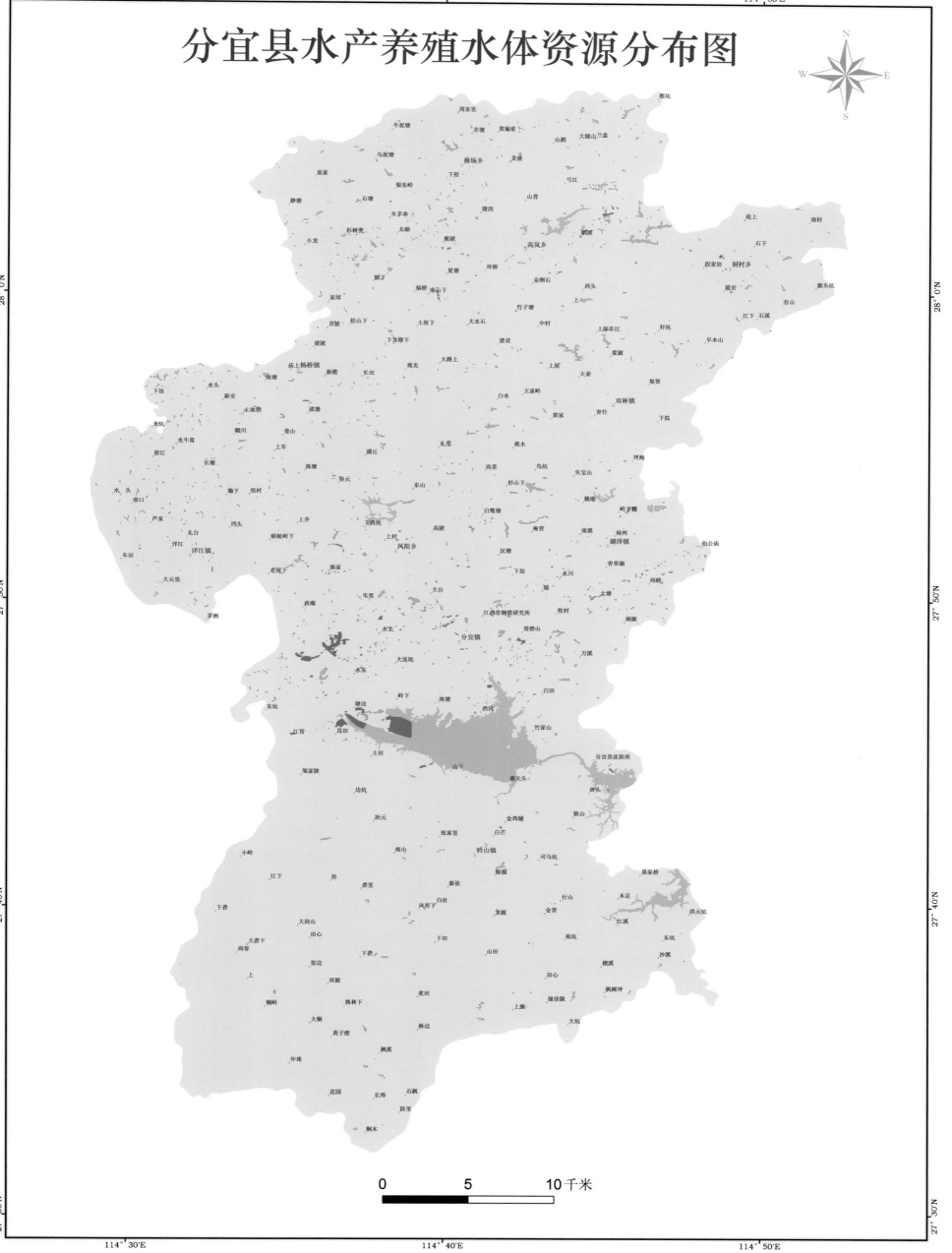

0 5 10千米

第六节　鹰潭市

一、自然水资源与生物资源条件

鹰潭市位于江西省东北部,信江中下游,属亚热带湿润季风性气候区,下辖月湖区(市政府驻地)、梅园新区、信江新区、高新技术开发区、贵溪市、龙虎山风景区、余江县1个市、1个县和5个区,总面积3 556.7平方千米,占江西省总面积的2.15%。全境四季分明,气温偏高,光照充足,雨量丰沛,无霜期长,多年平均降水量为1 842毫米,多年年均气温18.4℃。

1. 河流

信江是江西省五大河流之一,发源于浙赣北境的怀玉山仙霞岭。信江干流自东向西蜿蜒而下,流经上饶、铅山、弋阳、贵溪、余江等县(市),在余干县大溪渡附近分为东西两支,西支由余干县的瑞洪镇注入鄱阳湖,东支经珠湖山汇入饶河。干流全长329千米,其中鹰潭市境内72千米。流域面积16 890平方千米,其中大于1 000平方千米的有3条支流,分别为丰溪河、铅山河、白塔河;大于100平方千米的支流有8条,分别为罗塘水、泗沥河、塔桥河、童家河、白露河、硬石河、白塔河、黄庄河。

2. 水库

全市有中型水库10座、小(一)型水库39座、小(二)型水库366座。

3. 水生生物资源

据调查资料,鹰潭市境内共有鱼类105种,隶属于10目20科,主要以鲤科为主,计66种,占整个种类的63%;其次为鳅科,共7种,占整个种类的8.6%;鳢科5种,有大鳍鳠等;鲶科、攀鲈科各2种。其他水生经济动物主要有鳖、龟、虾、蟹、蝶螺、棘胸蛙等。主要水生经济植物主要有莲、藕、茭白、菱角、水葫芦、芡实、浮萍、绿萍等。主要水生经济贝类有三角帆蚌、皱纹冠蚌、背角无齿蚌、田螺、湖螺、环型螺、椎型螺、黄蚬等。主要养殖品种有从外地引进的彭泽鲫、湘云鲫、先科巨鲫、欧洲丁鲹、水蛭、小龙虾等,以及本地特色土著经济鱼类有大鳍鳠、叉尾斗鱼、刺鲃等。

二、水产养殖基本情况

鹰潭市水产养殖主要以四大家鱼为主,同时大力发展大鳍鳠、叉尾斗鱼、刺鲃等特色养殖。据渔业统计,2008年水产养殖总产量为4.23万吨,养殖面积为7 570.67万公顷,渔业总产值为5.21亿元;2009年水产养殖总产量为4.26万吨,养殖面积为7 726.20公顷,渔业总产值为5.59亿元;2010年水产养殖总产量为3.92万吨,养殖面积为7 528.07公顷,渔业总产值为5.75亿元。

全市水产养殖主产区在贵溪市、余江县和鹰潭市辖区。2008~2010年产量最高的为贵溪市,年平均为23 997.33吨;其次为余江县和鹰潭市辖区,分别为14 193.00吨和4 658.00吨,2008~2010年各县(市、区)淡水养殖产量构成如图2-6-1所示。

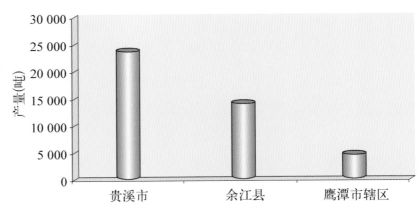

图2-6-1　2008~2010年鹰潭市各县(市、区)淡水养殖平均产量构成

三、水产养殖特点

1. 主要水产养殖类型与方式

鹰潭市主要养殖类型有池塘养殖、水库养殖、河沟养殖、稻田养殖和其他养殖。

(1)池塘养殖:2010年养殖面积为2 843公顷,平均单产水平约为7 438千克/公顷。

(2)水库养殖:2010年养殖面积为4 435公顷,平均单产水平约为3 590千克/公顷。

(3)河沟养殖:2010年养殖面积为167公顷,平均单产水平约为5 110千克/公顷。

(4)稻田养殖:2010年养殖面积为223公顷,平均单产水平约为2 106千克/公顷。

(5)其他养殖:2010年养殖面积为83公顷,平均单产水平约为10 044千克/公顷。

2. 主要养殖品种

鹰潭市以常见鱼类养殖为主,主要养殖品种有青鱼、草鱼、鲢、鳙、鲫鱼、编鱼、鲤鱼等,同时大力发展鳜鱼、黄颡鱼、斑点叉尾鮰、鲶鱼、泥鳅、黄鳝等特色养殖,近年来又逐渐开发了大鳍鳠、叉尾斗鱼、刺鲃及娃娃鱼等稀有名贵品种。全市四大家鱼养殖面积占60%~70%,其余为特色品种养殖。2010年鹰潭市主要养殖品种的产量结构如图2-6-2所示。

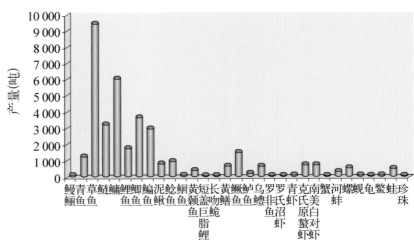

图2-6-2　2010年鹰潭市主要养殖品种产量结构

四、养殖水体资源遥感监测结果

鹰潭市水产养殖水体资源遥感监测结果如表2-6-1所示。

表2-6-1　鹰潭市水产养殖水体资源

地　区	内陆池塘（公顷）	水库、山塘（公顷）	大水面（公顷）	区县合计（公顷）	总　计（公顷）
市辖区	41	267	38	346	
贵溪市	542	1 160	629	2 331	4 889
余江县	274	881	1 057	2 212	

五、20公顷以上成片养殖池塘分布

遥感影像显示，鹰潭市未见20公顷以上成片养殖池塘。

图2-6-3　国家级休闲示范基地

图2-6-4　泸溪河国家级种质资源保护区

图2-6-5　泸溪河国家级种质资源保护区重点保护品种——大鳍鳠

图2-6-6　特色品种——欧洲鲹

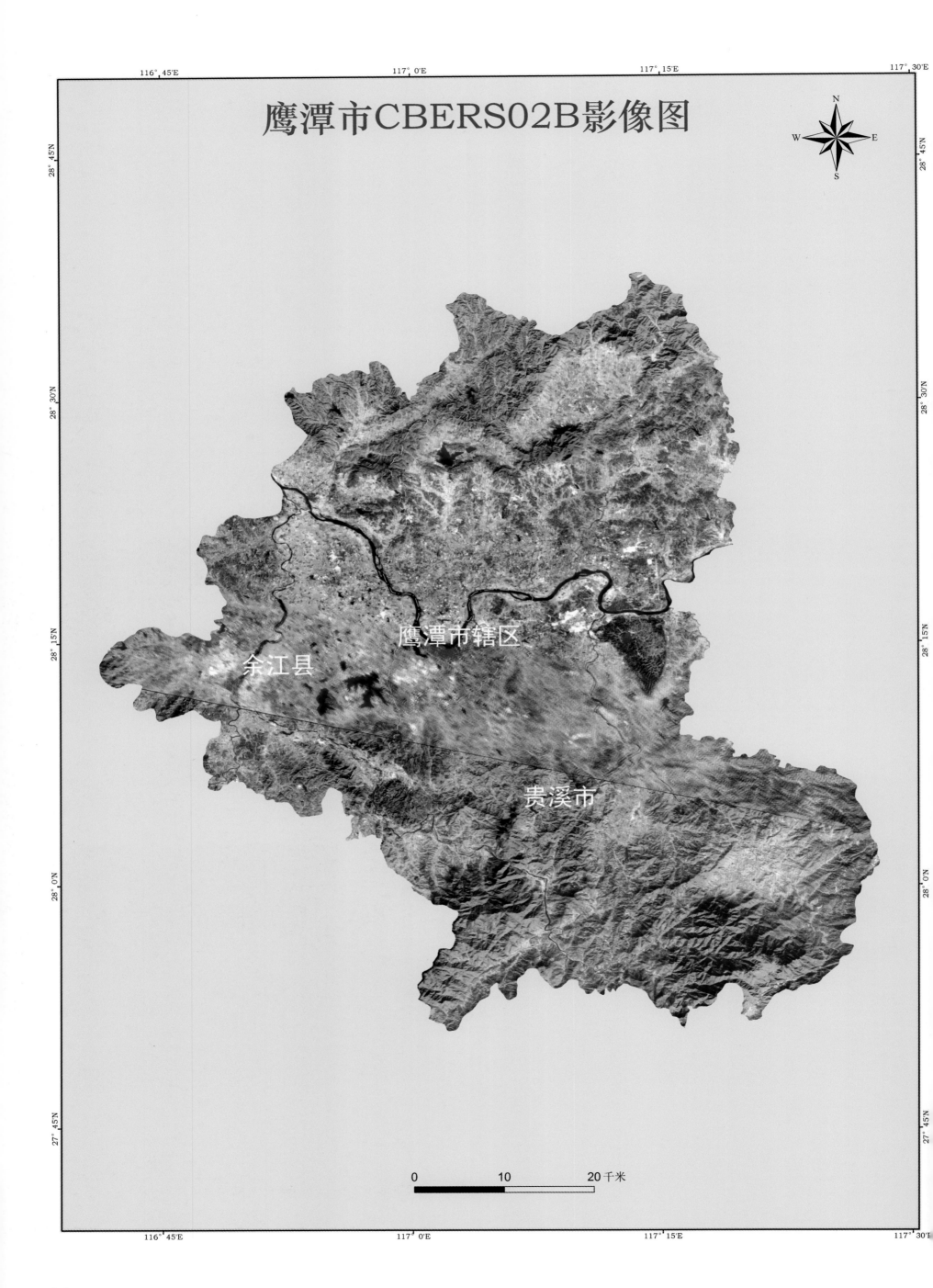

鹰潭市CBERS02B影像图

余江县

鹰潭市辖区

贵溪市

0　　　　10　　　　20千米

84

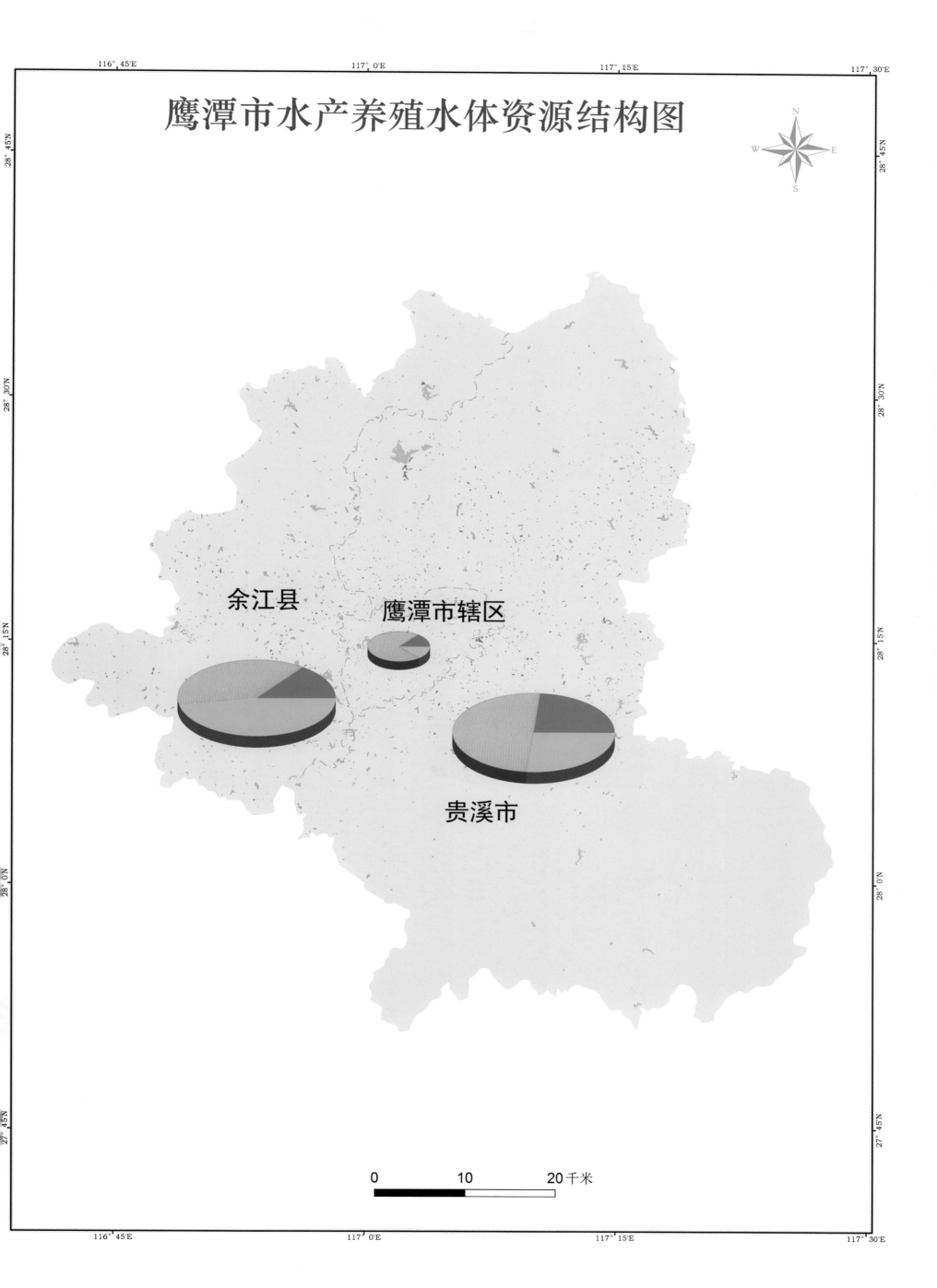

鹰潭市水产养殖水体资源结构图

余江县

鹰潭市辖区

贵溪市

0   10   20千米

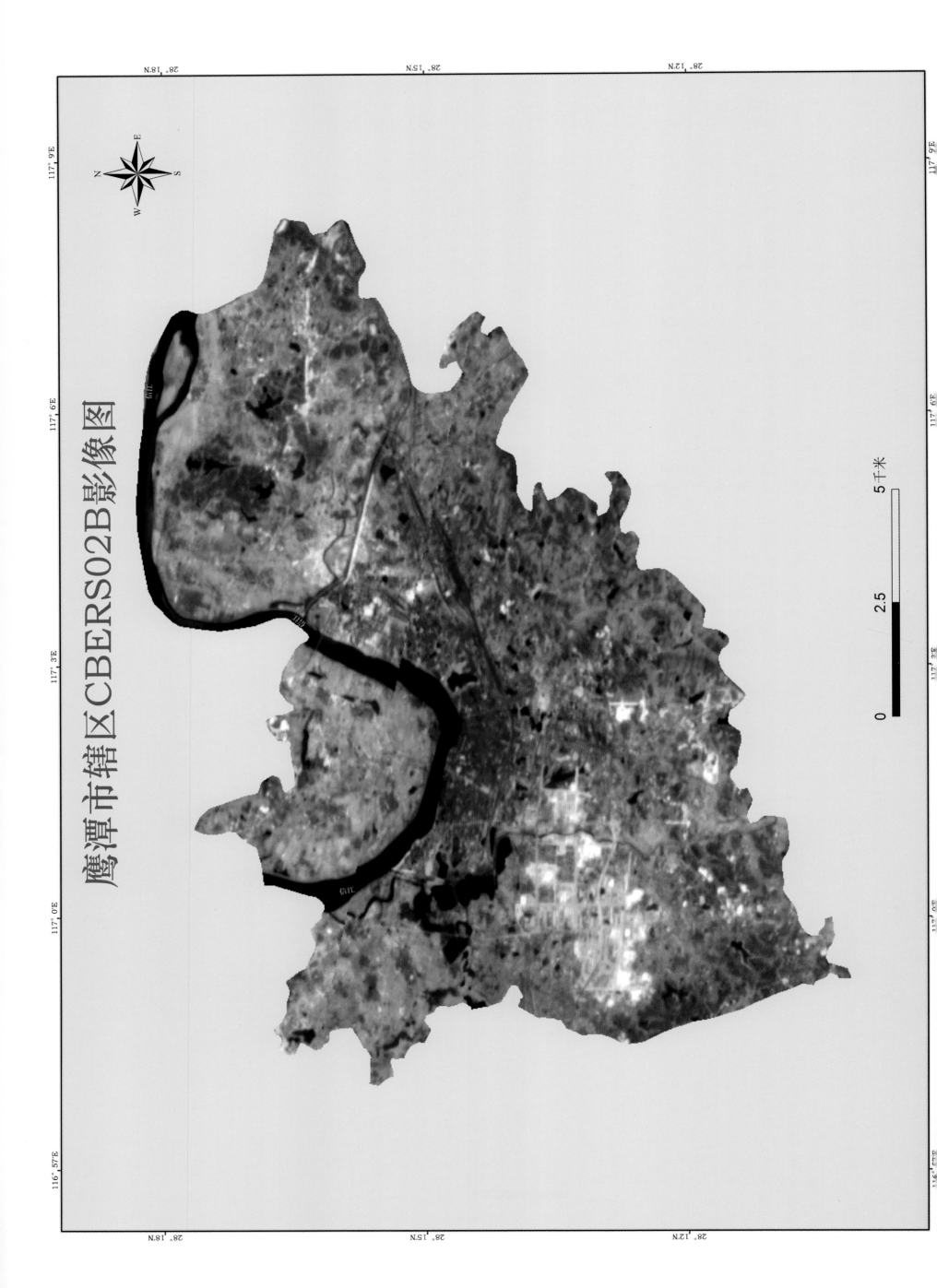

鹰潭市辖区CBERS02B影像图

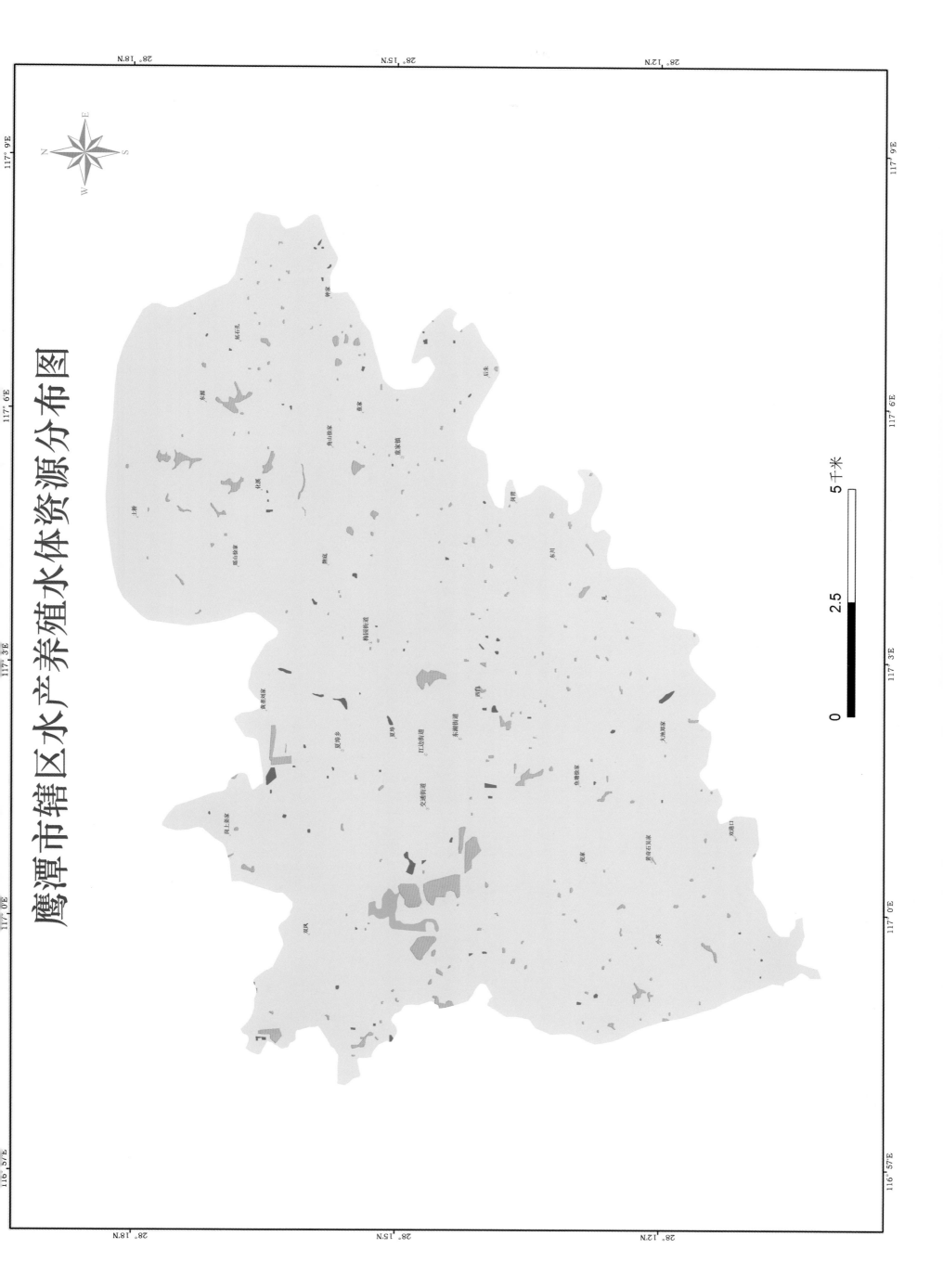

鹰潭市辖区水产养殖水体资源分布图

贵溪市CBERS02B影像图

0　　5　　10千米

贵溪市水产养殖水体资源分布图

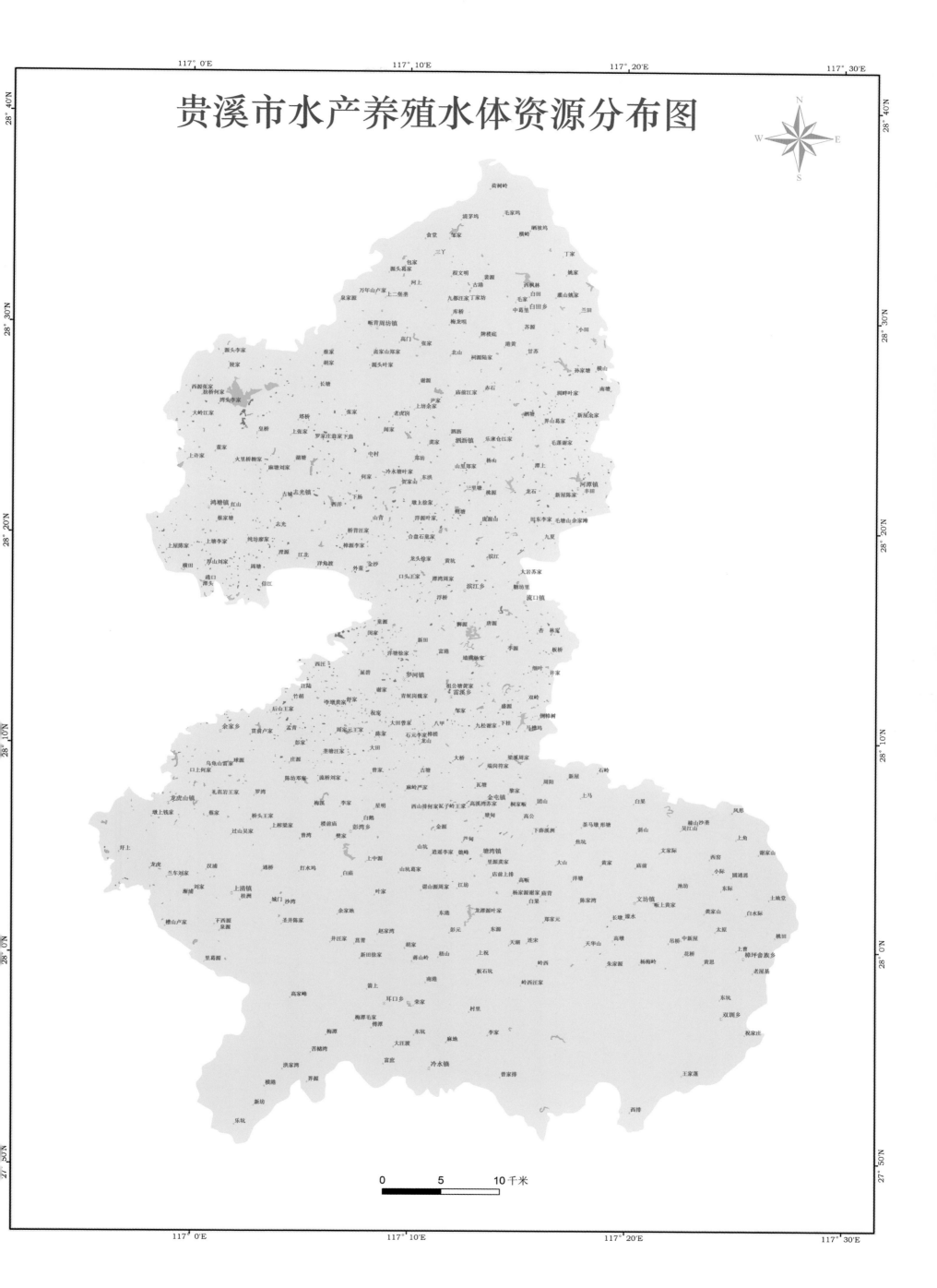

0 5 10千米

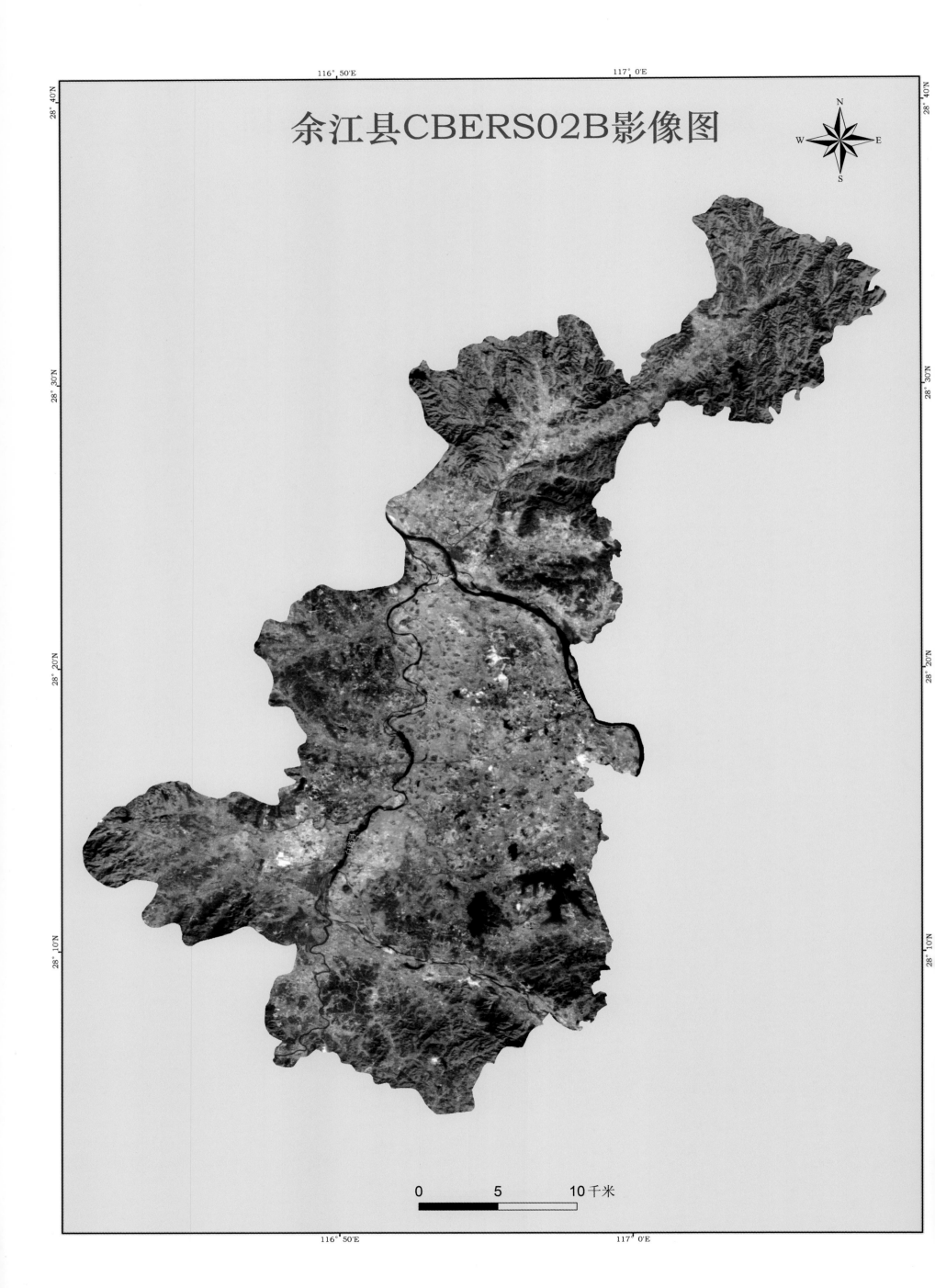

余江县CBERS02B影像图

余江县水产养殖水体资源分布图

116°50′E 117°0′E
28°40′N 28°30′N 28°20′N 28°10′N

0 5 10千米

第七节 赣州市

一、自然水资源与生物资源条件

赣州市位于江西省南部,地处中亚热带南缘属亚热带季风气候区。全市下辖2个市辖区、15个县,代管1个县级市,总面积39 379平方千米,占全省总面积的四分之一。境内四季分明,气候温和,热量丰富,雨量充沛,冬夏季风盛行,春夏降水集中,年平均降水量为1 318.9毫米。

1. 河流

赣州市四周山峦重叠、丘陵起伏,形成溪水密布,河流纵横。地势周高中低,南高北低,水系呈辐射状向中心——章贡区汇集。赣南山区成为赣江发源地,也是珠江之东江的源头之一。千余条支流汇成上犹江、章水、梅江、琴江、绵江、湘江、濂江、平江、桃江9条较大支流。其中由上犹江、章水汇成章江;其余7条支流汇成贡江;章贡两江在章贡区相会而成赣江,北入鄱阳湖,属长江流域赣江水系。另有百条支流分别从寻乌县、安远县、定南县、信丰县流入珠江流域的东江、北江水系和韩江流域梅江水系。区内各河支流,上游分布在西、南、东边缘的山区,河道纵坡陡,落差集中,水流湍急;中游进入丘陵地带,河道纵坡较平坦,河流两岸分布有宽窄不同的冲积平原。

赣州市属于水资源丰富地区,境内赣江和东江两大水系多年平均水资源量为336.5亿立方米,境内集雨面积10平方千米以上的河流有1 028条,总长度16 627千米,流域面积3.43万平方千米,占赣江总流域面积的42.4%。其中集雨面积超过100平方千米的支流有128条,总长4 993千米。河流密度每平方千米0.42千米。

2. 水库

全市有水库1 004座,已建成长冈水库、团结水库、龙潭水库、油罗口水库、上犹江水库5座大型水库,中型水库有38座,小(一)型水库有186座,小(二)型水库有776座,总库容33.66亿立方米。

3. 水生生物资源

赣州市境内水生生物资源十分丰富,已查明鱼类有107种,涉及7个目15个科,主要种类和品种有鲤鱼、鲫鱼、鳘条、黄鳝、泥鳅、翘鲌、草鱼、鲢、鳙、鳊鱼、鳜鱼、鲶鱼、鳗鱼、赤眼鳟、鳜鱼等,其中鲤科鱼类达70种,占鱼类物种数的65%。享誉世界的兴国红鲤,是赣州市重点保护的珍稀遗传育种品种。此外,还有大鲵、鳖、龟、蚌、螺、棘胸蛙、虎纹蛙等名贵水产经济动物。

二、水产养殖基本情况

据渔业统计,2008~2010年赣州市水产养殖产量分别为23万吨、23万吨、23.2万吨,养殖面积分别为4.48万公顷、4.57万公顷、4.61万公顷,渔业总产值分别为28.95亿元、30.17亿元、31.91亿元。

赣州市淡水养殖主要集中在宁都县、信丰县、兴国县、南康县和瑞金县,2008~2010年平均产量依次为23 828吨、23 202吨、19 975吨、18 471吨和17 675吨,其余依次为会昌县、上犹县、崇义县、赣县、石城县、大余县等,产量依次为12 830吨、12 507吨、11 157吨、10 952吨、9 916吨、9 191吨。2008~2010年赣州市各县(市、区)平均养殖产量构成如图2-7-1所示。

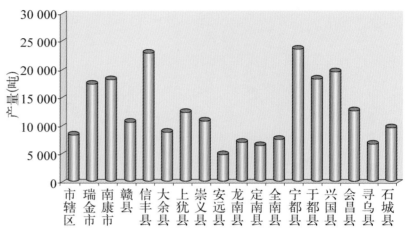

图2-7-1 2008~2010年赣州市各县(市、区)年养殖平均产量构成

三、水产养殖特点

1. 主要水产养殖类型与方式

赣州市淡水养殖主要有池塘养殖、湖泊养殖、水库养殖、河沟养殖、稻田养殖等类型。

(1)池塘养殖:2010年养殖面积为26 003公顷,平均单产水平为6 422千克/公顷。

(2)湖泊养殖:2010年养殖面积为67公顷,平均单产水平为1 260千克/公顷。

(3)水库养殖:2010年养殖面积为17 338公顷,平均单产水平为2 464千克/公顷。

(4)河沟养殖:2010年养殖面积为1 018公顷,平均单产水平为3 686千克/公顷。

(5)稻田养殖:2010年养殖面积为16 862公顷,平均单产水平为980千克/公顷。

2. 主要养殖品种结构

2010年主要养殖品种有草鱼、鲢、鳙、鲤鱼、鲫鱼、黄鳝等。2010年赣州市主要养殖品种产量如图2-7-2所示。

四、养殖水体资源遥感监测

赣州市水产养殖水体资源遥感监测结果如表2-7-1所示。

图2-7-2　2010年赣州市主要养殖品种年平均产量（吨）

鲟鱼　鳗鲡　青鱼　草鱼　鲢鱼　鳙鱼　鲤鱼　鲫鱼　鳊鲂　泥鳅　鲶鱼　鲴鱼　黄颡鱼　银鱼　短盖巨脂鲤　长吻鮠　黄鳝　鳜鱼　鲈鱼　乌鳢　罗非鱼　其他鱼　青虾　克氏原螯虾　河蟹　螺　蚬　藻原沼　龟鳖　蛙类

表2-7-1　赣州市水产养殖水体资源

地区	内陆池塘（公顷）	水库、山塘（公顷）	大水面（公顷）	区县合计（公顷）	总　计（公顷）
市辖区	192	107	36	335	
安远县	3	462	35	500	
崇义县	90	182	2 585	2 857	
大余县	133	668	565	1 366	
定南县	72	166	227	465	
赣　县	189	743	705	1 637	
会昌县	35	816	442	1 293	
龙南县	6	288		294	23 933
南康市	26	1 463		1 489	
宁都县	178	818	1374	2 370	
全南县	78	305	280	663	
瑞金市	158	474	456	1 088	
上犹县	28	261	1899	2 188	
石城县		373	85	458	
信丰县	147	2 045	583	2 775	
兴国县	83	594	1 625	2 302	

（续表）

地区	内陆池塘（公顷）	水库、山塘（公顷）	大水面（公顷）	区县合计（公顷）	总　计（公顷）
寻乌县		425	39	464	
于都县	174	1 048	1 67	1 389	23 933

五、20公顷以上成片养殖池塘分布

赣州市20公顷以上成片养殖池塘分布如表2-7-2所示。

表2-7-2　20公顷以上成片池塘分布情况

地　区	数　量（片）	面　积（公顷）	全市总计（公顷）
市辖区			
安远县			
崇义县	2	52	
大余县			
定南县			
赣　县			
会昌县			
龙南县			
南康市			
宁都县			
全南县	1	28	80
瑞金市			
上犹县			
石城县			
信丰县			
兴国县			
寻乌县			
于都县			

图2-7-3　全南斜溪村养鱼池塘

图2-7-4　鲟鱼流水养殖场

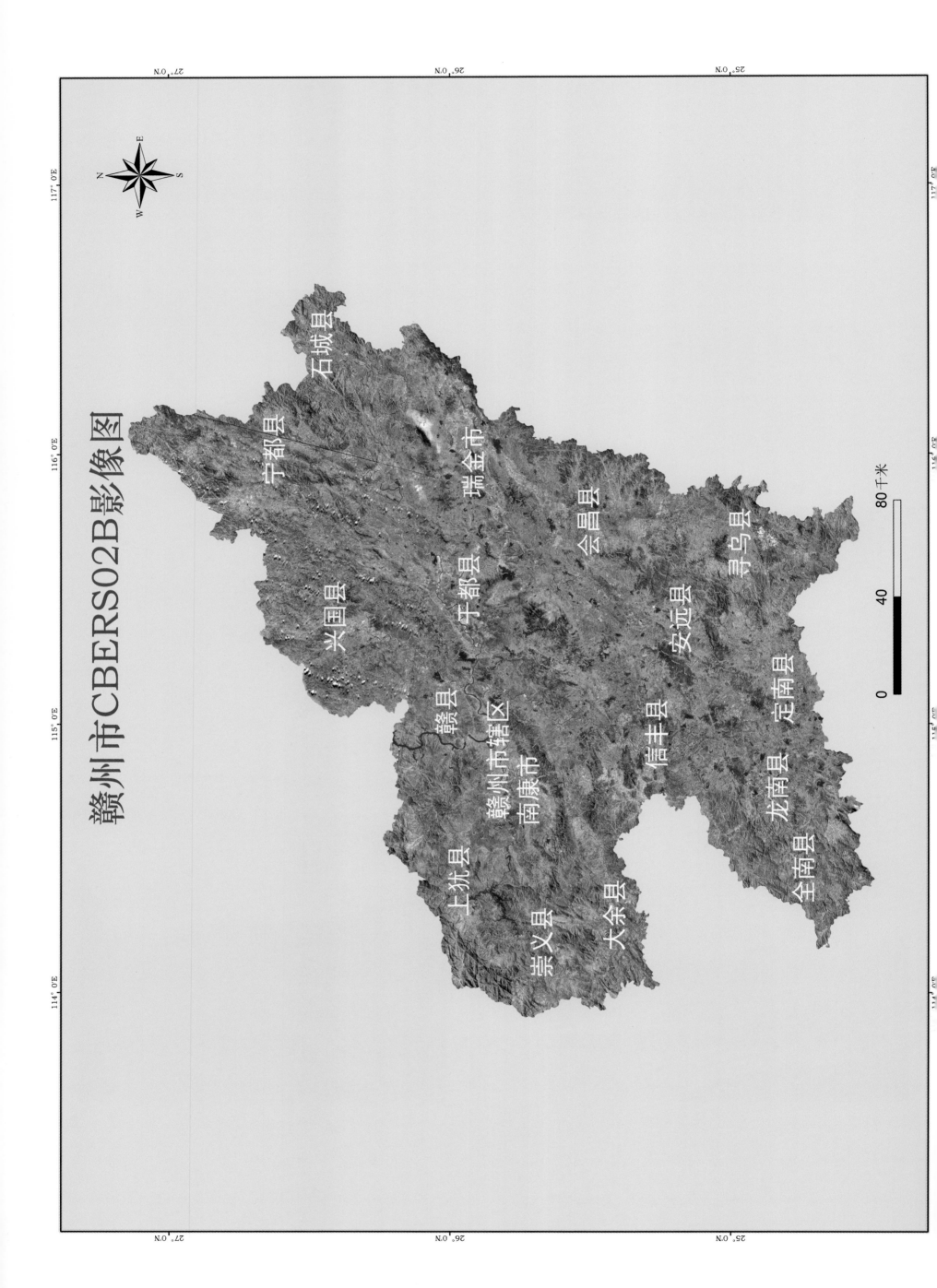

赣州市CBERS02B影像图

石城县
宁都县
瑞金市
会昌县
兴国县
于都县
寻乌县
安远县
赣县
赣州市辖区
南康市
信丰县
龙南县
定南县
上犹县
崇义县
大余县
全南县

N
W　　E
S

0　　40　　80千米

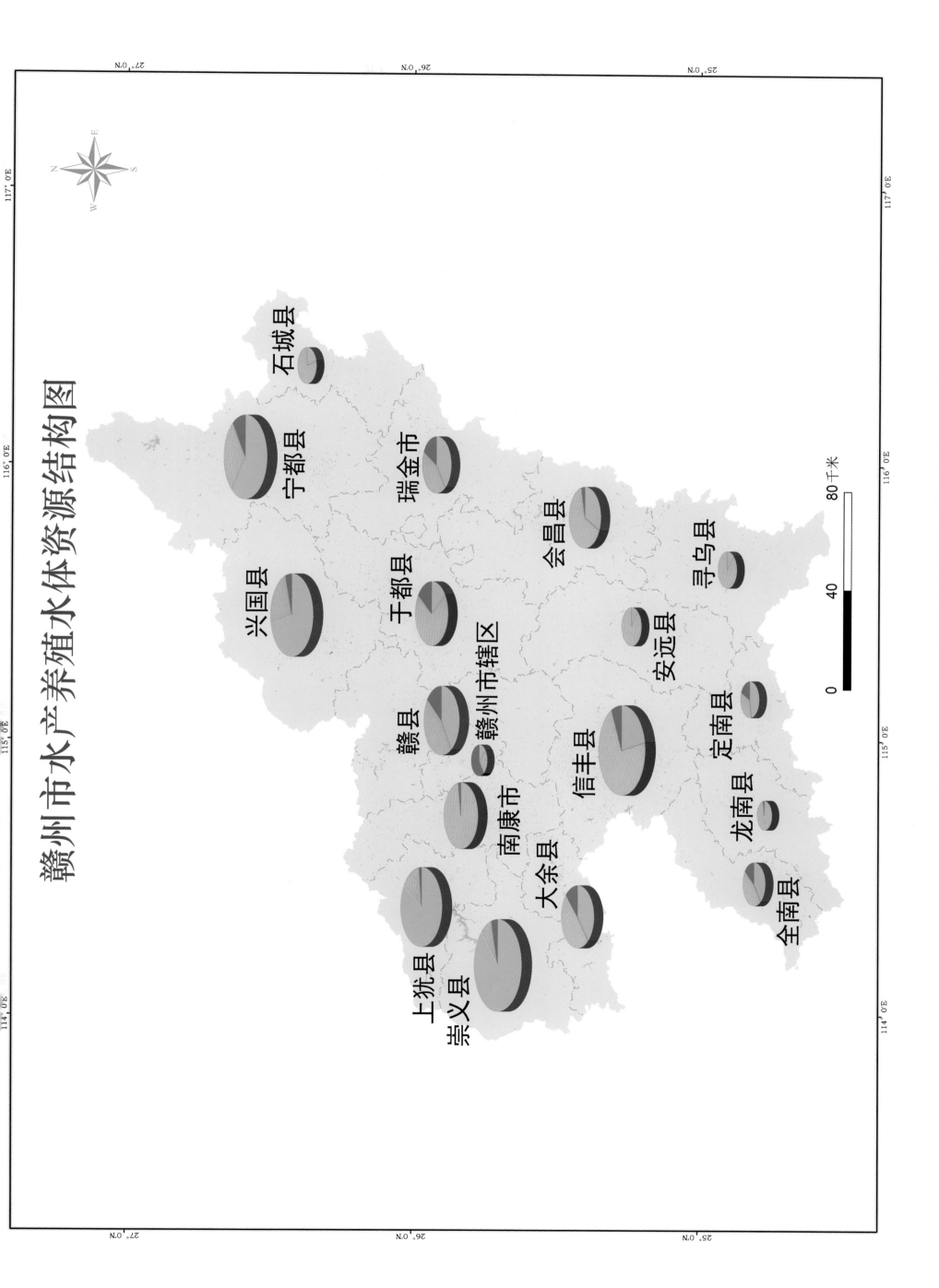

赣州市水产养殖水体资源结构图

石城县
宁都县
瑞金市
兴国县
于都县
会昌县
赣县
赣州市辖区
寻乌县
安远县
南康市
信丰县
定南县
大余县
龙南县
上犹县
崇义县
全南县

0 40 80千米

赣州市辖区CBERS02B影像图

赣州市辖区水产养殖水体资源分布图

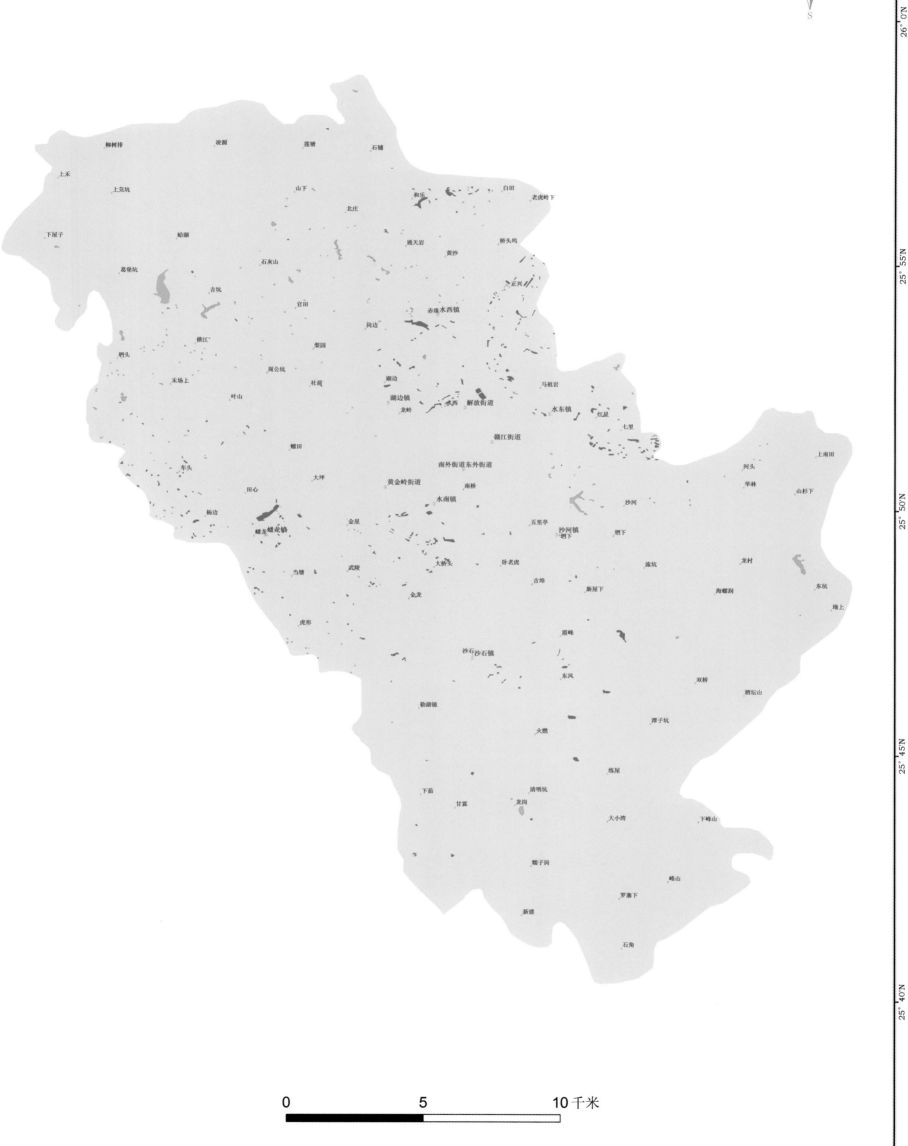

安远县CBERS02B影像图

0 5 10千米

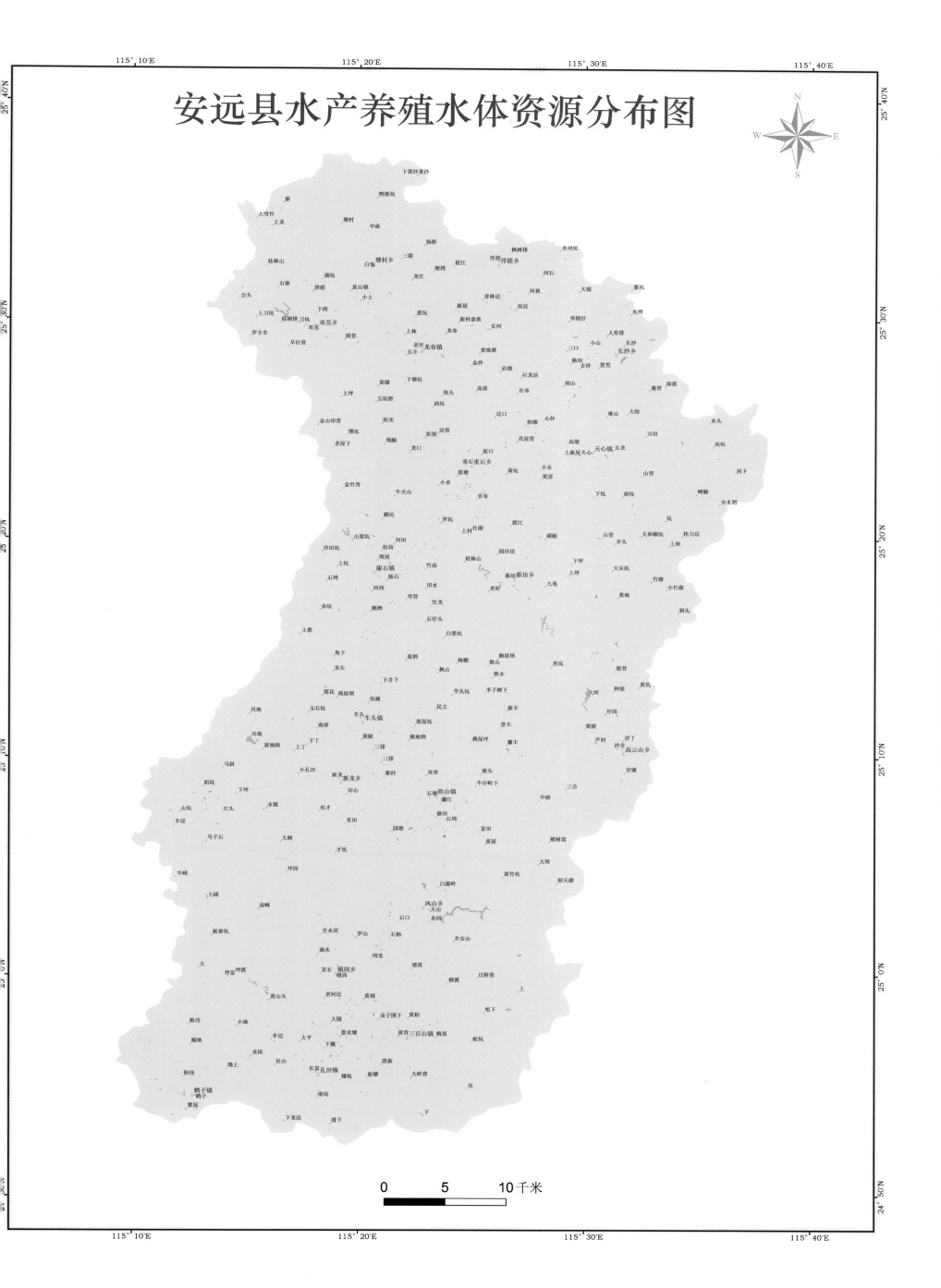

安远县水产养殖水体资源分布图

0　　5　　10千米

崇义县CBERS02B影像图

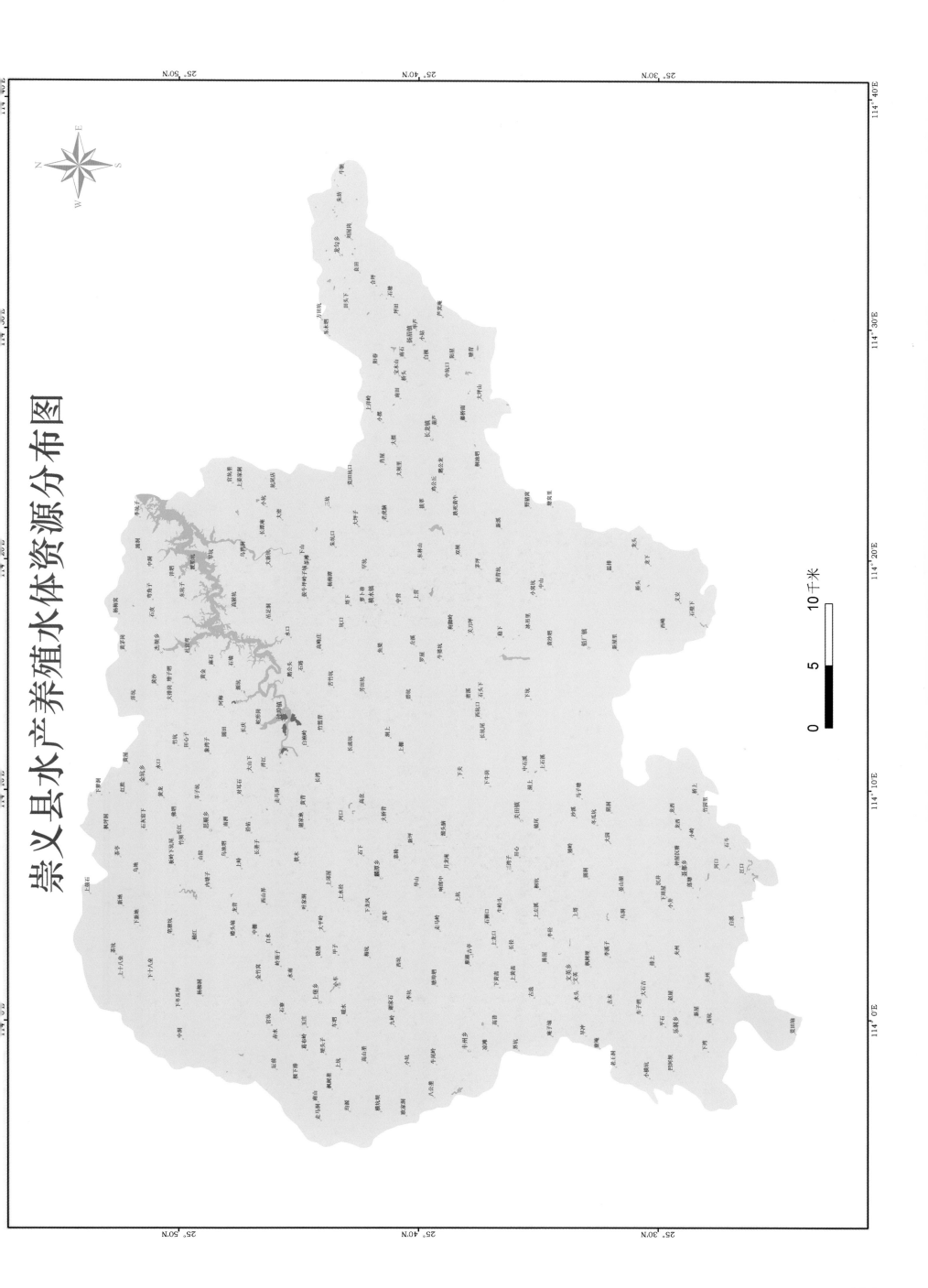

崇义县水产养殖水体资源分布图

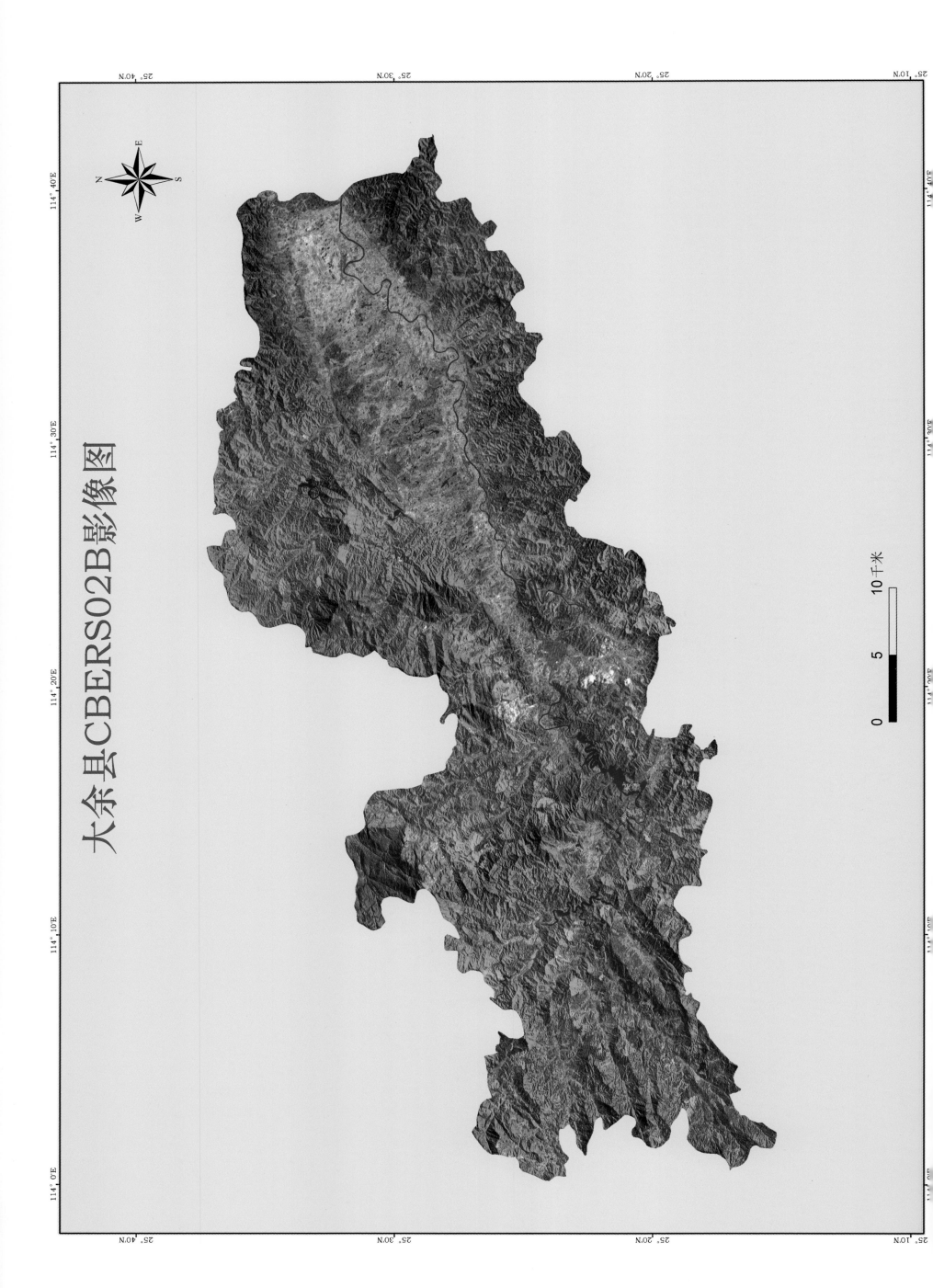

大余县CBERS02B影像图

114°,40E 114°,30E 114°,20E 114°,10E 114°,0E

25°,40'N 25°,30'N 25°,20'N 25°,10'N

0 5 10千米

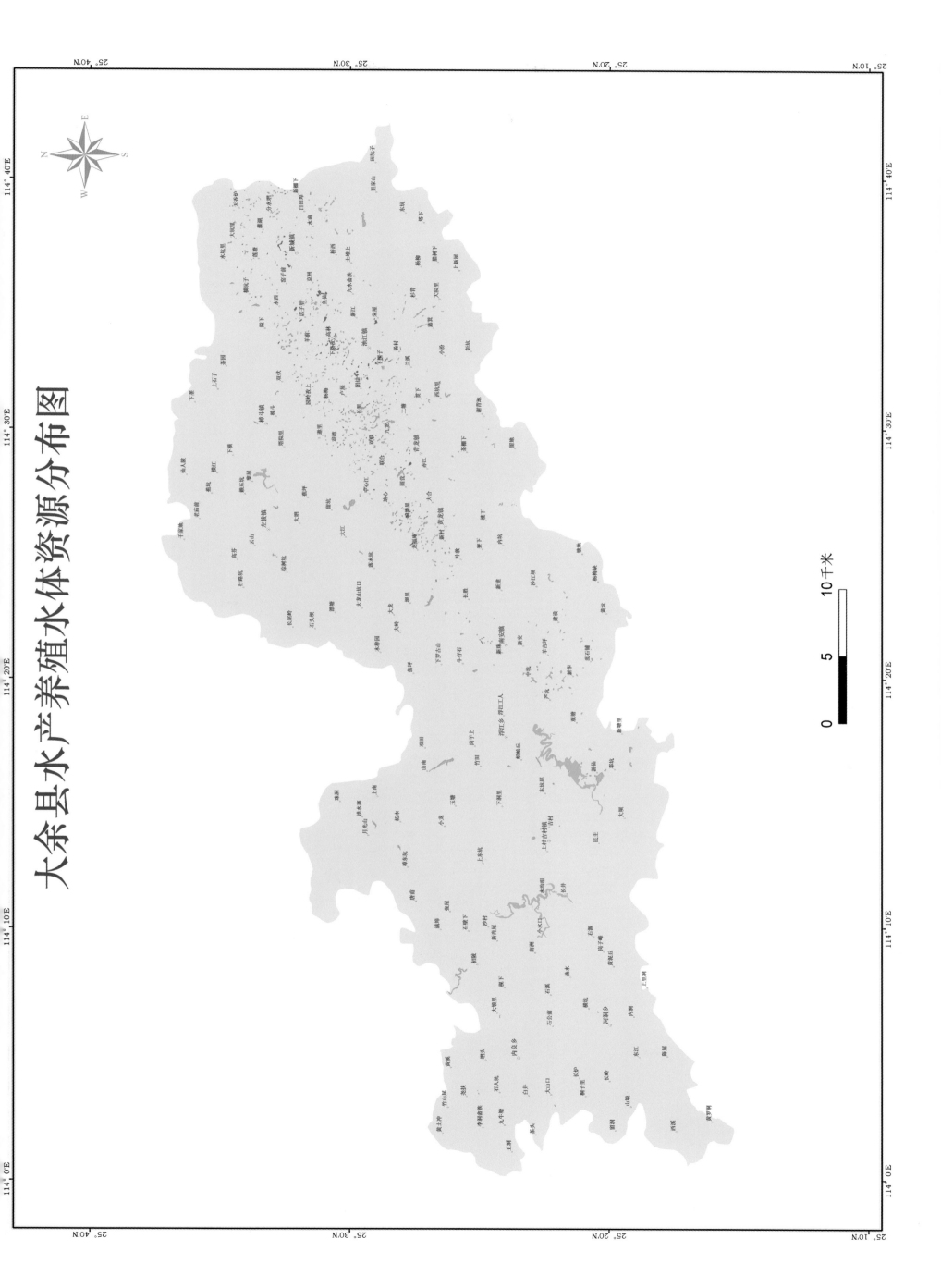

大余县水产养殖水体资源分布图

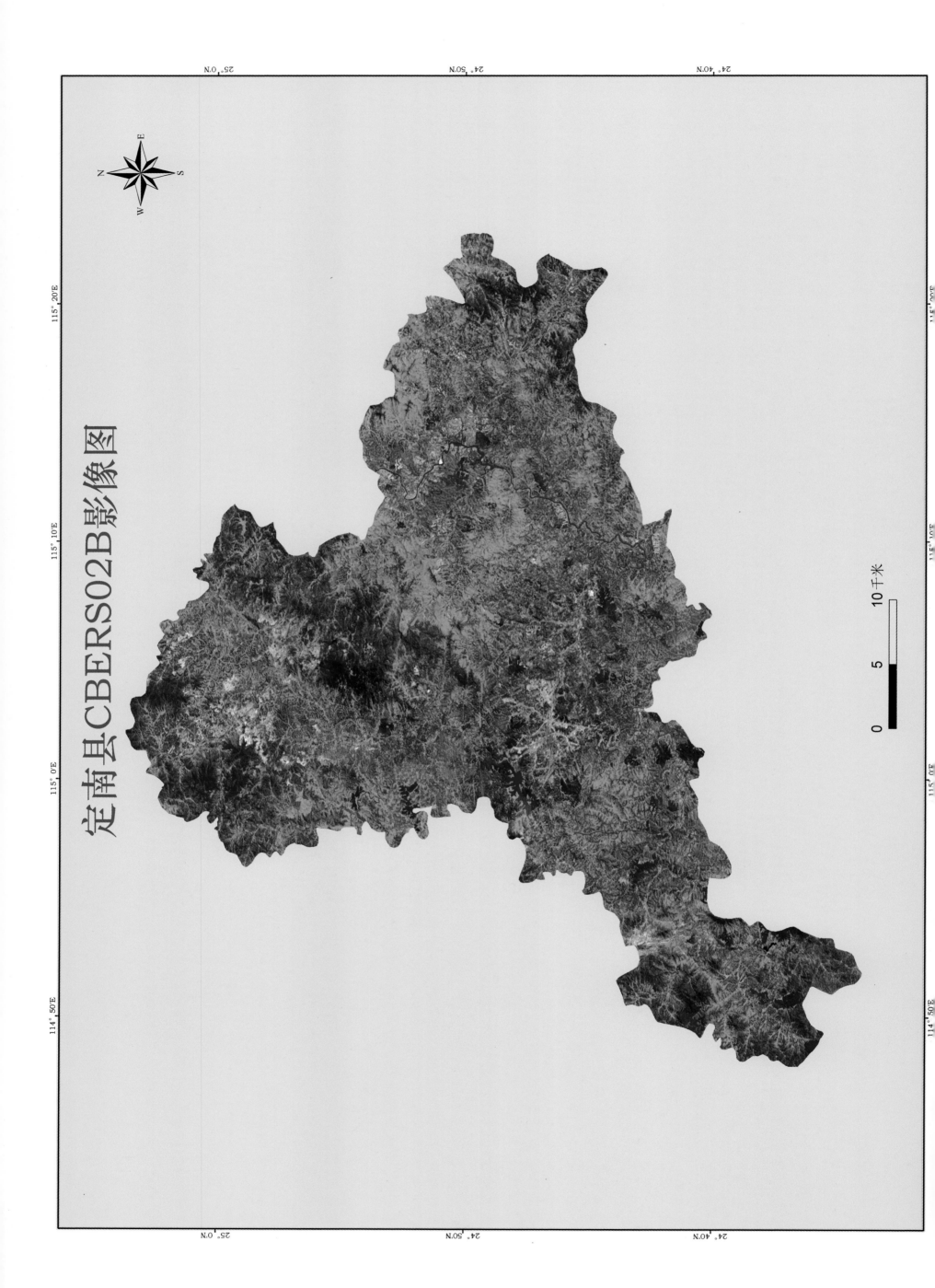

定南县CBERS02B影像图

0 5 10千米

104

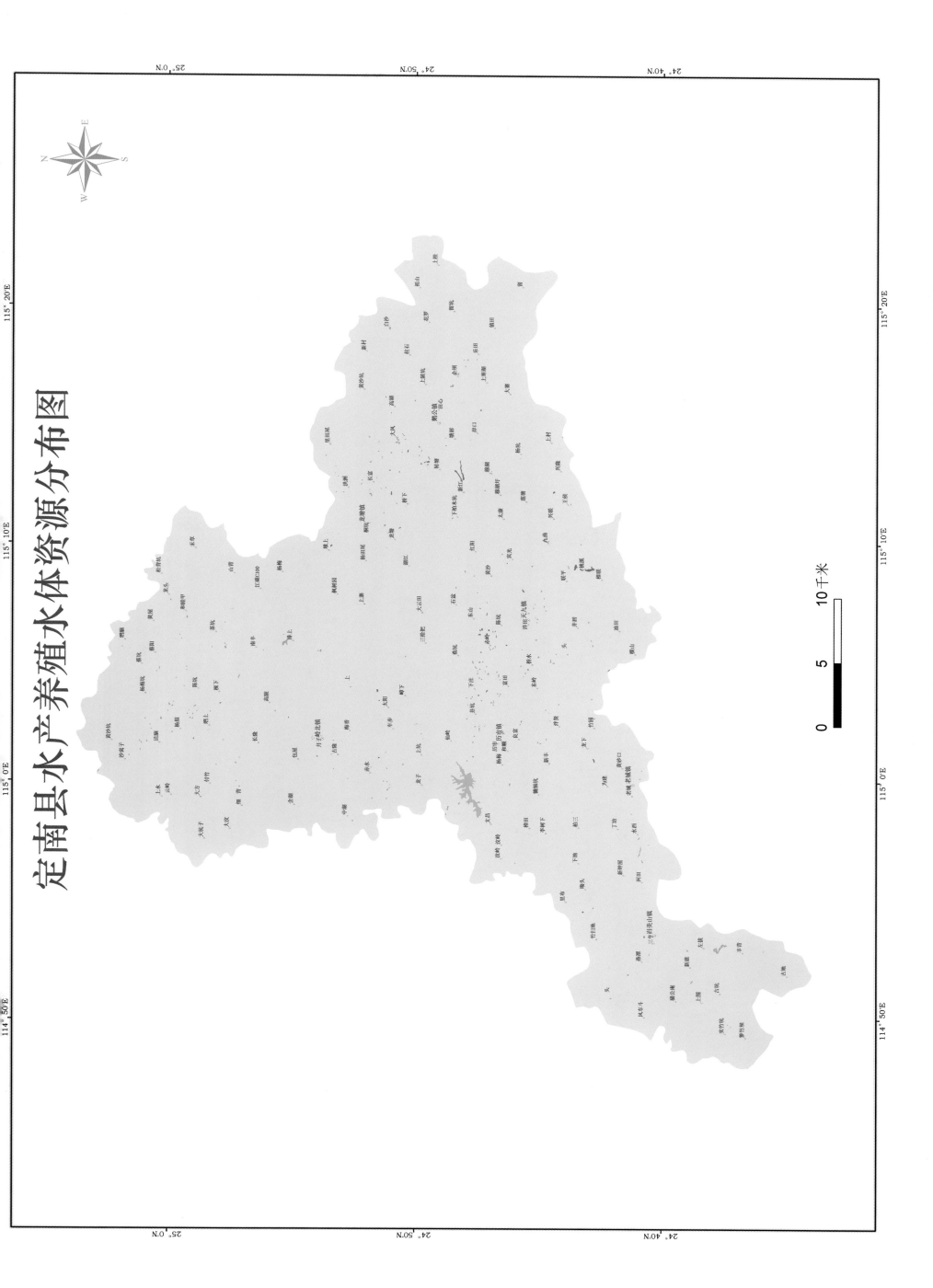

定南县水产养殖水体资源分布图

105

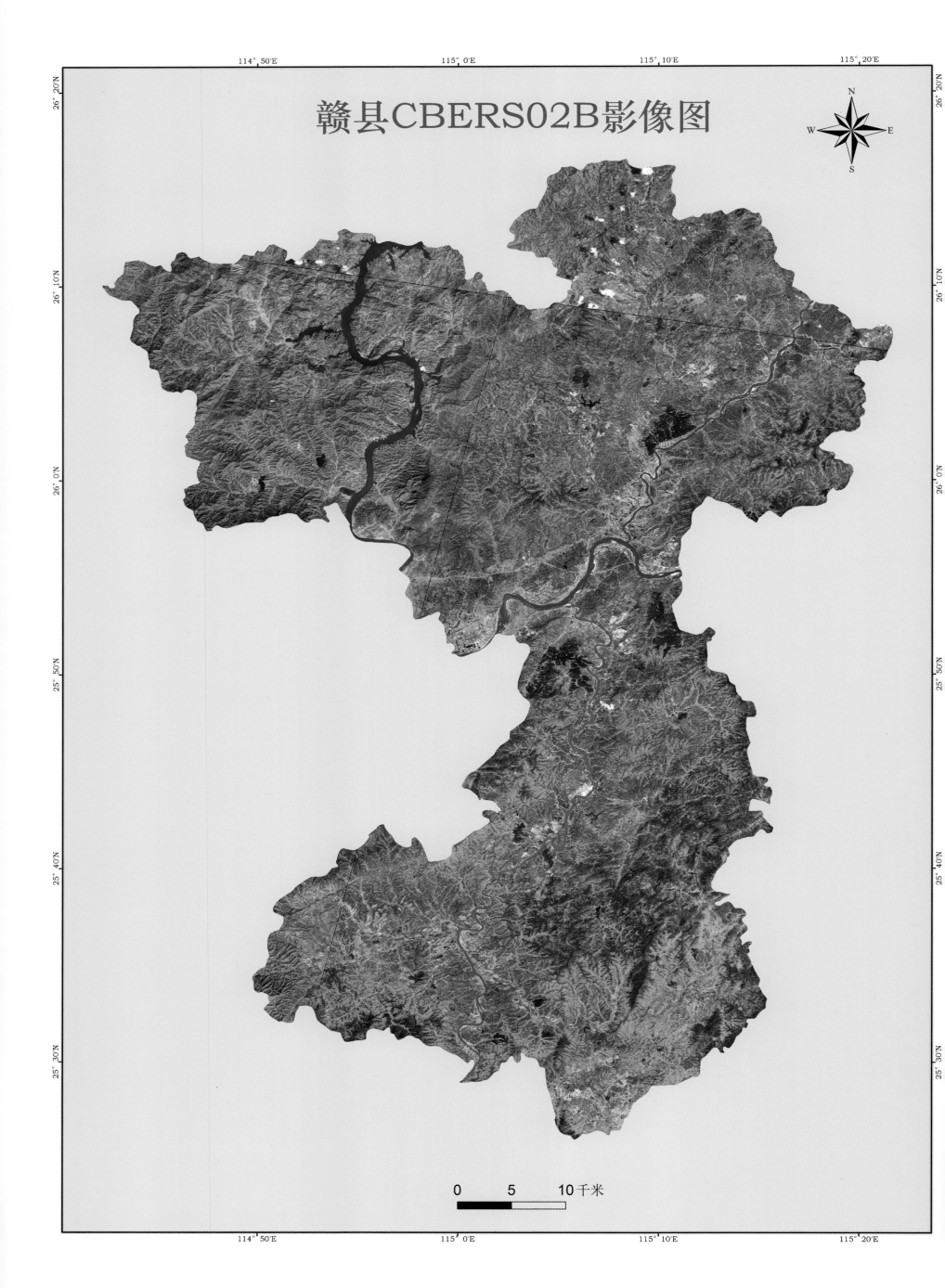

赣县CBERS02B影像图

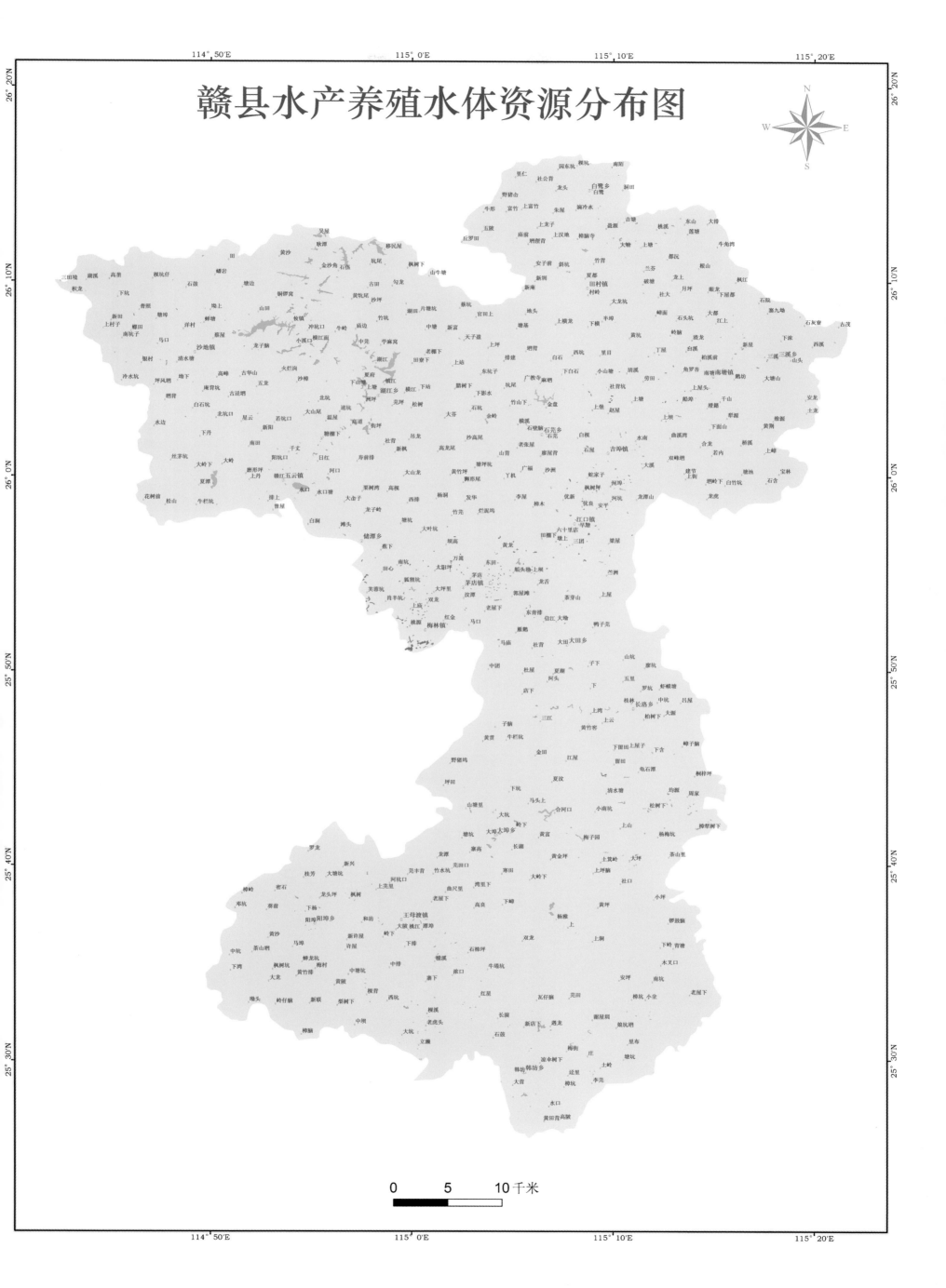

赣县水产养殖水体资源分布图

0　　5　　10千米

会昌县CBERS02B影像图

0　5　10千米

会昌县水产养殖水体资源分布图

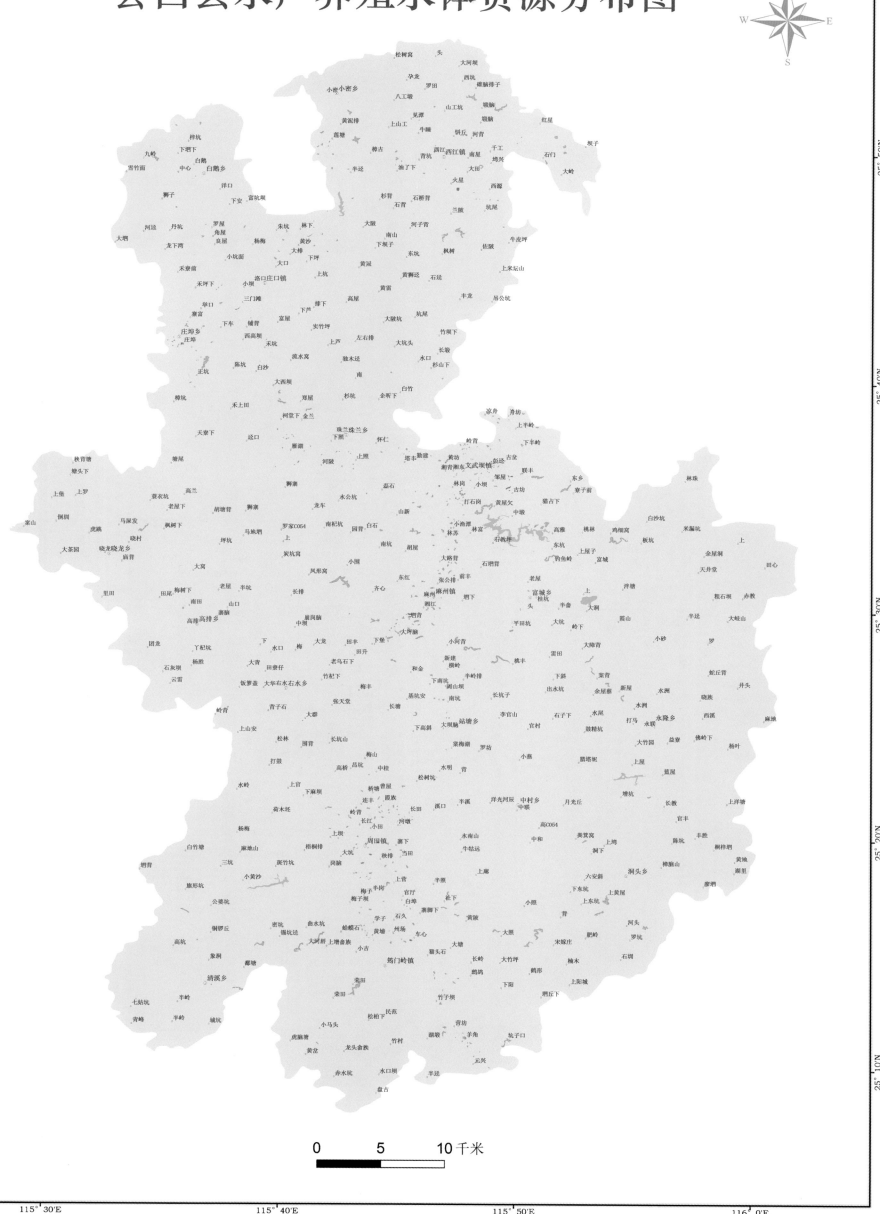

0   5   10千米

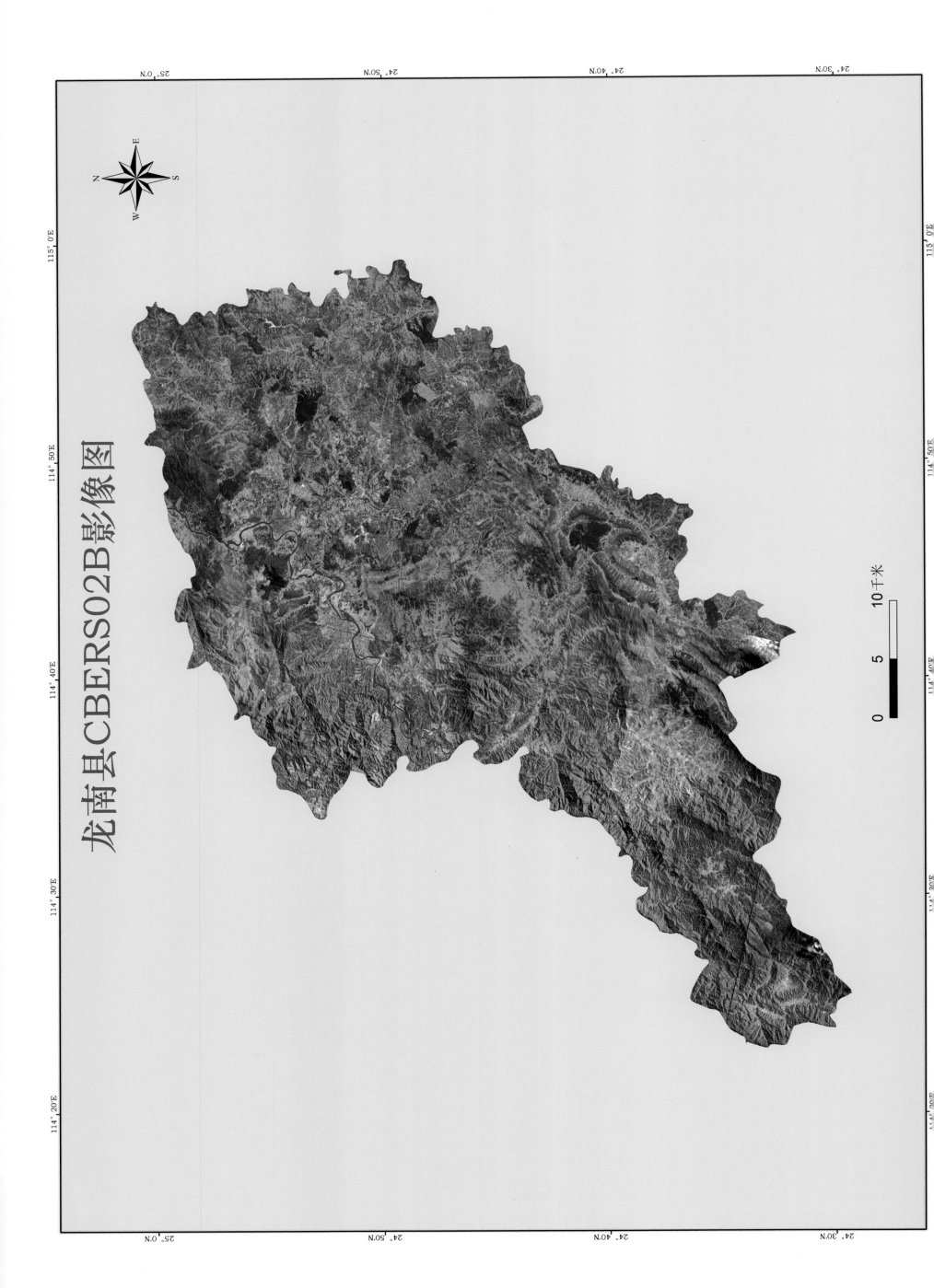

龙南县CBERS02B影像图

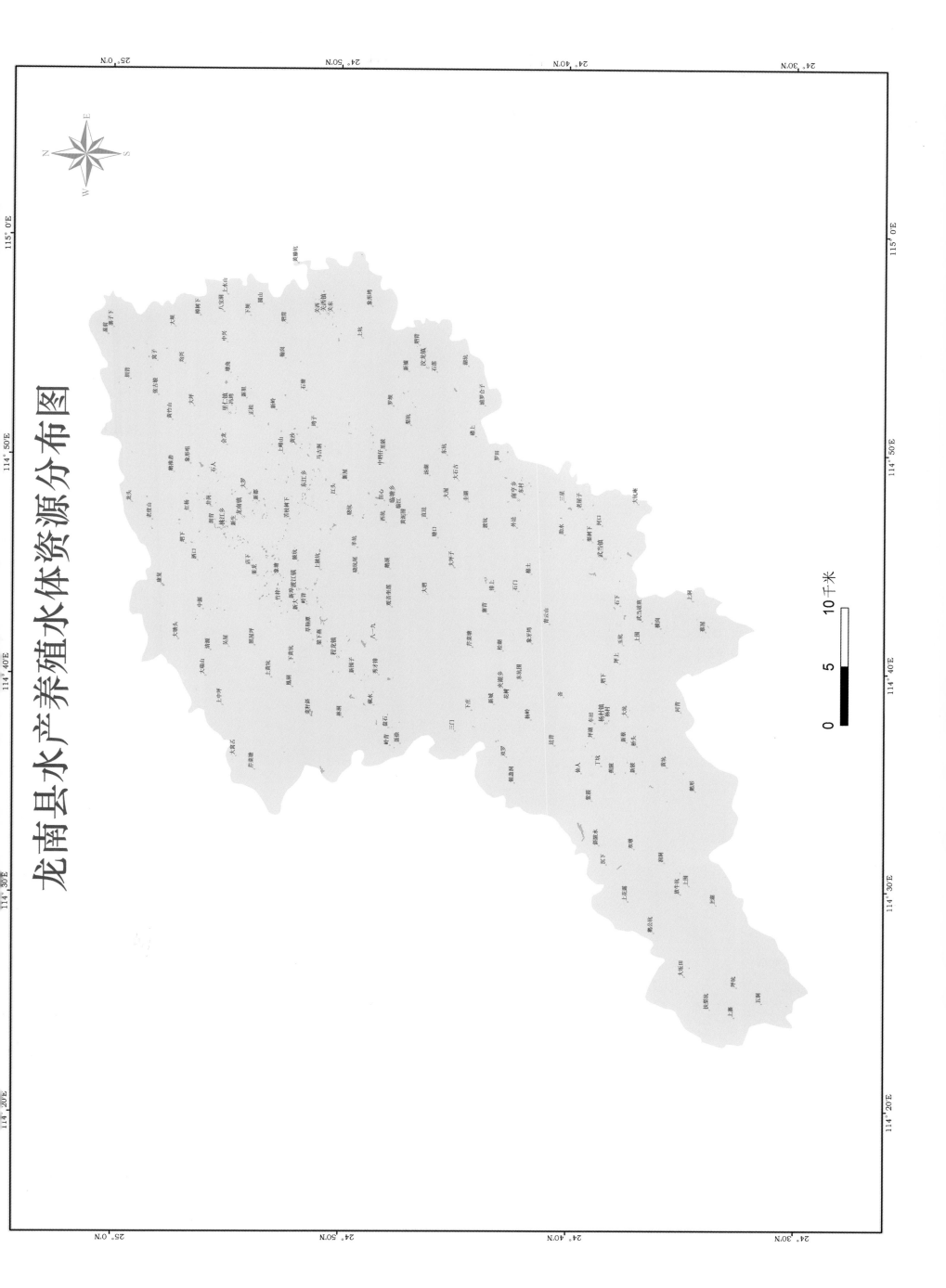

龙南县水产养殖水体资源分布图

南康市CBERS02B影像图

南康市水产养殖水体资源分布图

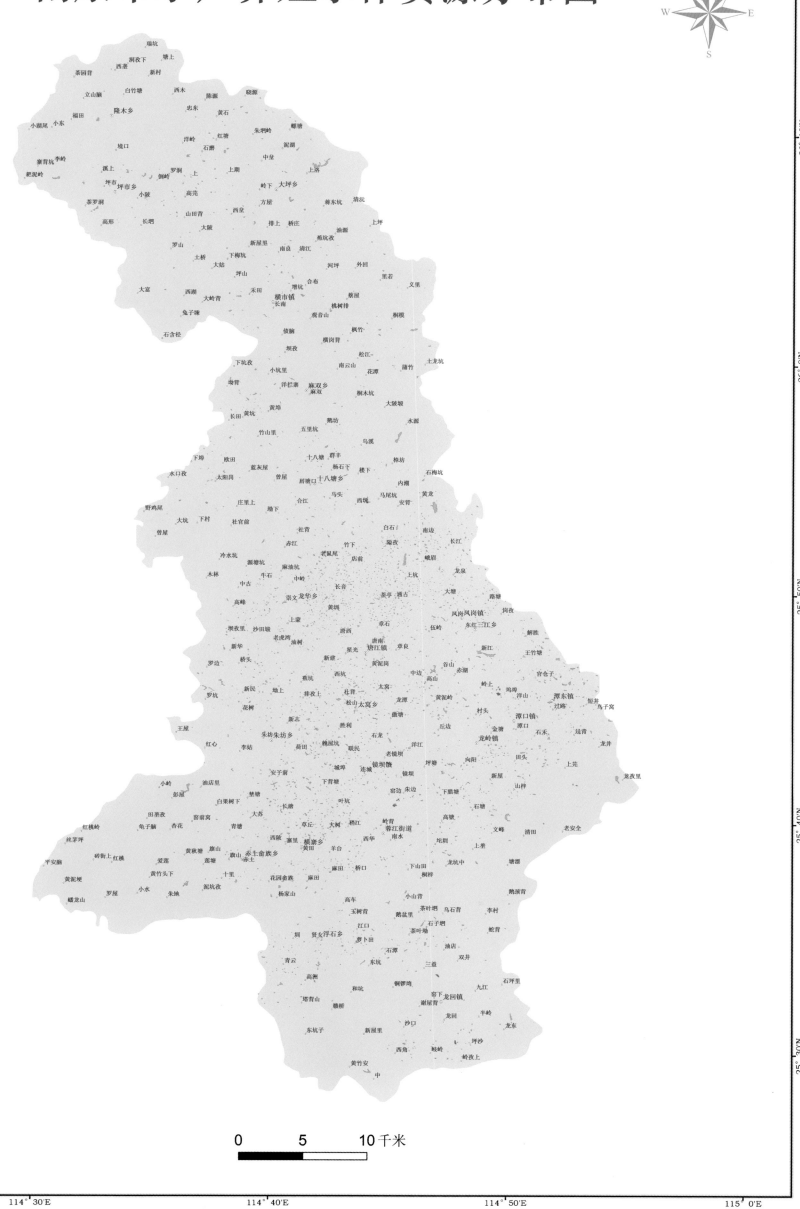

0 5 10千米

宁都县CBERS02B影像图

0   10   20千米

宁都县水产养殖水体资源分布图

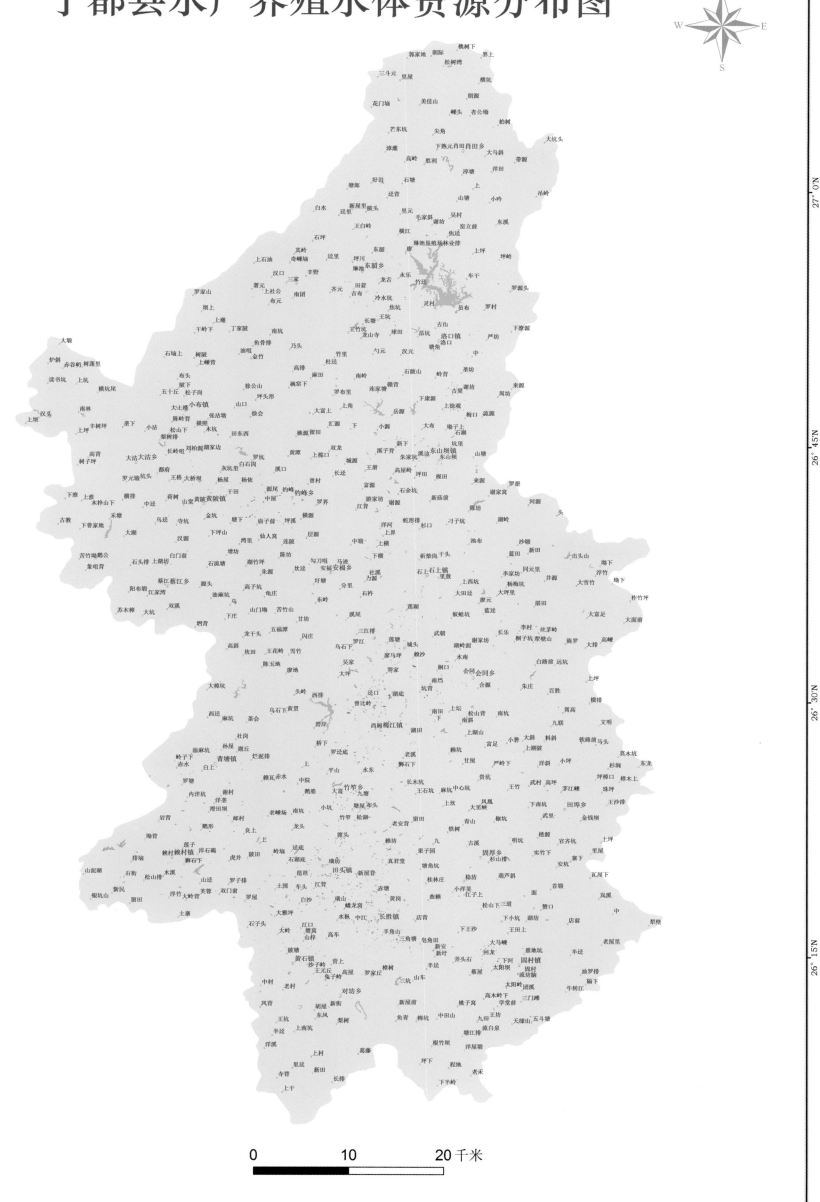

0　　　10　　　20千米

全南县CBERS02B影像图

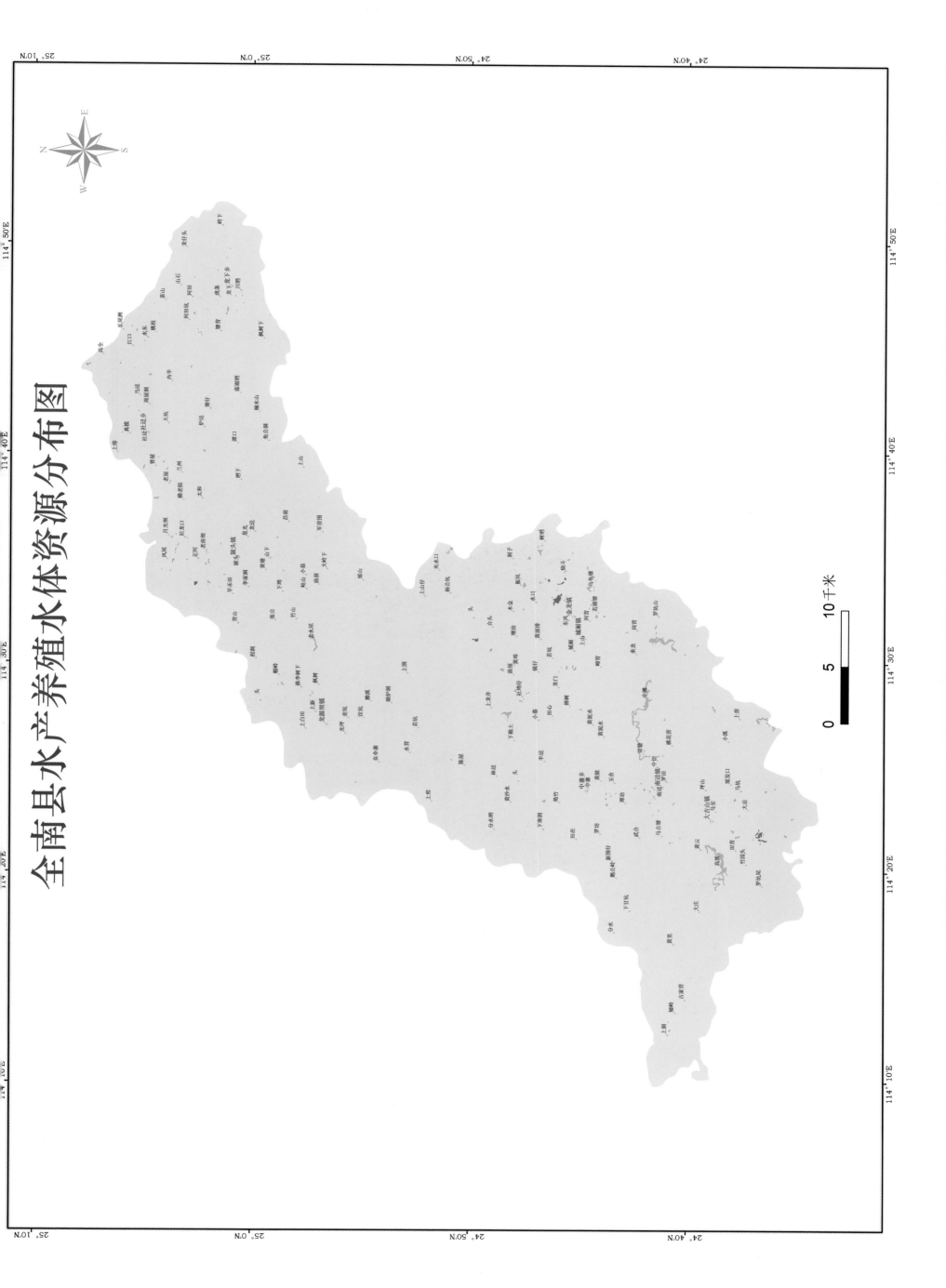

全南县水产养殖水体资源分布图

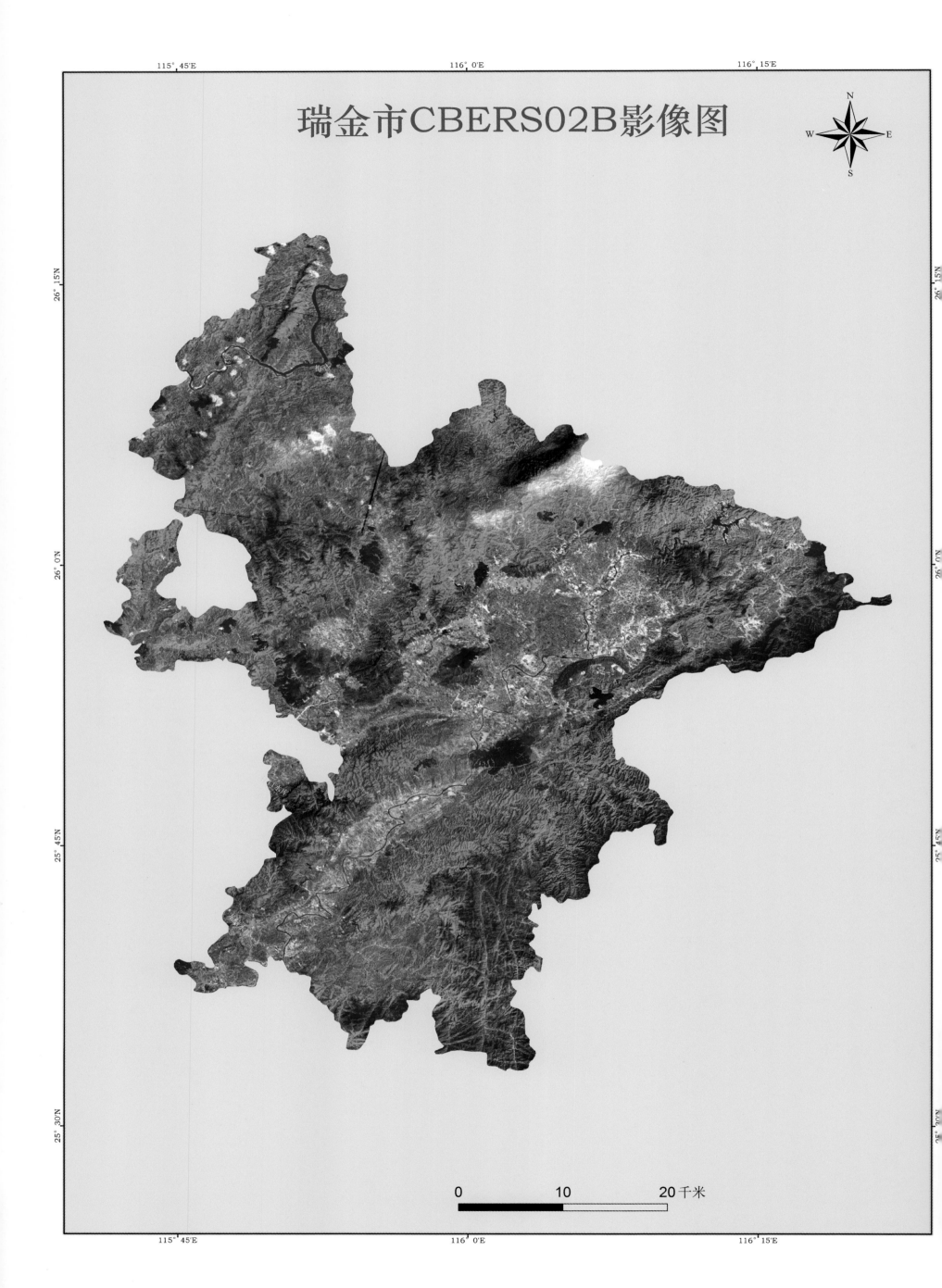

瑞金市CBERS02B影像图

瑞金市水产养殖水体资源分布图

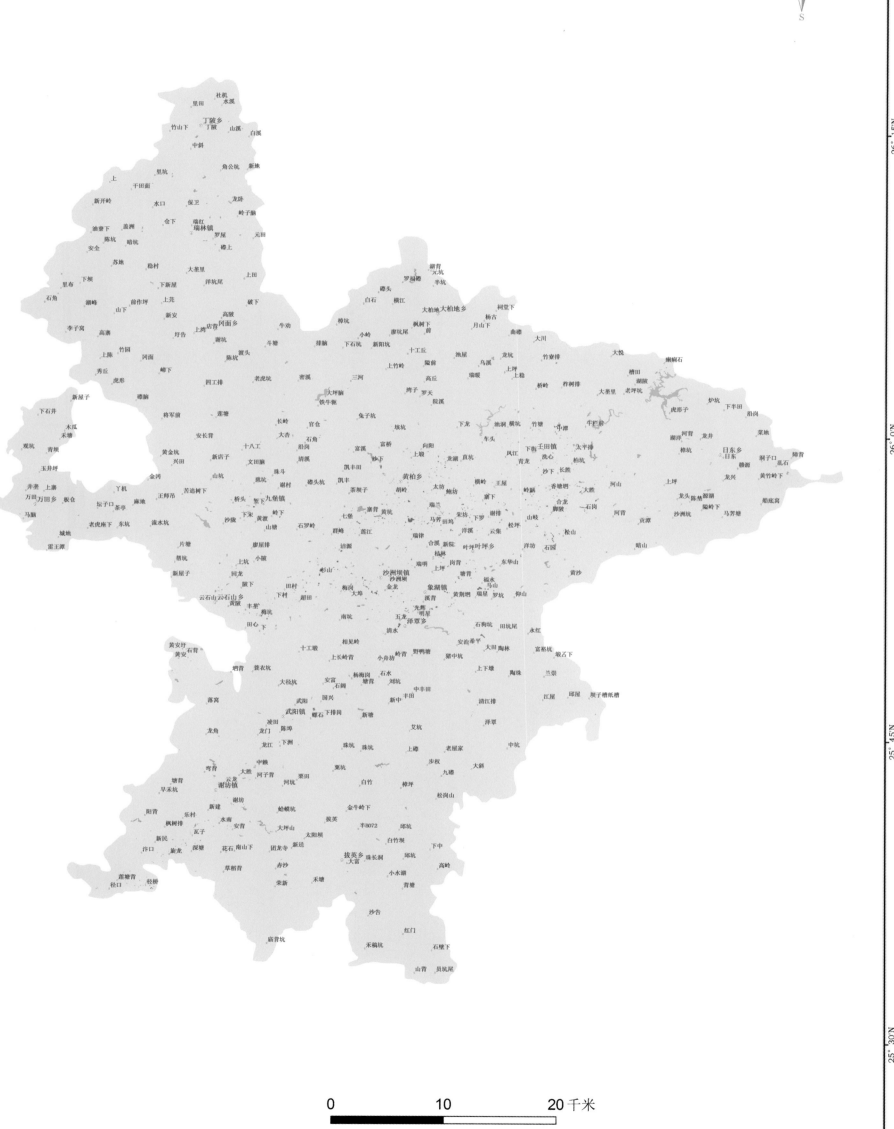

0　　　　10　　　　20千米

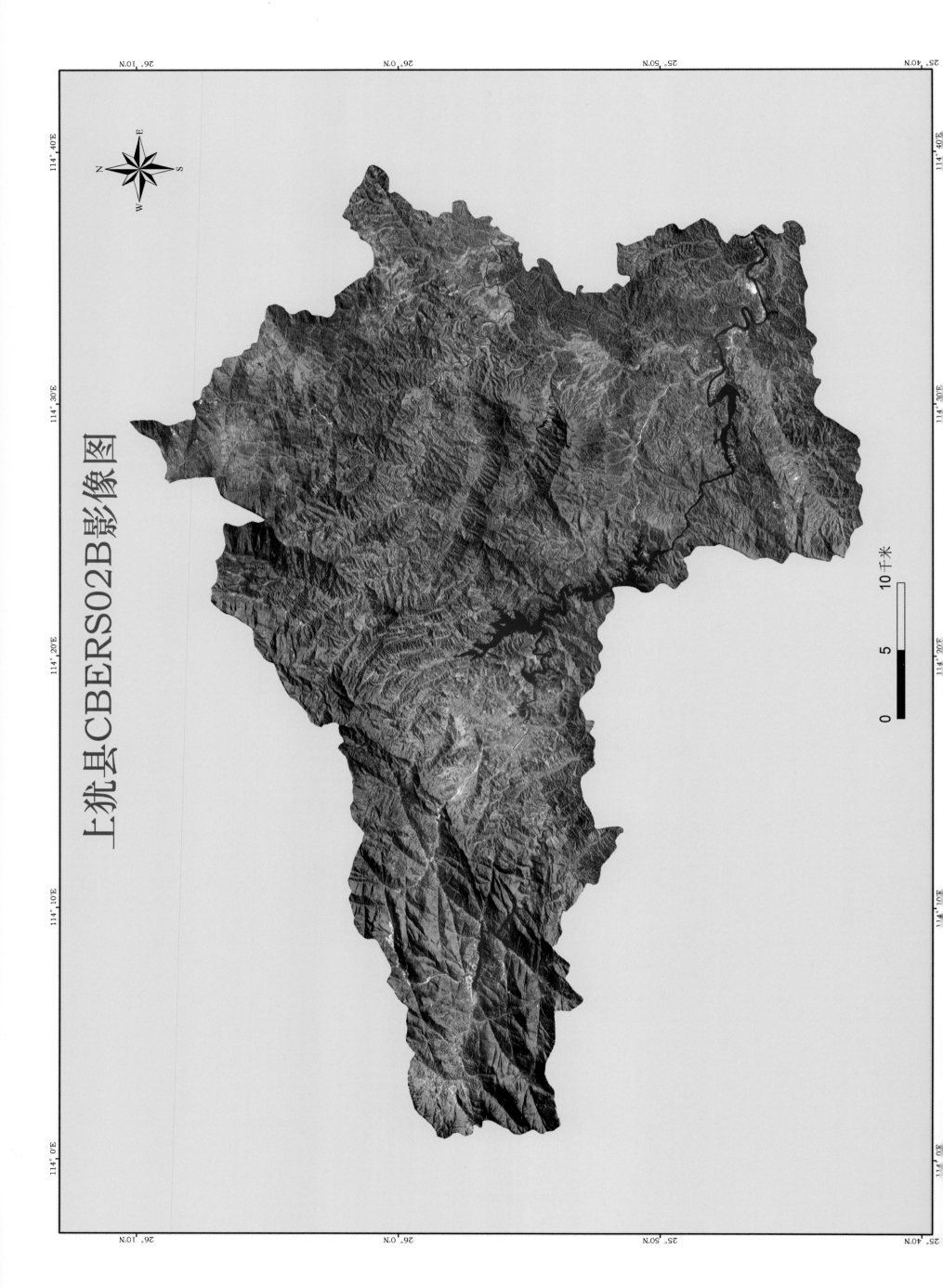

上犹县CBERS02B影像图

上犹县水产养殖水体资源分布图

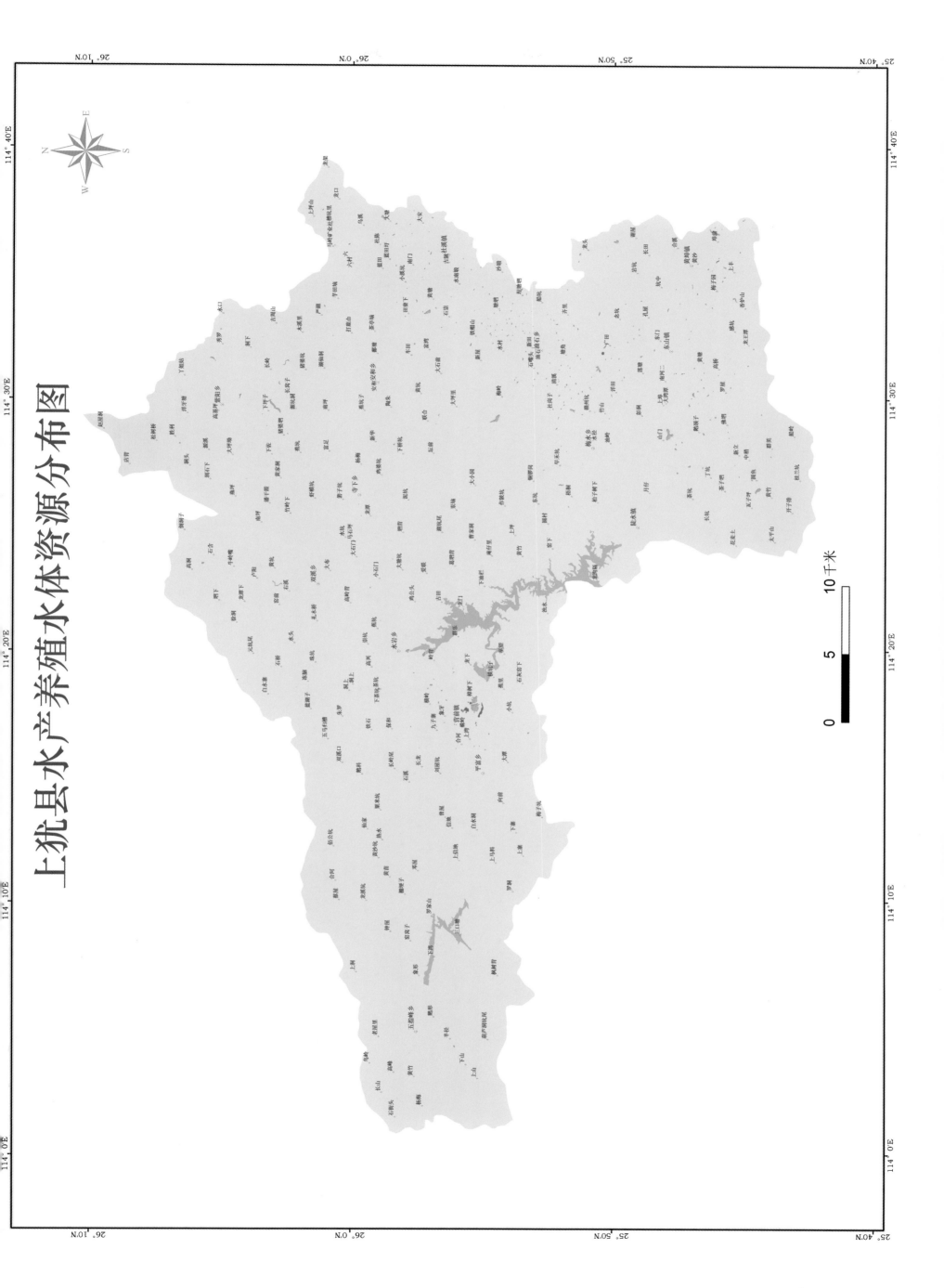

石城县CBERS02B影像图

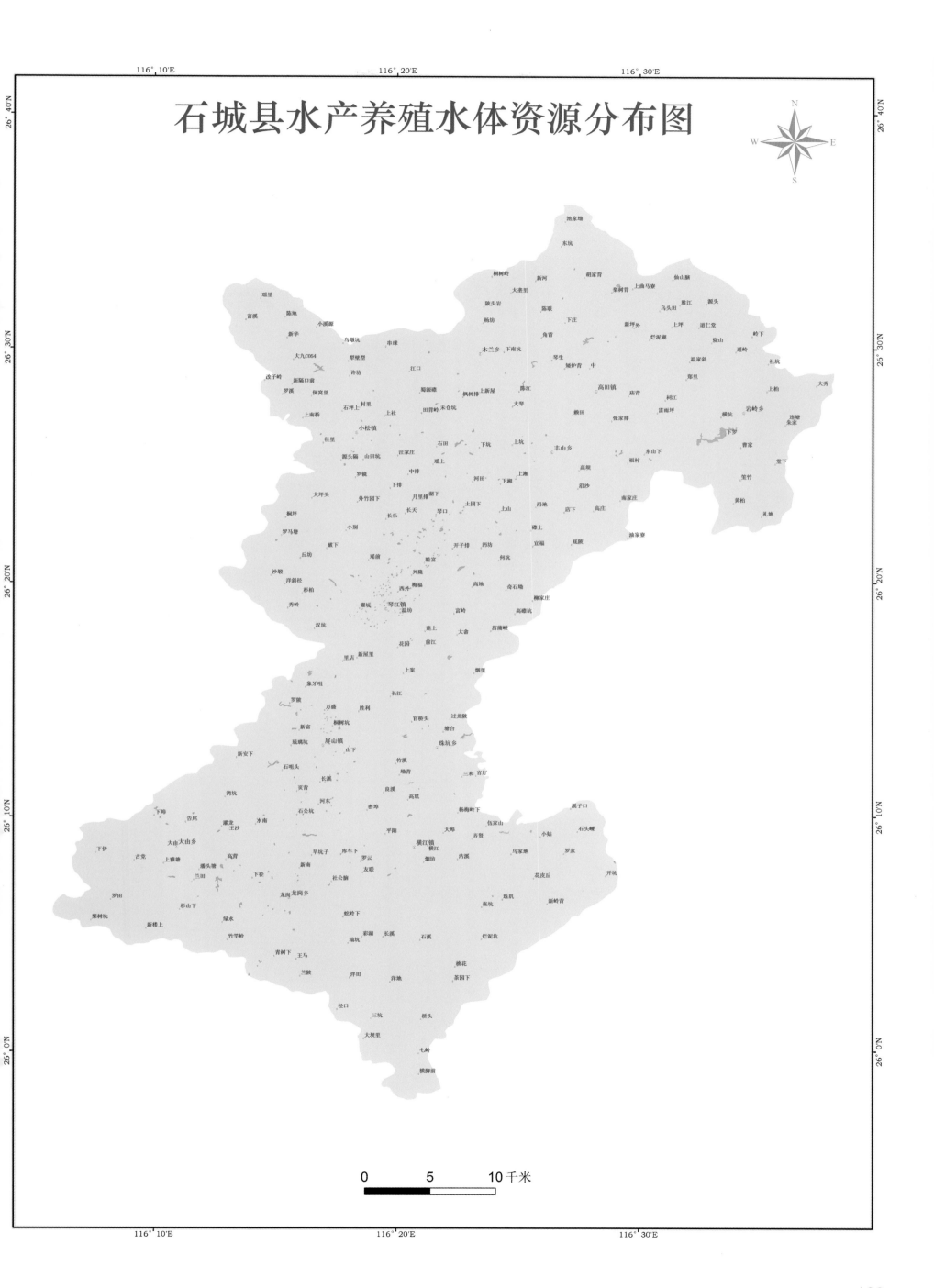

石城县水产养殖水体资源分布图

0　　5　　10千米

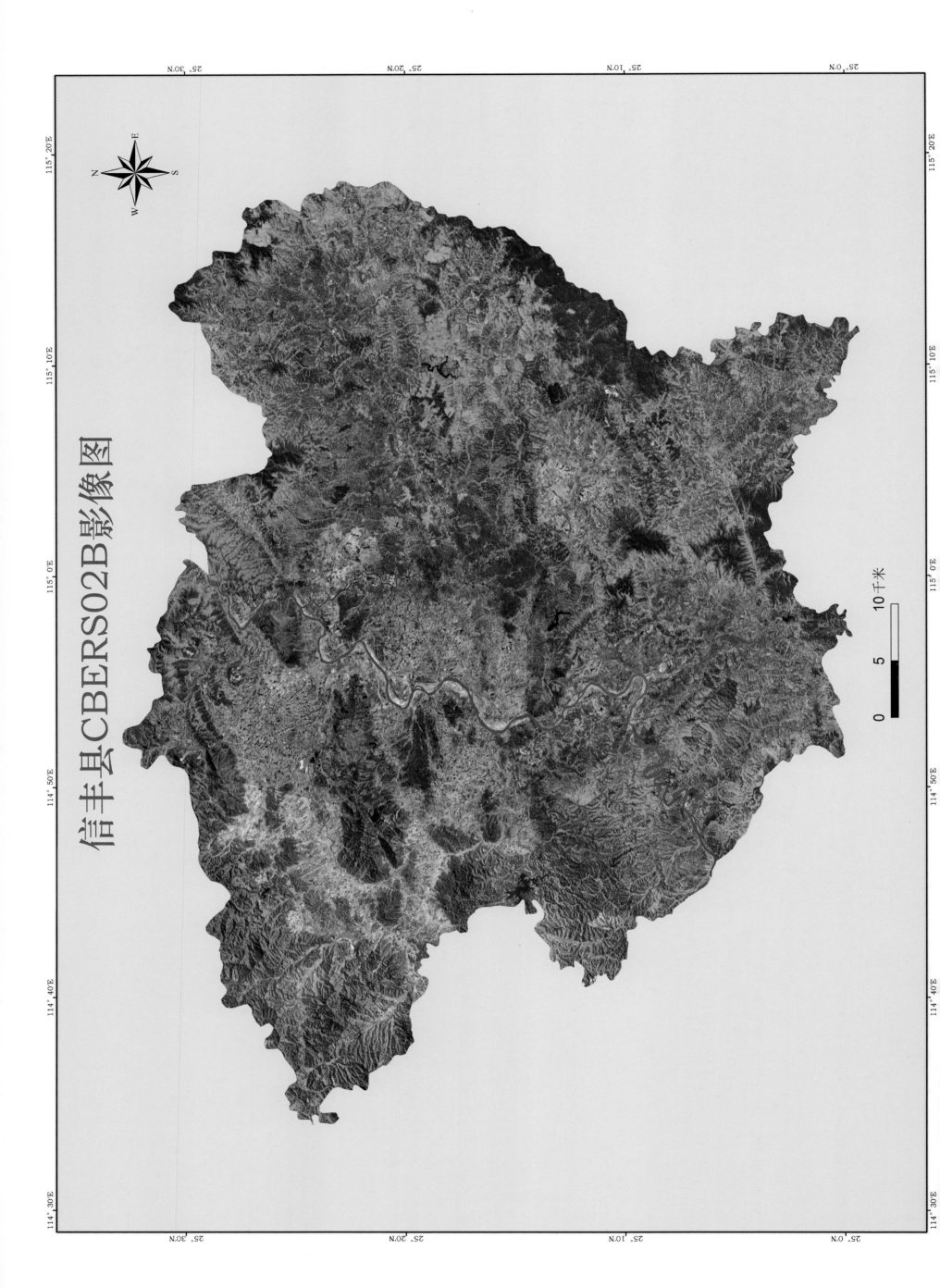

信丰县CBERS02B影像图

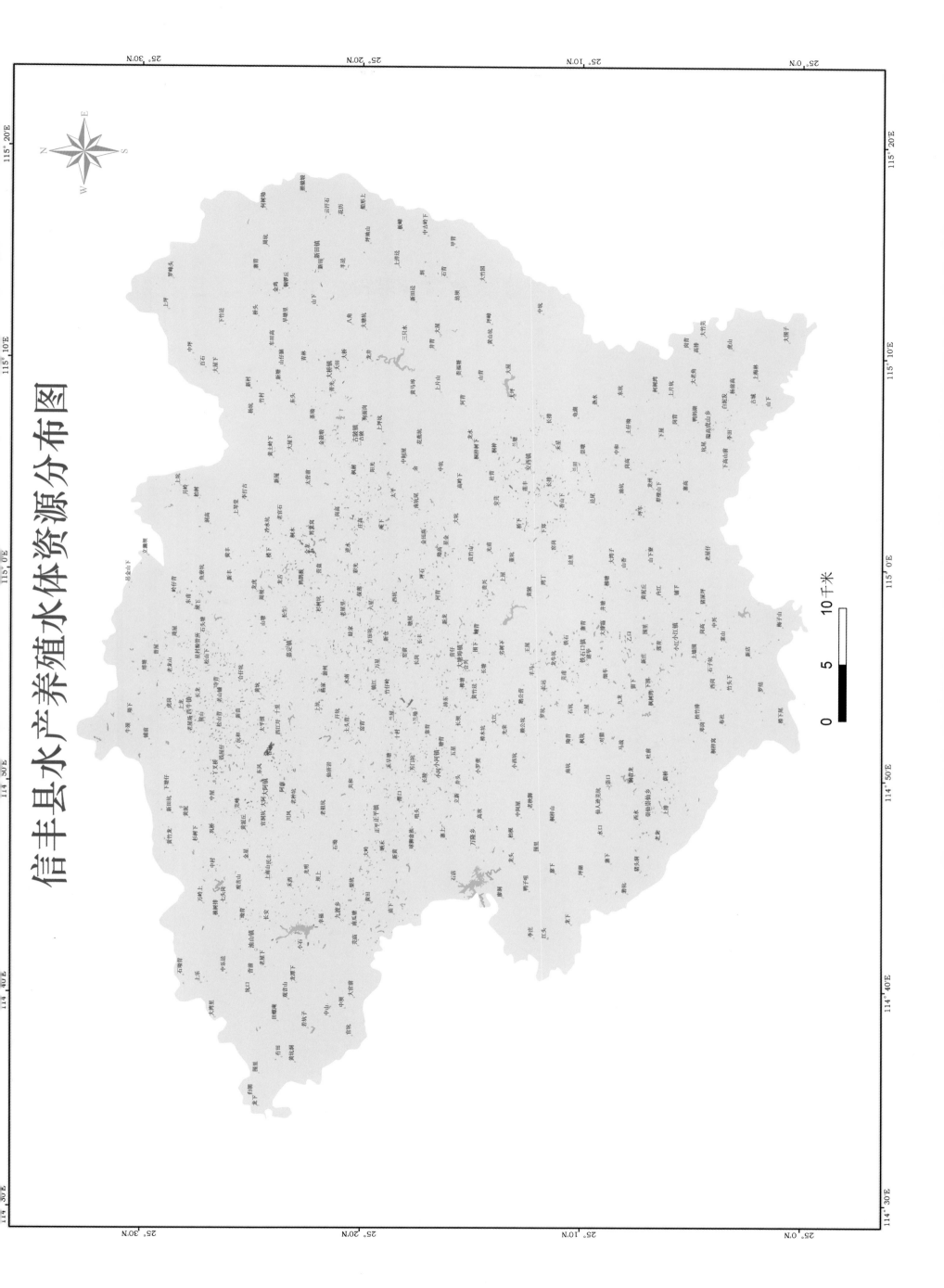

信丰县水产养殖水体资源分布图

0　5　10千米

125

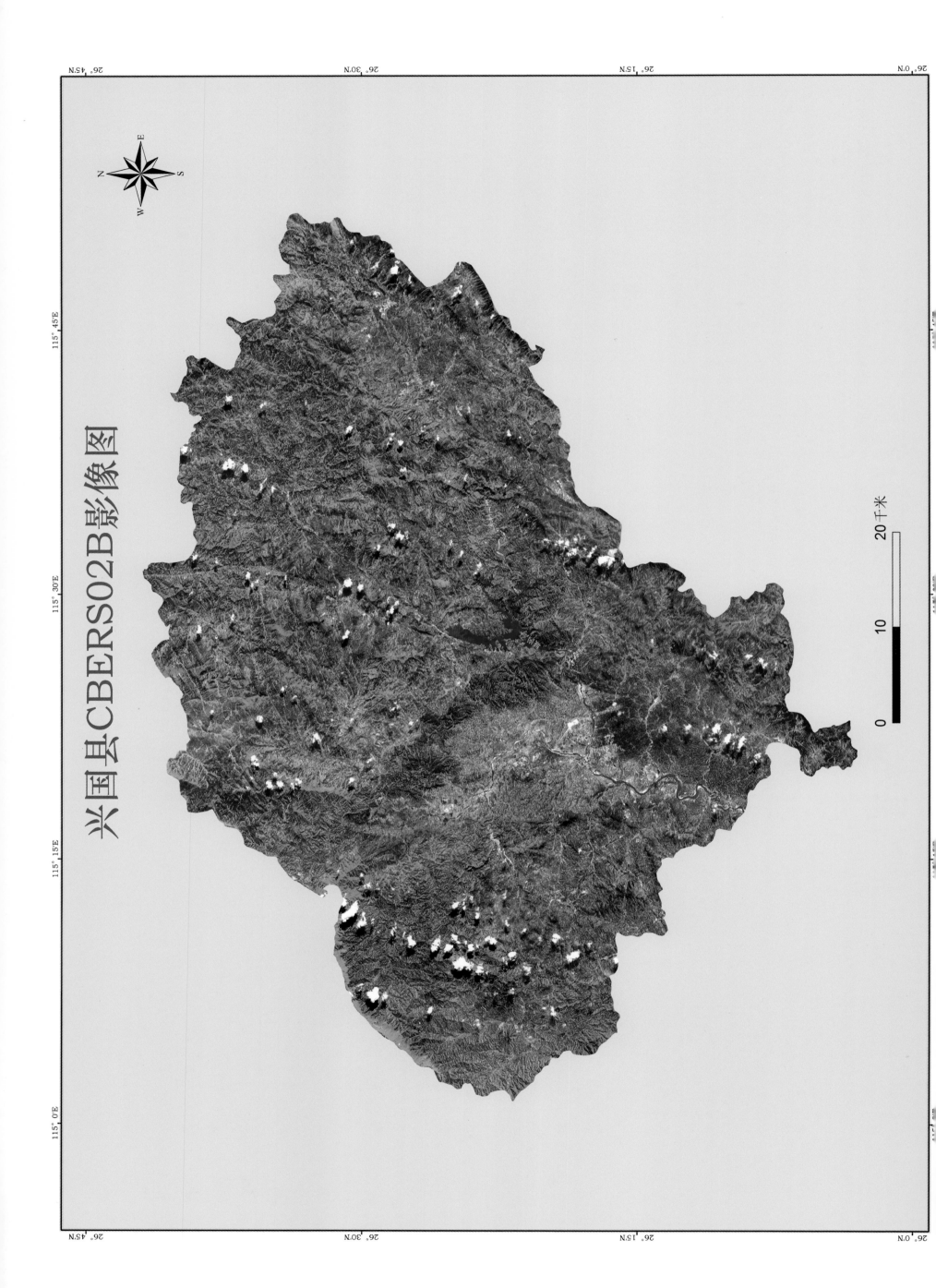

兴国县CBERS02B影像图

20千米

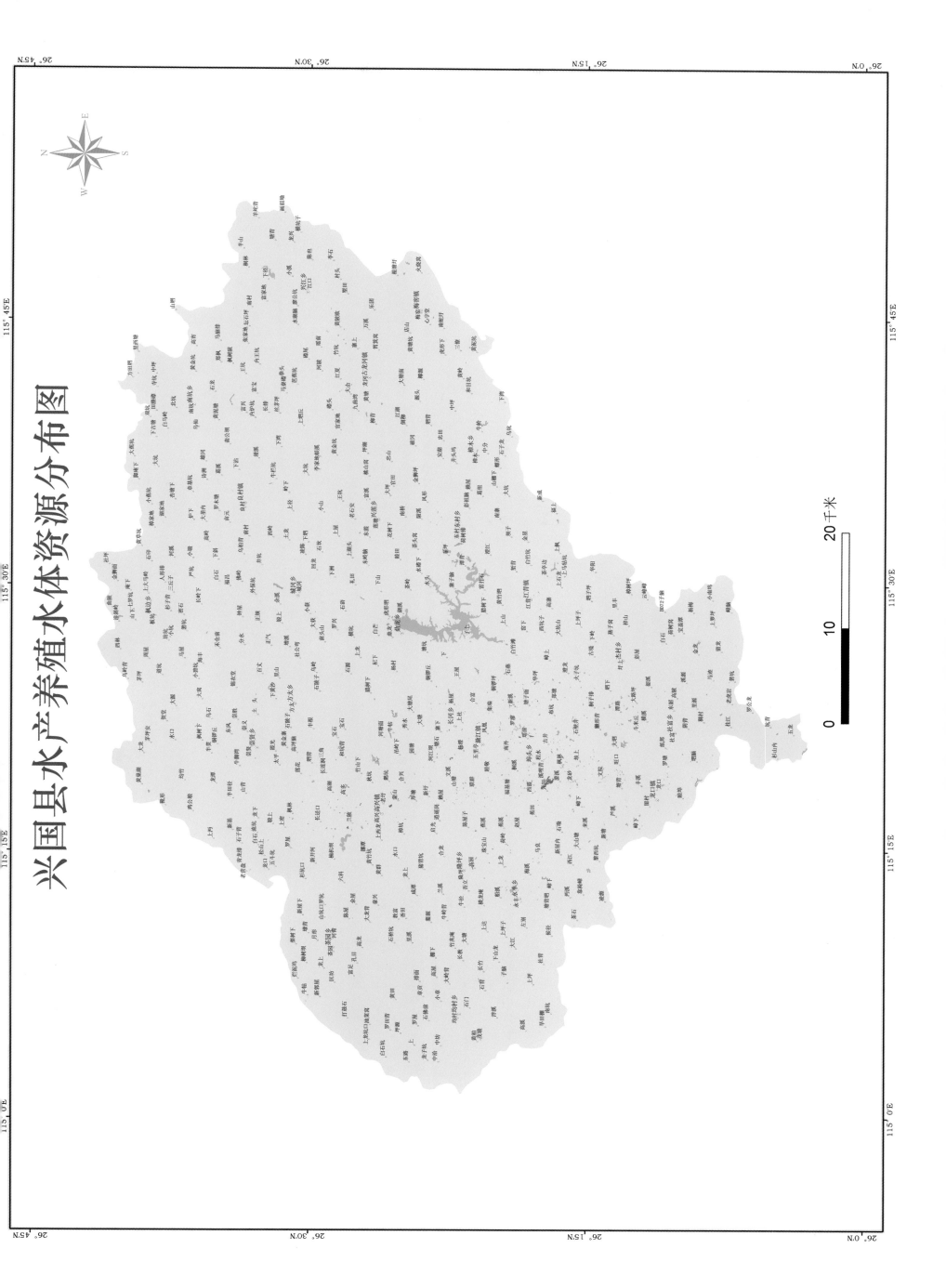

兴国县水产养殖水体资源分布图

寻乌县CBERS02B影像图

0   10   20千米

寻乌县水产养殖水体资源分布图

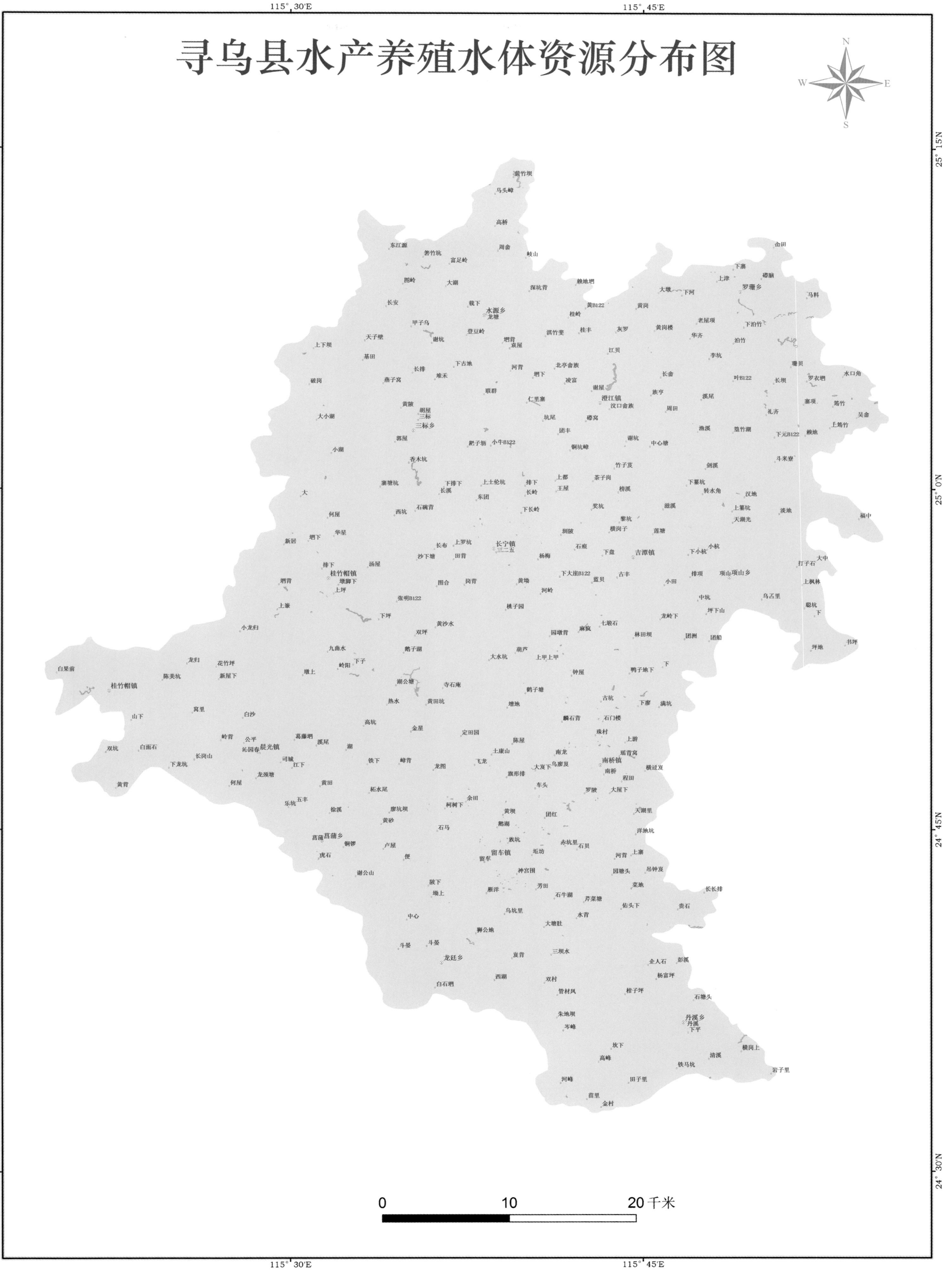

25°15′N

25°0′N

24°45′N

24°30′N

N
W　E
S

箬竹坝
马头嶂
高桥
周畲　岐山
东江源　养竹坑　富足岭
图岭　大湖　深坑背　赖地坝　　畲田　下寨　塘脑
上津　罗珊乡
大墩　下河　黄岗　　　　　　马料
长安　　　　载下　水源乡　黄B122
甲子乌　天子嶂　龙塘　桂岭　桂丰　灰罗　黄岗楼　老屋顶
上下坝　　谢坑　登豆岭　　洪竹畲　　　　下沿竹　沿竹
基田　长排　堆禾　塭背　　北亭畲族　　华齐
燕子窝　下古地　河背　塭下　凌富　李坑
破岗　　黄陂　袁屋　联群　仁里寨　谢屋　长畲　珊贝
大小湖　胡屋　三标　　　坑尾　澄江镇　畲亨　　叶田B122　长坝　罗衣塭
三标乡　　　汶口畲族　溪尾　周田　　　礼齐　寨项　吴畲
郭屋　杏木坑　耙子狮　小牛B122　团丰　铜坑嶂　谢坑　中心塘　　笪竹源　下元B122　赖地　上笃竹
小湖　　　　　　　　　上郊　茶子坝　　　剑溪　　斗米寮
大　　廉塘坑　下排下　上土伦坑　排下　王星　榜高　　下寨坑　汉坑　福中
何屋　西坑　石磜背　长溪　东团　下长岭　笑坑　攀坑　照溪　天湖光　淡坑
华星　　　　　圳陵　横岗子　莲塘
新居　塭下　　　　　　　　石痕　下盘　　　下小杭　小杭
排下　桂竹帽镇　长布　上罗坑　长宁镇　杨梅　吉潭镇　古丰　　扛子石　大中
塭背　墩脚下　沙下塘　田背　三二五　　下大垇B122　蓝贝　小田　排项　项山项山乡　上枫林
上廉　上坪　莲明B122　图合　岗背　黄墈　河岭　　　龙岭下　中坑　坪下山　乌岙里
小龙归　下坪　黄沙水　桃子园　　七姐石　麻畲　坪地　书坑
九曲水　双坪　鸬子湖　大永坑　葫芦　上甲上甲　林田坝　团洲　团船
白果畲　龙归　花竹坪　岭上　下子　寺石庵　钟屋　　鸭子地下　下
桂竹帽镇　陈美坑　新屋下　墩上　热水　黄田坑　增地　古坑　下廖　漓坑
山下　窝里　白沙　　　金星　定田园　鳞石背　石门楼
双坑　岭背　公平　葛藤塭　高坑　　　　珠村　上游
白面石　沆园春　晨光镇　溪尾　湖　陈屋　土庙坑　南龙　瑶畲镇　横迳头
黄背　下龙坑　长岗山　河城　江门　铁下　嶂背　龙图　飞龙　旗形排　南桥镇　程田　天湖里
龙强塘　黄田　柘水尾　柯树下　余田　大发下　乌廖畲　南桥　洋地坑
乐坑　五丰　徐溪　廖坑坝　　黄坝　车头　罗陂　大屋下
菖蒲菖蒲乡　铜锣　黄砂　石马　赖湖　团红　河背　上寨　吊钟畲
虎石　卢屋　便　留车镇　坳坑　垇坑里　赤坑里　石贝　回塘头　菜地
谢公山　厥下　神宫围　芳田　佑头下　贵石　长长排
地上　雁洋　石牛湖　芹菜塘　企人石　彭溪
中心　　乌坑里　水背　杨富坪
斗晏　狮公地　大塘肚　　　　石塘头
龙廷乡　发背　三坝水　　丹溪乡　丹溪
白石塭　西潮　双村　管材风　柑子坪　下坪
朱地坝　横岗上
岑峰　坎下　靖溪　岩子里
高峰　铁马坑
河畯　田子里
苗里　金村

0　　　　10　　　　20 千米

于都县CBERS02B影像图

于都县水产养殖水体资源分布图

0   10   20千米

第八节 宜春市

一、自然水资源与生物资源条件

宜春市位于江西省西北部，属亚热带湿润气候区，下辖丰城市、樟树市、高安市、上高县、万载县、宜丰县、铜鼓县、奉新县、靖安县、袁州区3个市、6个县和1个区，总面积18 680.42平方千米，占全省总面积的11.20%。全境内气候温暖，光照充足，雨量充沛，四季分明，年平均降水量1 680.2毫米。

1. 河流

宜春市境内河流基本属鄱阳湖水系，主要是赣江、赣江支流与修水支流。赣江自西南向东北，流经市境东部樟树、丰城两市，境内长76千米，纳袁水、肖江、锦江等支流。袁水发源于萍乡市境内武功山北麓，流经宜春市、新余市，在樟树市张家山汇入赣江，全长279千米，境内流域面积2 416.6平方千米，占该河总流域面积的39.38%。锦江发源于袁州区慈化镇，流贯市境内的万载、宜丰、上高、高安4县（市），入南昌市新建县后，又绕入市内丰城北境，注入赣江，全长294千米，境内流域面积7 115.44平方千米，占该河总流域面积的93%。修水的主要支流潦河，在南昌市安义县境内分南北两支，南潦河发源于奉新县百丈山，北潦河发源于靖安县白沙坪，境内流域面积3 154.1平方千米，占其总流域面积的72.8%。市西北部铜鼓县境内的河流，基本属修水上游支流，其流域面积1 548平方千米，占修水总流域面积的10.46%。抚河擦丰城市东境而过，境内长10.6千米，流域面积84.85平方千米。注入鄱阳湖的清丰山溪，在市东部有流域面积2 447.85平方千米。在吉安汇入赣江的禾水支流泸水，市境内流域面积106平方千米。鄱阳湖水系占全市总流域面积的98.4%。此外，袁州、万载尚有湘江支流渌水的流域面积182平方千米。

2. 水库

全市境内有大、中型及小（一）型水库293座，总集水面积为5 801平方千米，总库容为21.82亿立方米。其中，大型水库有5座，集水面积为984.15平方千米，总库容为6.9亿立方米；中型水库有44座，集水面积为1 942.4平方千米，总库容为9.15亿立方米；小（一）型水库有244座，集水面积为2 875平方千米，总库容为5.77亿立方米。

3. 水生生物资源

宜春市属长江水系，水生动物种类丰富，主要有鱼类、甲壳类及贝螺类等软体动物。全市共有常见鱼类108种，隶属于11个目24科64属。其中，鲤科鱼类最多，共70种，占整个鱼类组成的54.2%；鲍科有9种，占整个鱼类组成的8.3%；鳅科有8种，占整个鱼类组成的7.4%。境内有中华鲟、大鲵、棘胸蛙、肉红鲫等多种珍稀国家级省级保护鱼类

与水生动物。甲壳动物及软体动物主要有虾蟹类、贝类和螺类，约54种。全市水生动物资源丰富，分布广泛，产量较大。

丰富的水生生物资源，平稳良好的生态及气候环境、稳定的地质条件、丰沛的雨水、密布的水网、丰富的地貌类型和淡水养殖的传统习惯，为宜春市水产养殖业的发展提供了良好的天然条件。目前淡水养殖主要品种有青鱼、草鱼、鲫鱼、鲢、鳙、鲤鱼、鳊鱼、鳜鱼、甲鱼、蛙类、泥鳅、黄鳝、青虾、小龙虾等。

二、水产养殖基本情况

宜春市水产养殖主要以四大家鱼为主，同时大力发展特色养殖。据渔业统计，2008年水产养殖总产量为24.4万吨，养殖面积为46 809公顷，渔业总产值为25.64亿元；2009年水产养殖总产量为25.1万吨，养殖面积为47 295公顷，渔业总产值为26.11亿元；2010年水产养殖总产量为25.9万吨，养殖面积为48 703公顷，渔业总产值为27.14亿元。

宜春市水产养殖主产区主要集中在丰城市、高安市、樟树市、上高县和市辖区。2008~2010年产量最高的为丰城市，年平均为80 753.67吨；其次为高安市，为35 787.67吨；再次为樟树市、上高县、市辖区为32 563.33吨、29 105.00吨、25 098.33吨。其余县（区）产量均在20 000吨以下。2008~2010年宜春市各县（市、区）水产养殖产量构成如图2-8-1所示。

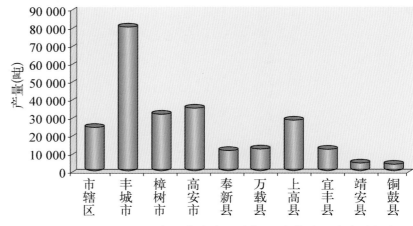

图2-8-1　2008~2010年宜春市各县（市、区）养殖平均产量构成

三、水产养殖特点

1. 主要水产养殖类型与方式

宜春市水产养殖主要有池塘养殖、湖泊养殖、水库养殖、河沟养殖、稻田养殖等类型。

（1）**池塘养殖**：2010年养殖面积为20 136公顷，平均单产水平约为6 796千克/公顷。

（2）**湖泊养殖**：2010年养殖面积1 430公顷，平均单产水平约为5 429千克/公顷。

（3）**水库养殖**：2010年养殖面积为25 000公顷，平均单产水平约为3 612千克/公顷。

（4）**河沟养殖**：2010年养殖面积为1 637公顷，平均单产水平约为4 787千克/公顷。

（5）稻田养殖：2010年养殖面积为21 191公顷，平均单产水平约为620千克/公顷。

（6）其他养殖：2010年养殖面积为320公顷，平均单产水平约为6 038千克/公顷。

全市主要养殖模式有轮养、综合养殖、稻田养殖、"三网"养殖、无公害养殖、80∶20主养模式、仿生态养殖等。

2. 主要养殖品种

传统养殖品种有鲤鱼、鲫鱼、草鱼、青鱼、鲢、鳙、鳊鱼、鲂鱼、黄尾密鲴等，历年来还逐渐引进开发了黄颡鱼、甲鱼、美国斑点叉尾鮰、加州鲈、巴西鲷、鲶、泥鳅、鳜、乌鳢、黄鳝等品种。其中，草鱼、鲢、鳙、鲫鱼养殖面积占60%～70%，其他为精品养殖面积。2010年宜春市各养殖品种的产量结构如图2-8-2所示。

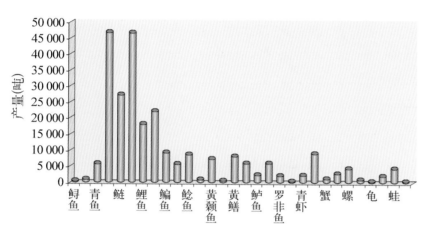

图2-8-2　2010年宜春市主要养殖品种产量结构

3. 特色养殖

宜春市特种水产养殖品种主要有河蟹、甲鱼、鳜鱼、鲈鱼、翘嘴鲌、黄鳝、泥鳅、鳗鲡、乌鳢、鲶鱼、鮰鱼、黄颡鱼、青虾、克氏原螯虾、蛙类、大鲵、珍珠、三文鱼等。

近年来，宜春市结合渔业结构调整，逐年加大发展特种水产品养殖力度，按照"一县一品""一片一色"的模式，重点发展"两大产业""五大特色品种"。两大产业，即鳙产业和斑点叉尾鮰、小龙虾产业。五大特色品种，即娃娃鱼（大鲵）、棘胸蛙、鳗鱼、鲫鱼、珍珠养殖。基本形成了以上高县为中心的鳙产业化生产基地；以丰城市为主的斑点叉尾鮰、小龙虾产业化生产基地；以樟树市为主的鲫鱼类养殖；以丰城市为中心的珍珠养殖区及富硒甲鱼养殖

区；以靖安县罗湾乡、中源乡、三爪仑乡为中心的娃娃鱼繁养救护基地；以铜鼓县、袁州区、宜丰县、靖安县自然保护区建设而发展的棘胸蛙养殖；以袁州区、上高县为主导的鳗鱼养殖。

四、养殖水体资源遥感监测结果

宜春市水产养殖水体资源遥感监测结果如表2-8-1所示。

表2-8-1　宜春市水产养殖水体资源

地　区	内陆池塘（公顷）	水库、山塘（公顷）	大水面（公顷）	区县合计（公顷）	总　计（公顷）
市辖区	69	1 818	867	2 754	
高安市	1 566	3 469	2 901	7 936	
靖安县	54	170	745	969	
铜鼓县	6	53	563	622	
樟树市	2 095	1 937	1 211	5 243	40 372
宜丰县	173	2 816	608	3 597	
奉新县	49	1 340	186	1 575	
丰城市	2 352	5 017	3 858	11 227	
上高县	625	4 198	656	5 479	
万载县	55	705	210	970	

五、20公顷以上成片养殖池塘分布

宜春市20公顷以上成片养殖池塘分布如表2-8-2所示。

表2-8-2　宜春市20公顷以上成片池塘分布情况

地　区	数量（片）	面　积（公顷）	全市合计（公顷）
市辖区			
高安市	4	367	
靖安县			
铜鼓县			
樟树市	4	130	
宜丰县			1 239
奉新县			
丰城市	9	678	
上高县	2	64	
万载县			

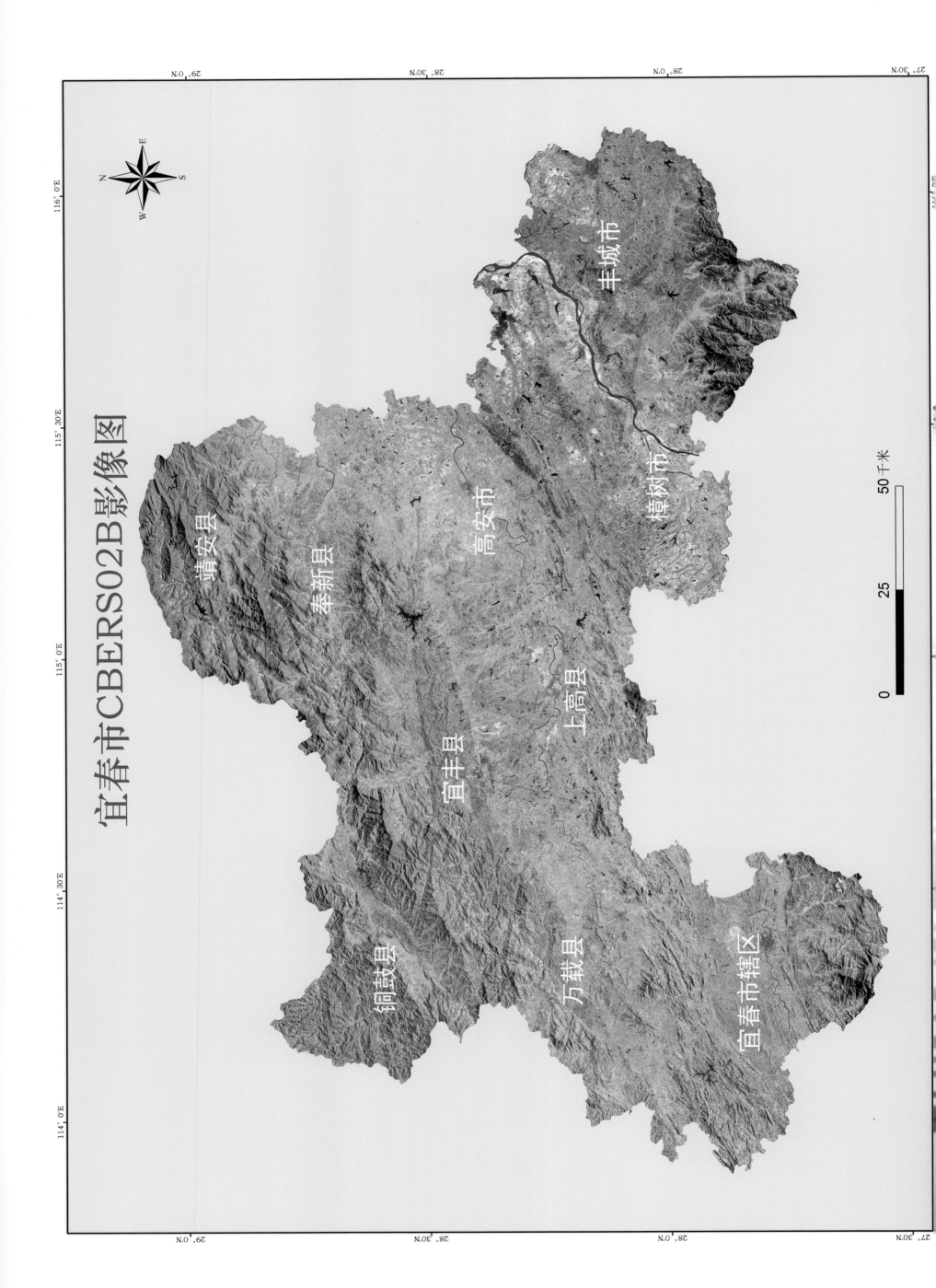

宜春市CBERS02B影像图

丰城市

樟树市

靖安县

奉新县

高安市

上高县

宜丰县

铜鼓县

万载县

宜春市辖区

114°,0'E   114°,30'E   115°,0'E   115°,30'E   116°,0'E

27°,30'N   28°,0'N   28°,30'N   29°,0'N   29°,30'N

0   25   50 千米

134

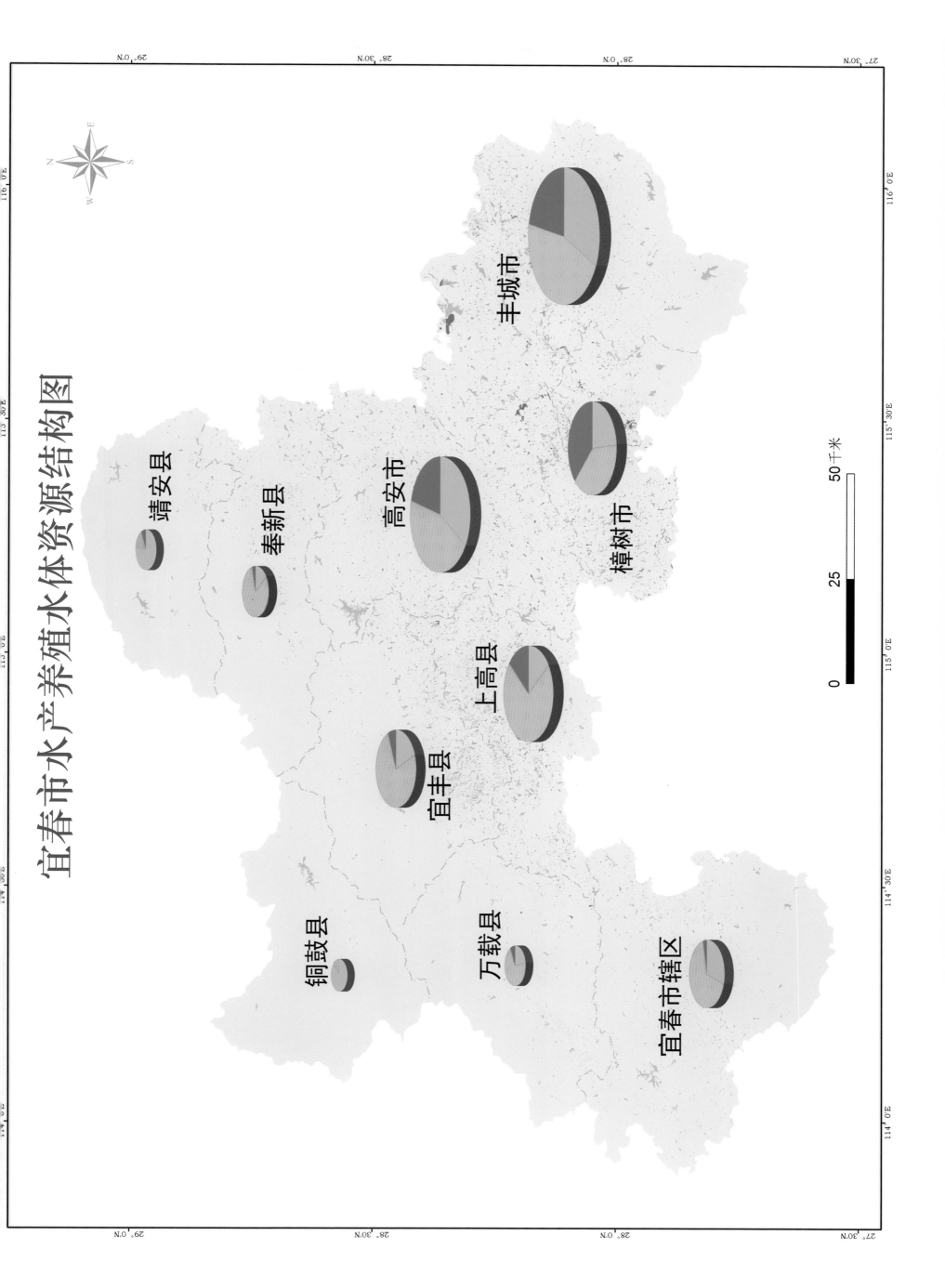

宜春市水产养殖水体资源结构图

靖安县

奉新县

丰城市

高安市

樟树市

铜鼓县

宜丰县

上高县

万载县

宜春市辖区

0   25   50千米

宜春市辖区CBERS02B影像图

114°40E 114°30E 114°20E 114°10E 114°0E 113°50E

28°0N 27°50N 27°40N 27°30N

N E S W

0 5 10千米

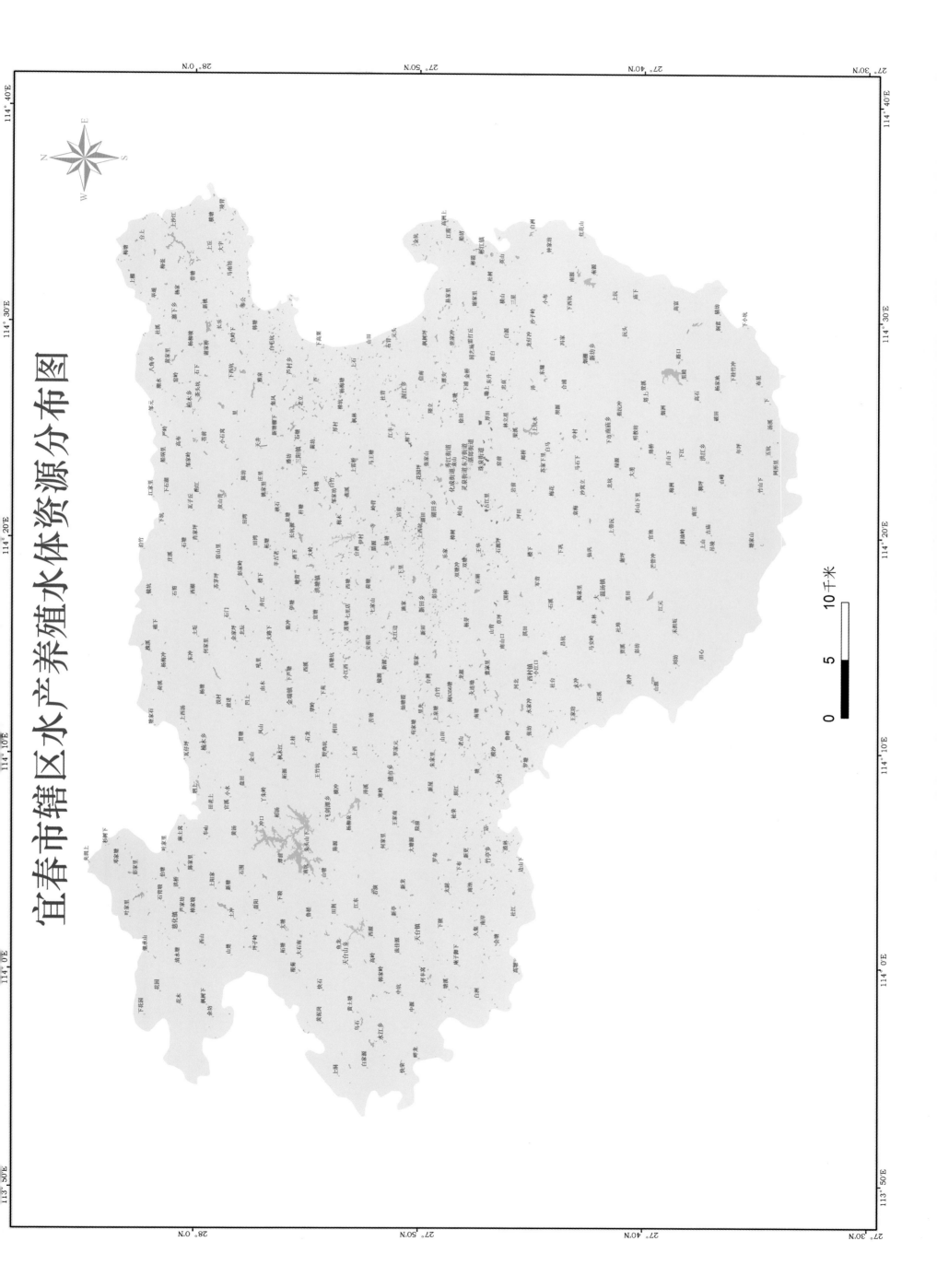

宜春市辖区水产养殖水体资源分布图

0　　5　　10千米

137

高安市CBERS02B影像图

20千米

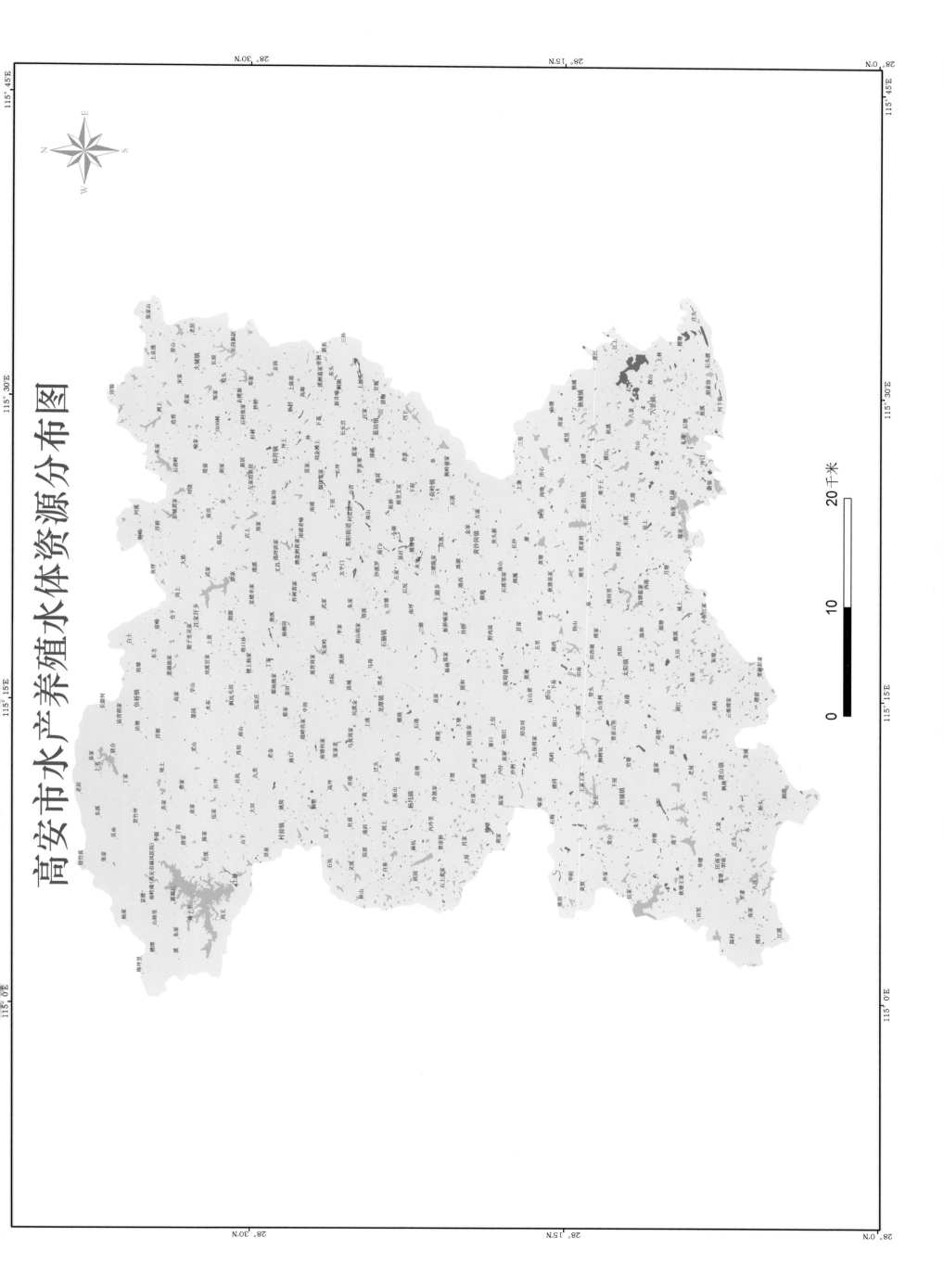

高安市水产养殖水体资源分布图

20千米

139

靖安县CBERS02B影像图

0　　　5　　　10千米

140

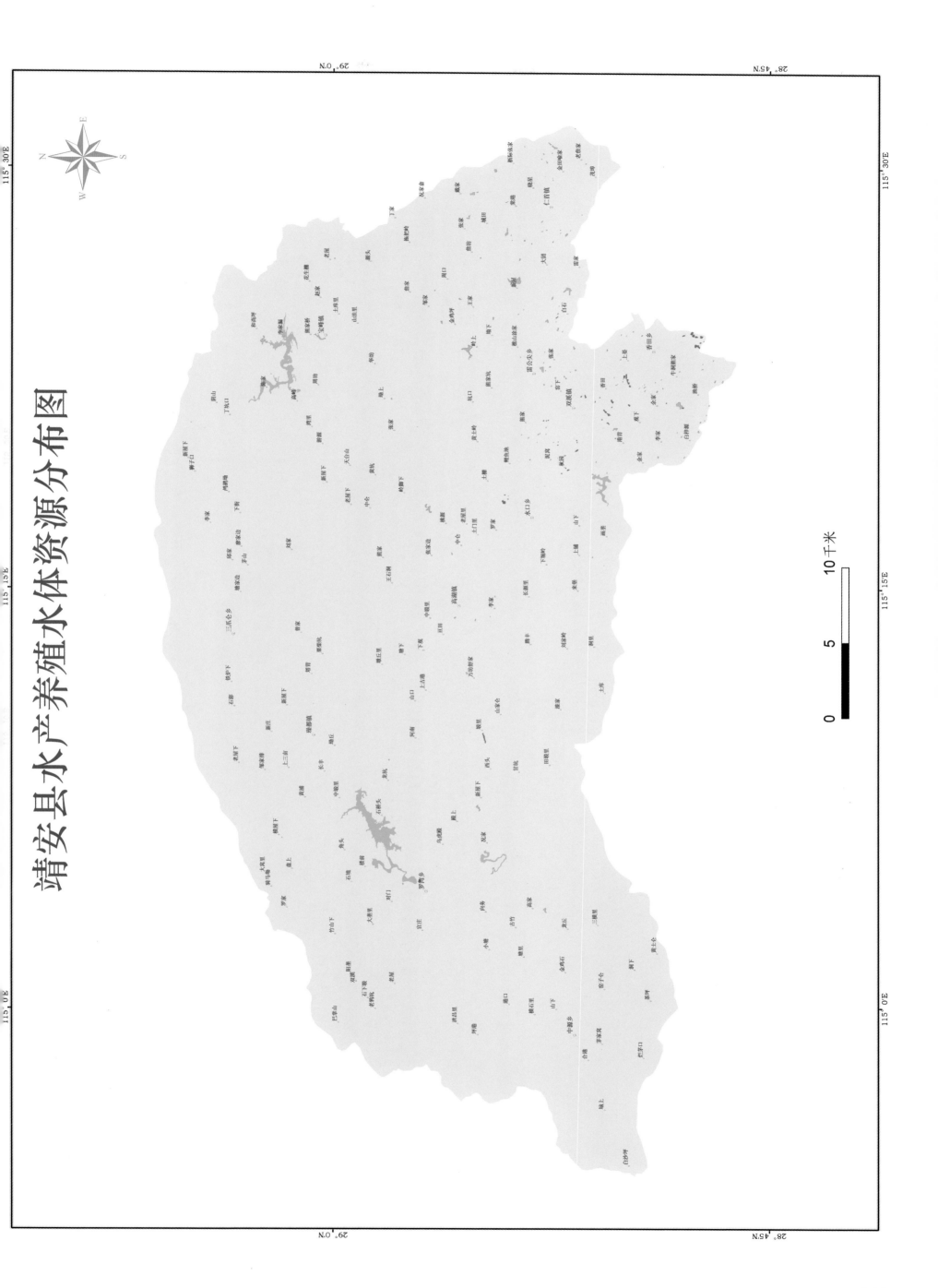

靖安县水产养殖水体资源分布图

铜鼓县CBERS02B影像图

0 　 5 　 10千米

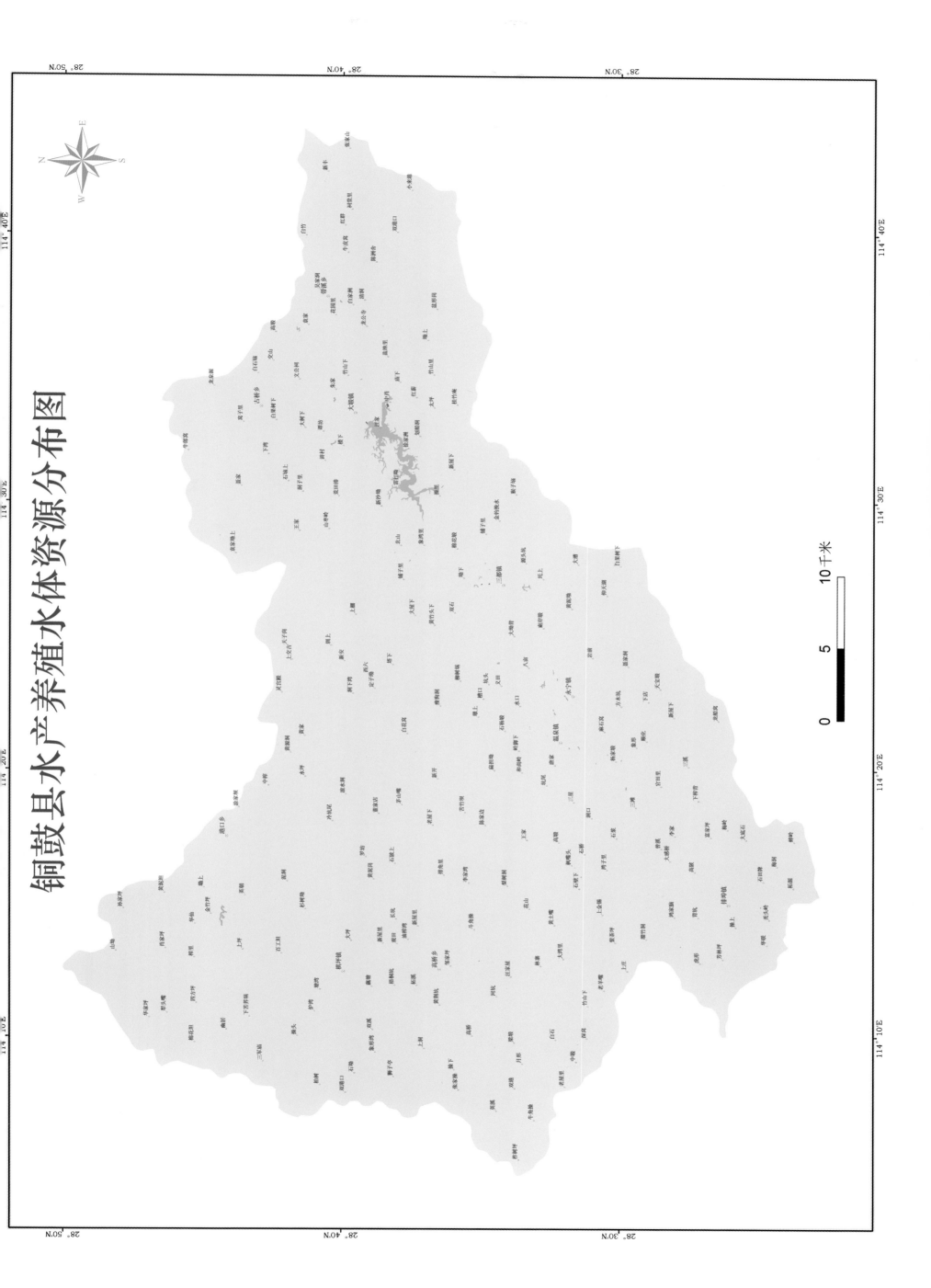

铜鼓县水产养殖水体资源分布图

樟树市CBERS02B影像图

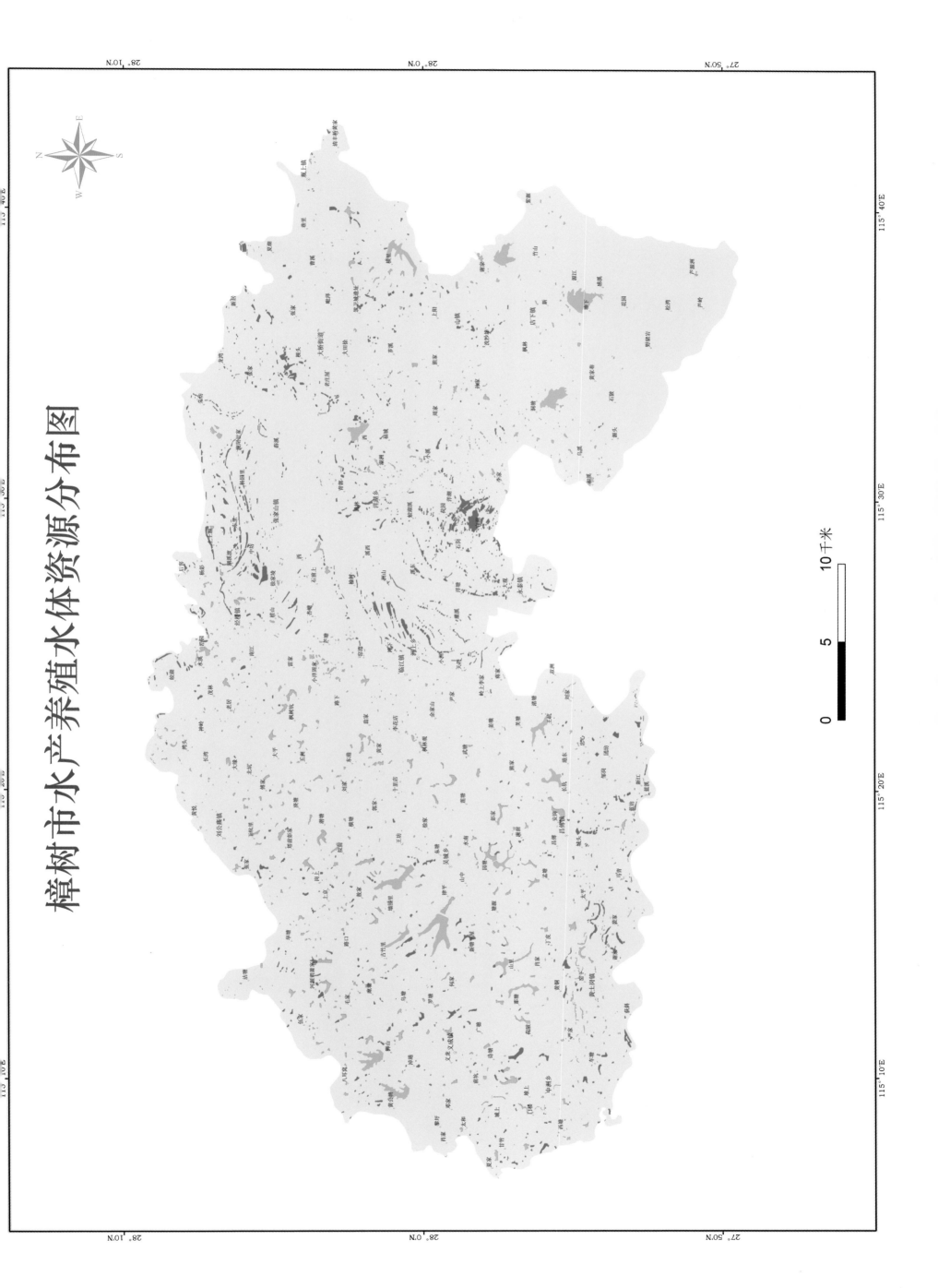

樟树市水产养殖水体资源分布图

宜丰县CBERS02B影像图

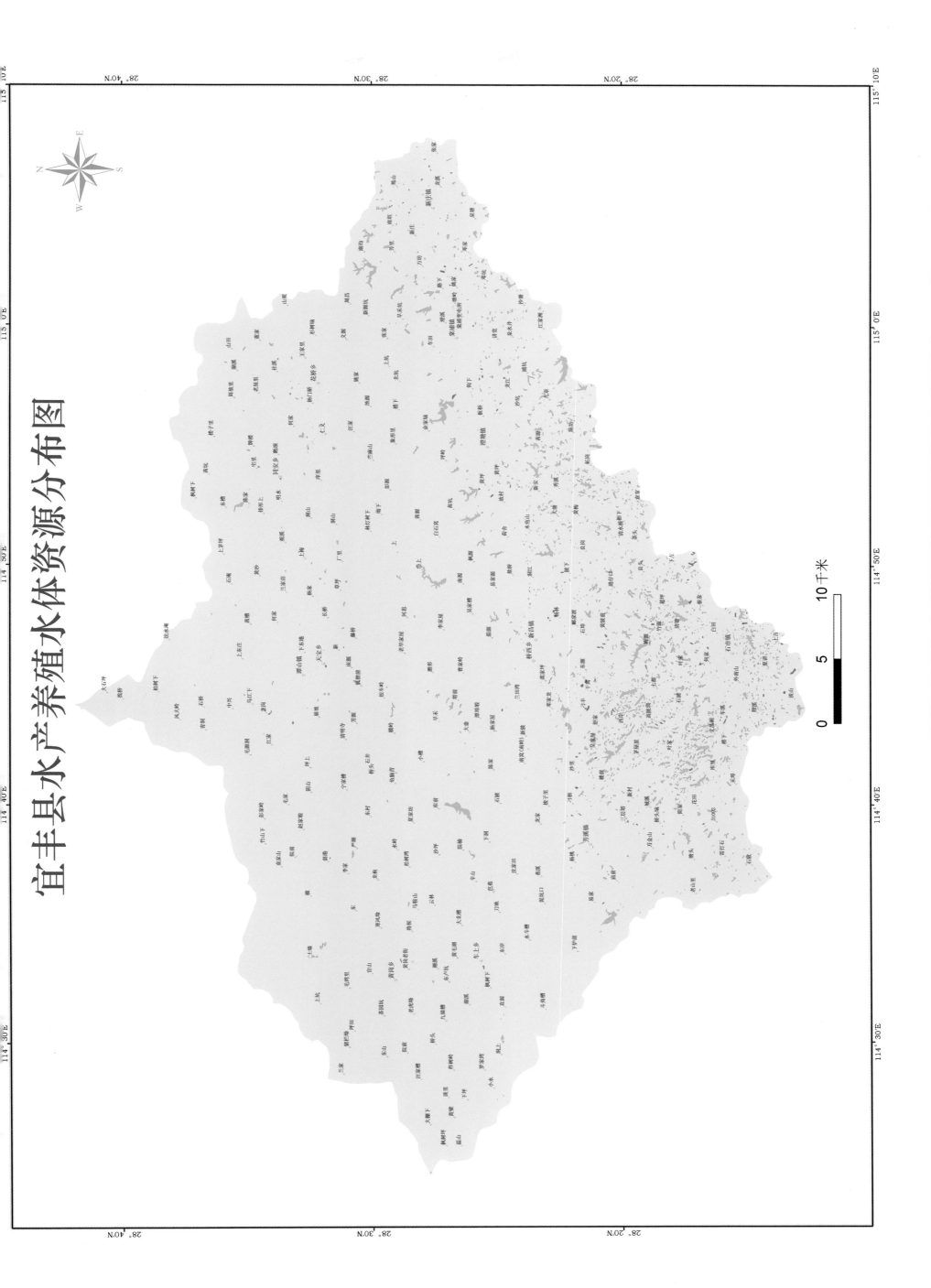

宜丰县水产养殖水体资源分布图

奉新县CBERS02B影像图

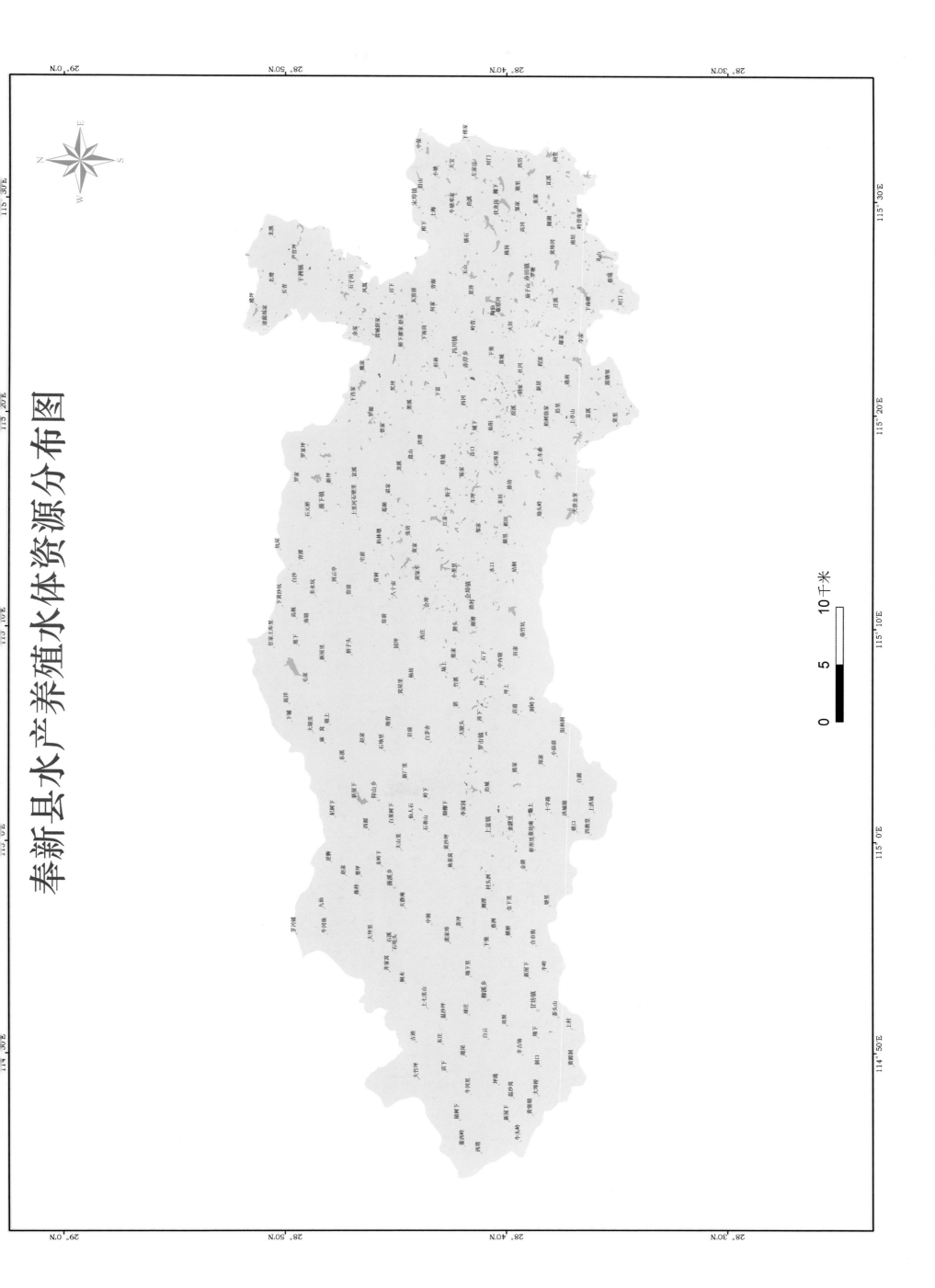

奉新县水产养殖水体资源分布图

0　5　10千米

丰城市CBERS02B影像图

20千米
10
0

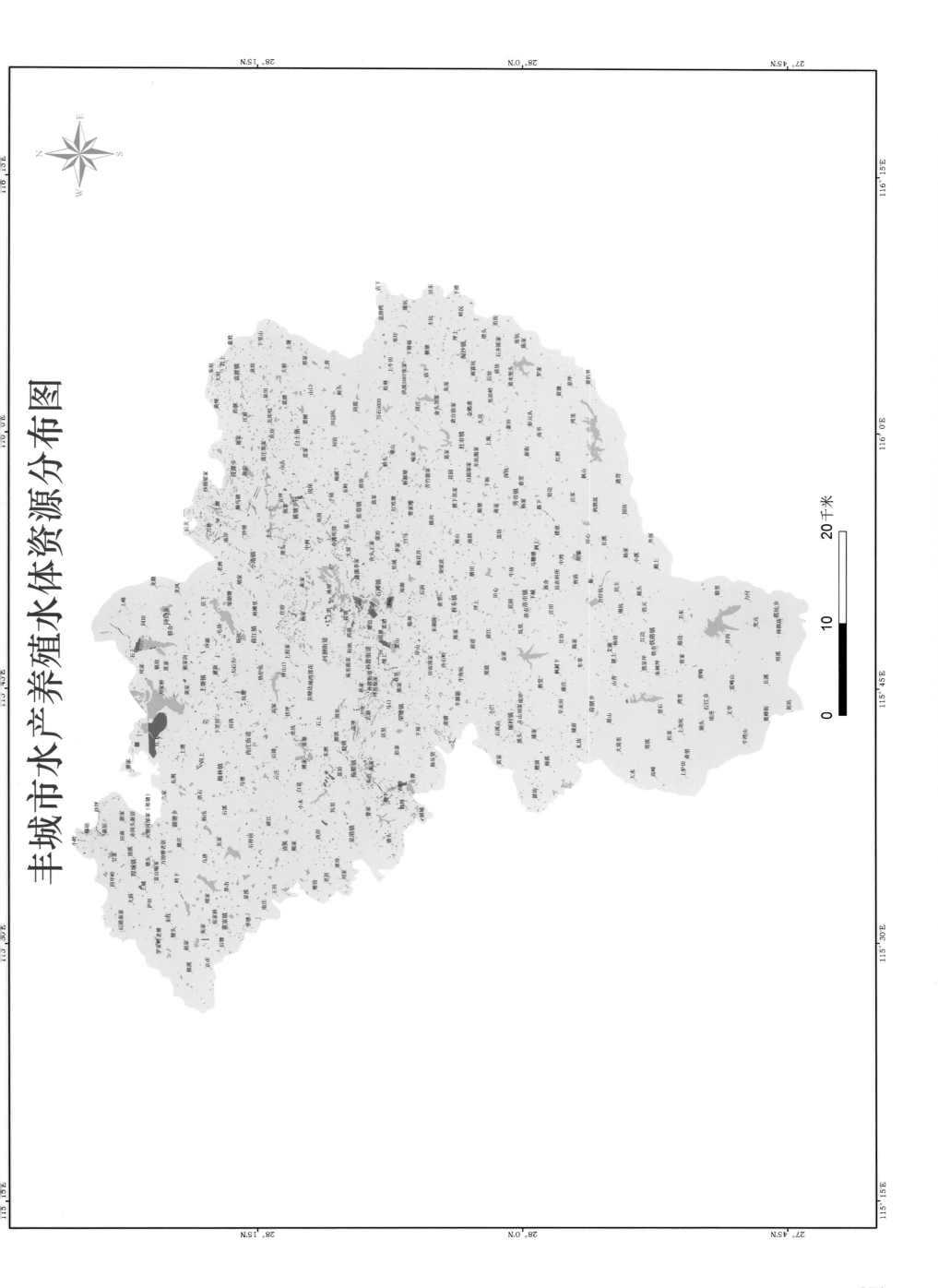

丰城市水产养殖水体资源分布图

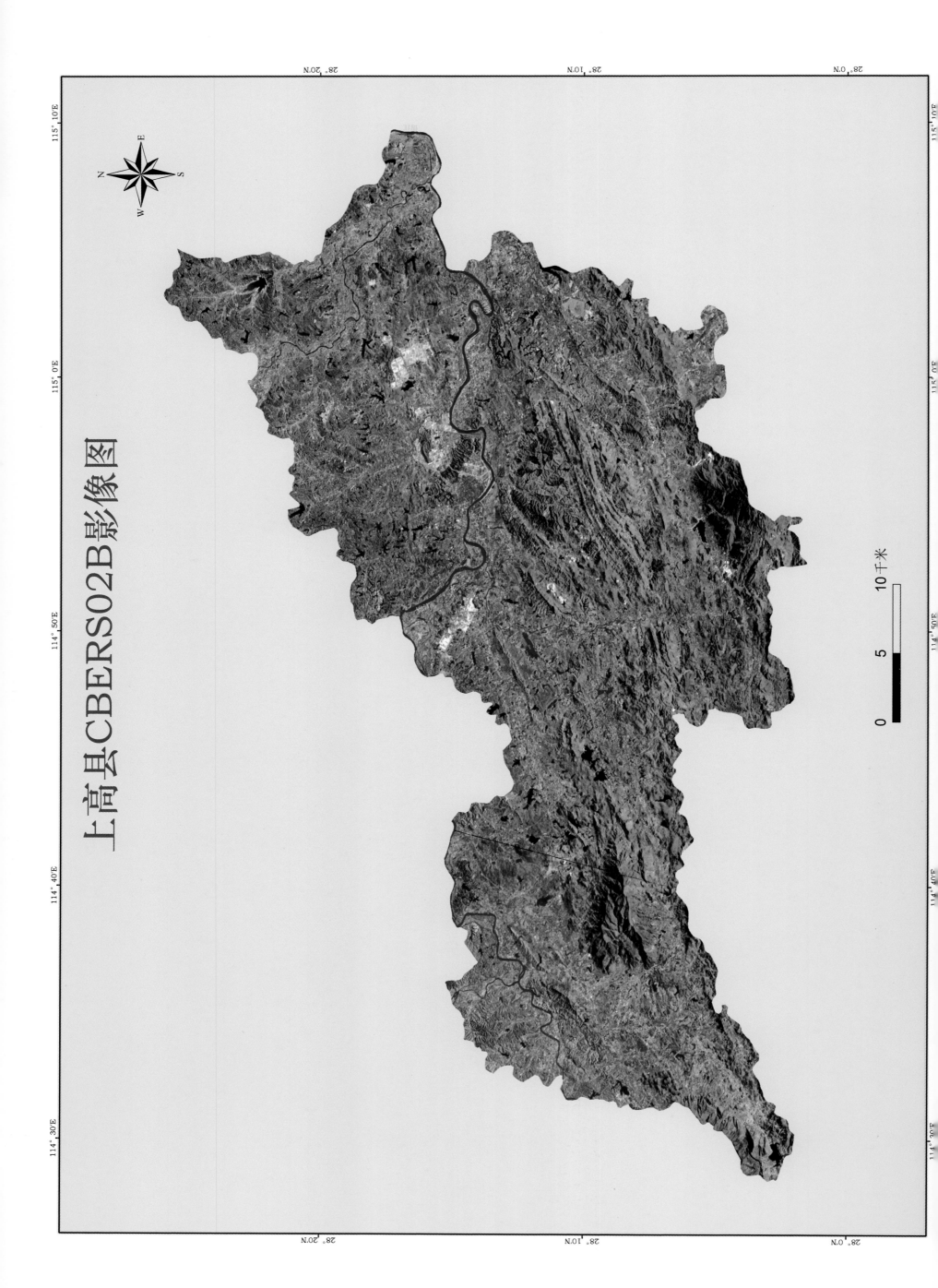

上高县CBERS02B影像图

114°30E 114°40E 114°50E 115°0E 115°10E

28°0N 28°10N 28°20N

0 5 10千米

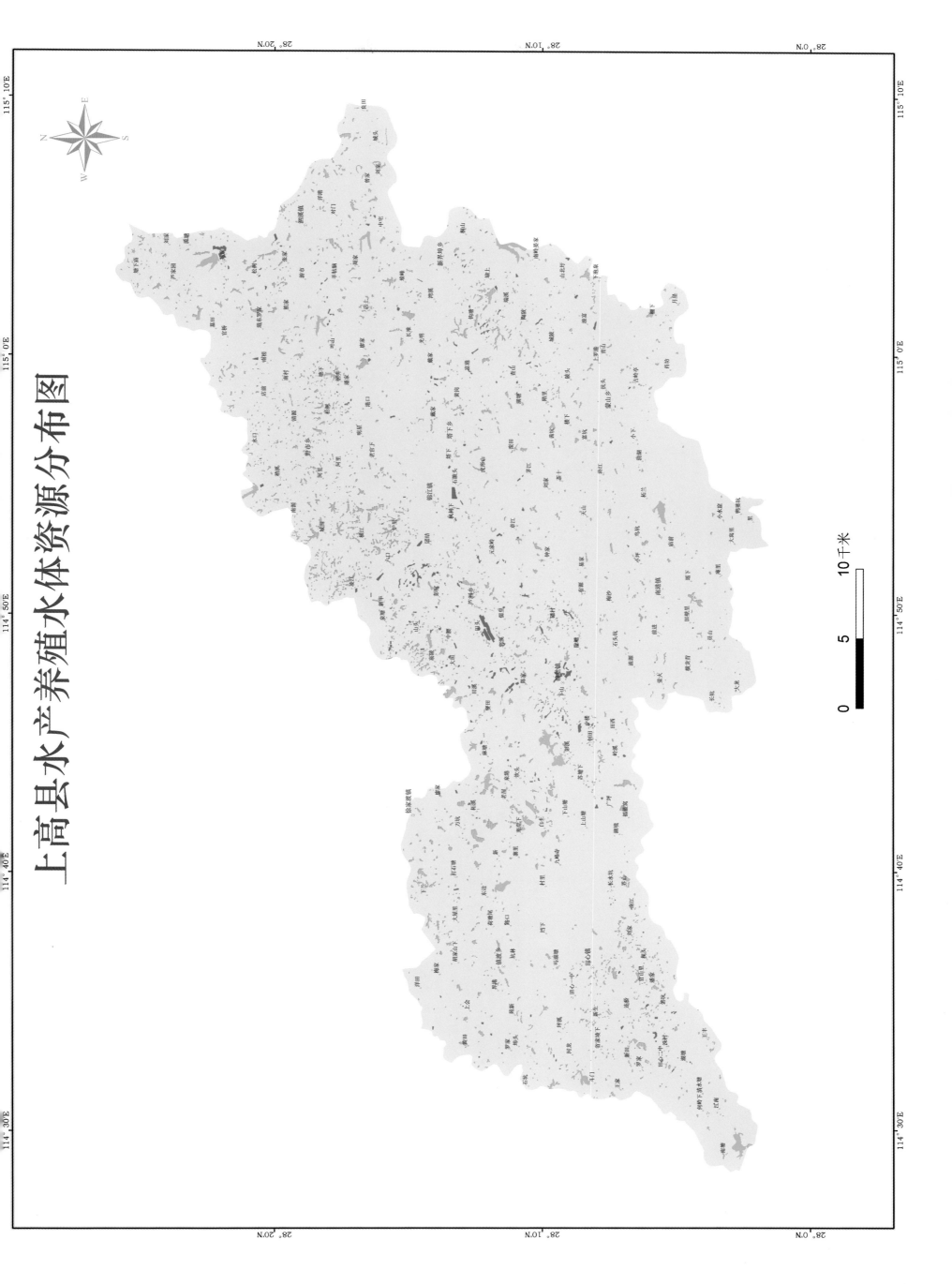

上高县水产养殖水体资源分布图

153

万载县CBERS02B影像图

0 5 10千米

154

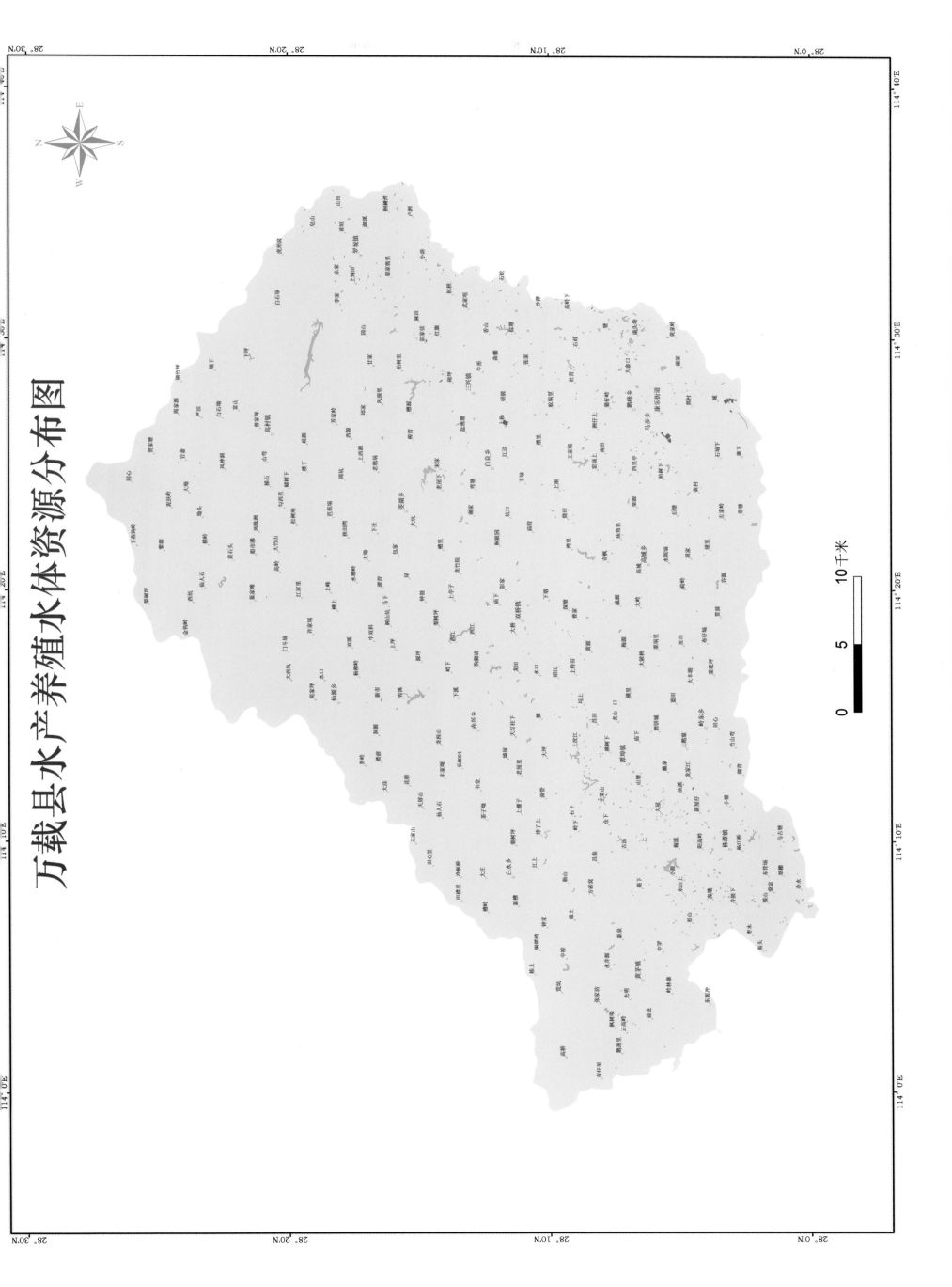

万载县水产养殖水体资源分布图

0　　　　5　　　　10千米

第九节　上饶市

一、自然水资源条件与生物资源条件

上饶市位于江西省东北部，处于长三角经济区、海西经济区、鄱阳湖生态经济区三区交汇处，自古有"上乘富饶、生态之都"、"八方通衢"和"豫章第一门户"之称，属中亚热带湿润型气候区。全市下辖信州区、德兴市、上饶县、广丰县、玉山县、铅山县、横峰县、弋阳县、余干县、鄱阳县、万年县、婺源县12个县（区、市），总面积22 791平方千米，占全省总面积的13.66%。全境气候温暖，光照充足，雨量充沛，四季分明，年均降水量为1 600～1 800毫米。

1. 河流

境内水系发达，河流众多，大部分属鄱阳湖水系。信江、饶河是上饶市的主要河流，纵贯全区，汇入鄱阳湖后经湖口注入长江。信江流域面积16 890平方千米，其中上饶市境内流域面积12 221.3平方千米，占全流域面积的72%，占鄱阳湖水系集水面积的7.44%；饶河主要由乐安河与昌江组成，流域总面积15 428平方千米，占鄱阳湖水系集水面积的9.5%，饶河主流乐安河流域面积8 989平方千米，昌江流域面积6 222平方千米。

2. 水库

上饶市累计兴建各类水库共1 702座，其中大型水库有4座，中型水库有35座，小（一）型水库有232座，小（二）型水库有1 431座，总蓄水量近30亿立方米。

3. 水生生物资源

上饶市境内水生生物资源十分丰富。已查明鱼类有155种，分属于11目25科，其中以鲤科鱼类为主，计88种，占总数的57.3%；虾类2科7种，蟹类2科4种，蚌类3科17属51种，螺类6科16属27种，蛙科动物25种。各种水生植物202种，分属于48科101属。浮游植物种类有7门50种，浮游动物中的原生动物33种，轮虫类33种，枝角类39种，桡足类19种。另有白鳍豚、江豚、水獭、龟、鳖、大鲵、野鸭、天鹅等水兽、水禽及爬行类水生动物。

二、水产养殖基本情况

上饶市水产养殖主要以四大家鱼等大宗淡水品种为主，同时积极发展优质水产品种养殖，加快推进渔业产业化经营战略。全市按照"突出区域特色、抓好龙头企业、提升产品质量"的要求，抓住资源优势，狠抓结构调整和战略调整，全面建设优质水产品基地，打造优质水产品品牌。在品种结构调整方面，小龙虾、河蟹、黄颡鱼、中华鳖、草龟、乌鱼、鳗鱼、泥鳅、荷包红鲤鱼、斑点叉尾鲴等十大系列主导产品生产、加工基地全面扩展，"一县一品"和"一地一品"的轮廓正在形成。养殖方式呈现多样化

发展趋势，设施渔业、标准化养殖等得到较快发展。

据渔业统计，上饶市2008年水产养殖总产量为39.43万吨，养殖面积为7.14万公顷，渔业总产值为42.08亿元；2009年水产养殖总产量为34.61万吨，养殖面积为7.96万公顷，渔业总产值为45.41亿元；2010年水产养殖总产量为35.63万吨，养殖面积为8.23万公顷，渔业总产值为47.86亿元。

全市水产养殖主产区主要分布在沿鄱阳湖地区，如鄱阳县、余干县、万年县等县。2008～2010年养殖产量最高的为鄱阳县，年平均为108 704吨；其次为余干县，为100 233吨；再次为玉山县，为24 481吨。2008～2010年各县（市、区）水产养殖产量构成如图2-9-1所示。

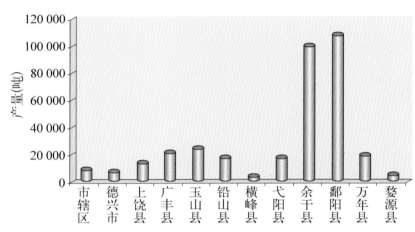

图2-9-1　2008～2010年上饶市各县（市、区）养殖平均产量构成

三、水产养殖特点

1. 主要水产养殖类型与方式

上饶市水产养殖主要有池塘养殖、水库养殖、湖泊养殖、河沟养殖、稻田养殖等类型。主要养殖模式有生态种养殖模式、单养模式、80∶20主养模式、"三网"养殖模式、稻田养殖模式、流水池塘养殖模式、工厂化温室养殖模式等。

（1）**池塘养殖**：2010年养殖面积为1.946万公顷，平均单产水平约为7 762千克/公顷。

（2）**水库养殖**：2010年养殖面积为2.106万公顷，平均单产水平约为3 533千克/公顷。

（3）**湖泊养殖**：2010年养殖面积为3.849万公顷，平均单产水平约为2 786千克/公顷。

（4）**河沟养殖**：2010年养殖面积为3 132公顷，平均单产水平约为3 424千克/公顷。

（5）**稻田养殖**：2010年养殖面积为6 817.2公顷，平均单产水平约为1 383千克/公顷。

（6）**其他养殖**：2010年养殖面积约为174公顷，平均单产水平约为19 688千克/公顷。

2. 主要养殖品种

上饶市主要水产养殖品种有青鱼、草鱼、鲢、鳙、鲫鱼、鳊鱼、鲤鱼、鲶鱼、黄颡鱼、短盖巨脂鲤、鳜鱼、鮰鱼、加州鲈、黄鳝、泥鳅、鳗鲡、乌鳢、银鱼、史氏鲟、蛙类、青虾、克氏原螯虾、河蟹、河蚌、螺、龟、鳖等品种。其中，草鱼、鲢、鳙、鲫鱼养殖面积约占58%，其他特色养殖品种约占42%。2010年上饶市主要养殖品种的产量结构如图2-9-2所示。

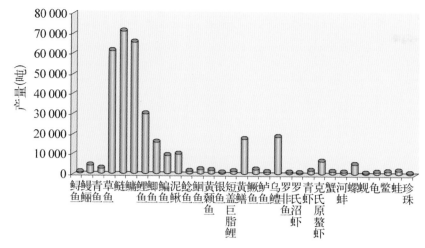

地区	内陆池塘（公顷）	水库、山塘（公顷）	大水面（公顷）	区县合计（公顷）	总　计（公顷）
德兴市	40	508	531	1 079	
广丰县	162	635	491	1 288	
横峰县	35	492	36	563	
鄱阳县	3 058	3 648	40 490	47 196	
铅山县	55	699	407	1 161	95 415
万年县	1 234	1 018	942	3 194	
婺源县	116	802	1 144	2 062	
弋阳县	49	1 105	469	1 623	
余干县	3 423	1 794	28 194	33 411	
玉山县	50	820	853	1 723	

图 2-9-2　2010 年上饶市主要水产养殖品种产量结构

3. 特色养殖

上饶市特种水产养殖品种主要有河蟹、甲鱼、鳜鱼、鲈鱼、翘嘴鲌、黄鳝、泥鳅、鳗鲡、乌鳢、鲶鱼、鲖鱼、黄额鱼、青虾、克氏原螯虾、银鱼、史氏鲟、蛙类、珍珠等。

上饶市结合渔业结构调整，逐年加大发展特种水产品力度，积极推进"一县一品、数县一板块"的战略布局。一是沿信江地区主攻泥鳅、鳗鱼、草龟、甲鱼等品种。二是婺源、德兴山区以荷包红鲤、热带鱼和冷水养殖为主，结合旅游业，带动了休闲渔业的兴起。三是滨湖地区着眼于资源优势，积极融入鄱阳湖生态经济区建设，拓展养殖空间，积极发展网栏、大中水面增养殖、低洼田改造以及网箱养鱼等，大力发展虾蟹、乌鱼、斑点叉尾鲴、黄额鱼、鳜鱼等产业。

四、养殖水体资源遥感监测结果

上饶市水产养殖水体资源遥感监测结果如表 2-9-1 所示。

表 2-9-1　上饶市水产养殖水体资源

地区	内陆池塘（公顷）	水库、山塘（公顷）	大水面（公顷）	区县合计（公顷）	总　计（公顷）
市辖区	155	455	35	645	95 415
上饶县	67	468	935	1 470	

五、20 公顷以上成片养殖池塘分布

上饶市 20 公顷以上成片养殖池塘分布如表 2-9-2 所示。

表 2-9-2　上饶市 20 公顷以上成片池塘分布情况

地　区	数　量（片）	面　积（公顷）	全市合计（公顷）
市辖区			
上饶县			
德兴市			
广丰县			
横峰县			
鄱阳县	17	1 332	
铅山县			3 045
万年县	9	397	
婺源县	1	23	
弋阳县			
余干县	16	1 270	
玉山县	1	23	

图 2-9-3　标准化池塘养殖

图 2-9-4　网箱养殖

上饶市CBERS02B影像图

婺源县

德兴市

玉山县

上饶市辖区

广丰县

弋阳县

横峰县

上饶县

铅山县

万年县

鄱阳县

余干县

0　　　　30　　　　60千米

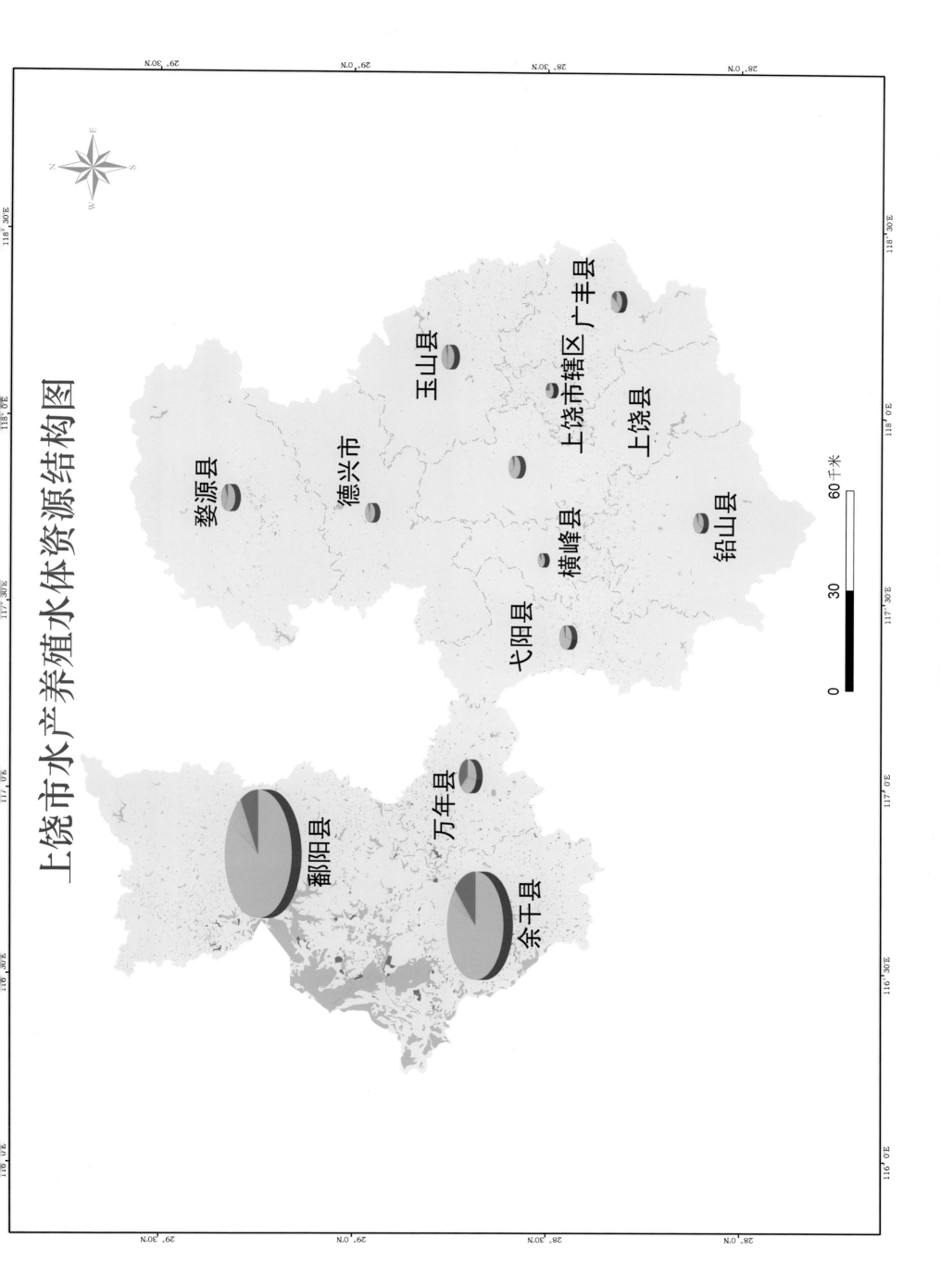

上饶市水产养殖水体资源结构图

婺源县

德兴市

玉山县

上饶市辖区 广丰县

上饶县

弋阳县

横峰县

铅山县

万年县

鄱阳县

余干县

0   30   60 千米

上饶市辖区CBERS02B影像图

0   2.5   5千米

160

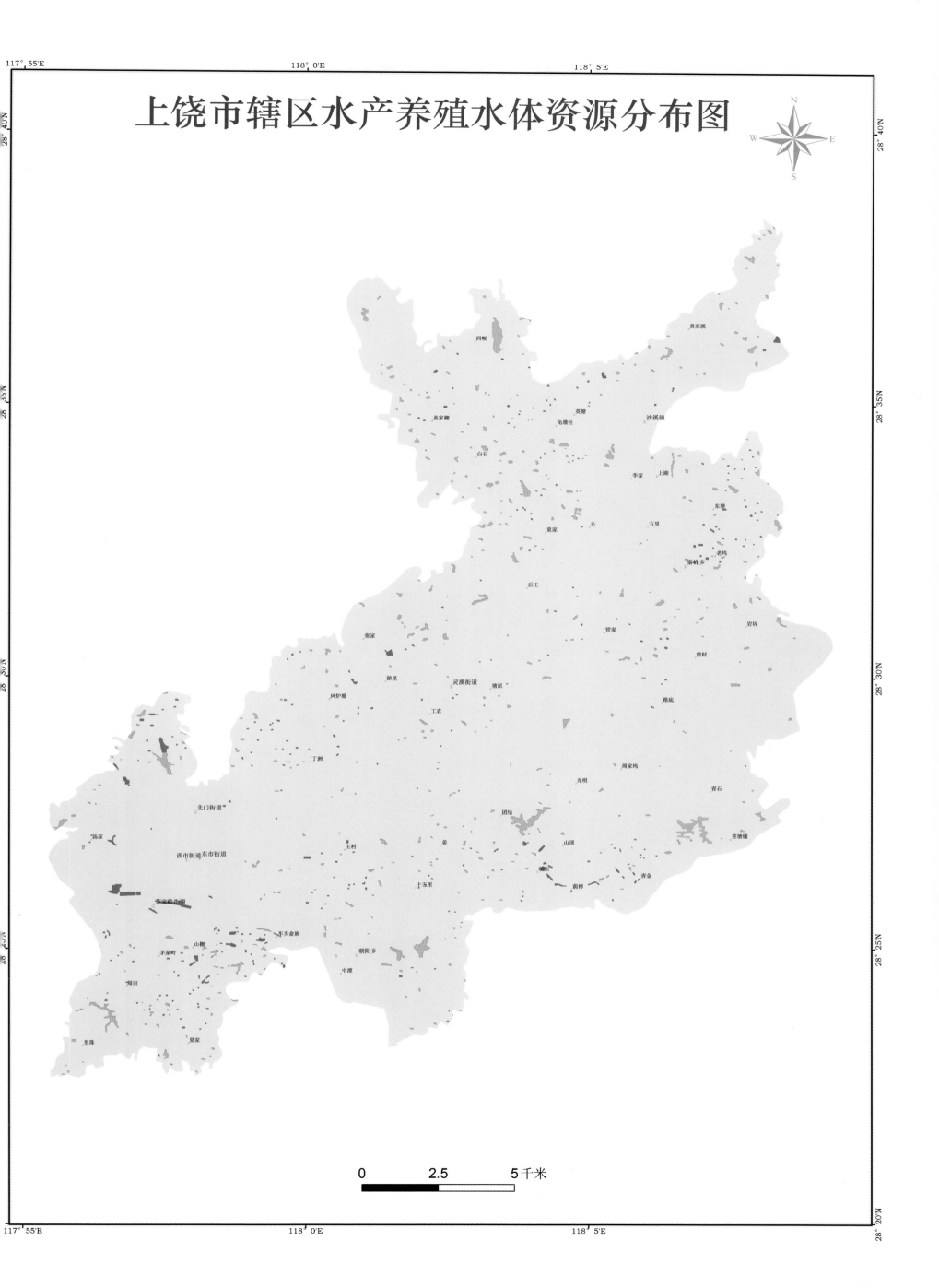

上饶市辖区水产养殖水体资源分布图

上饶县CBERS02B影像图

上饶县水产养殖水体资源分布图

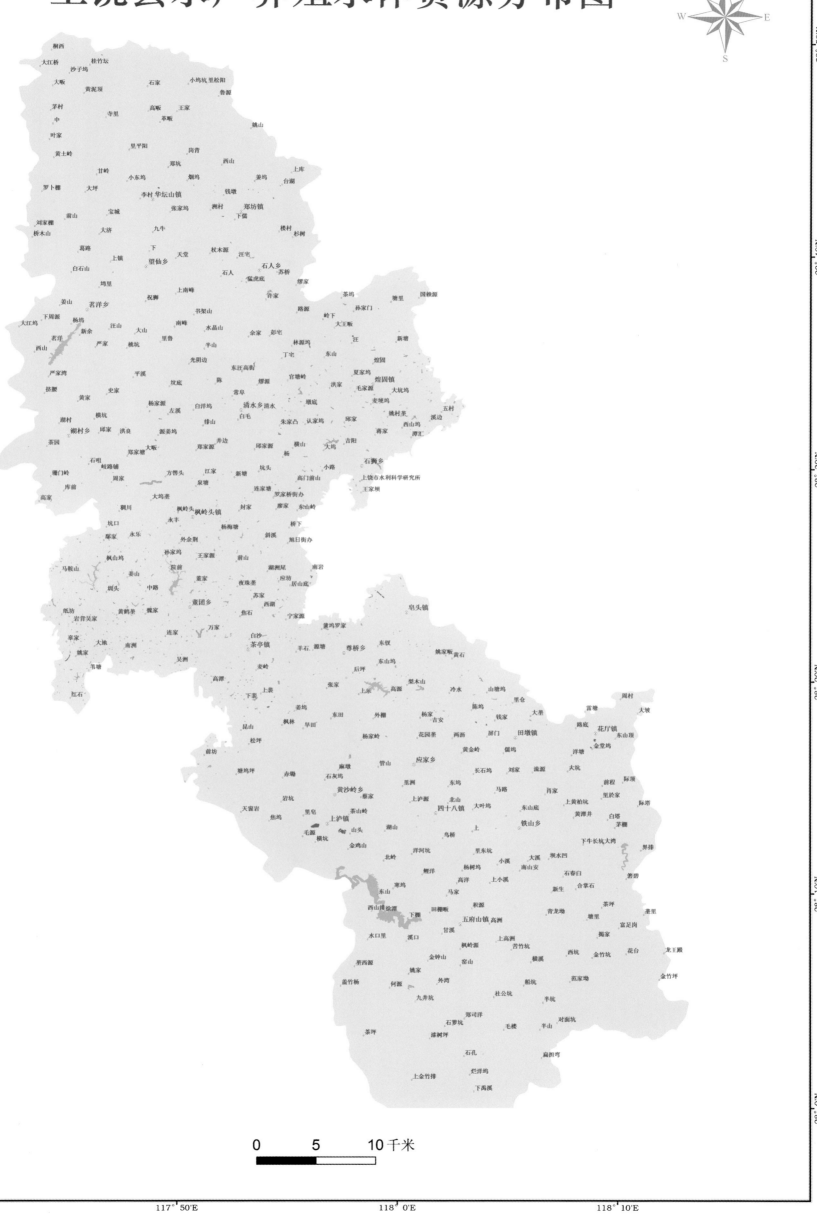

0　　5　　10千米

德兴市CBERS02B影像图

0　　5　　10千米

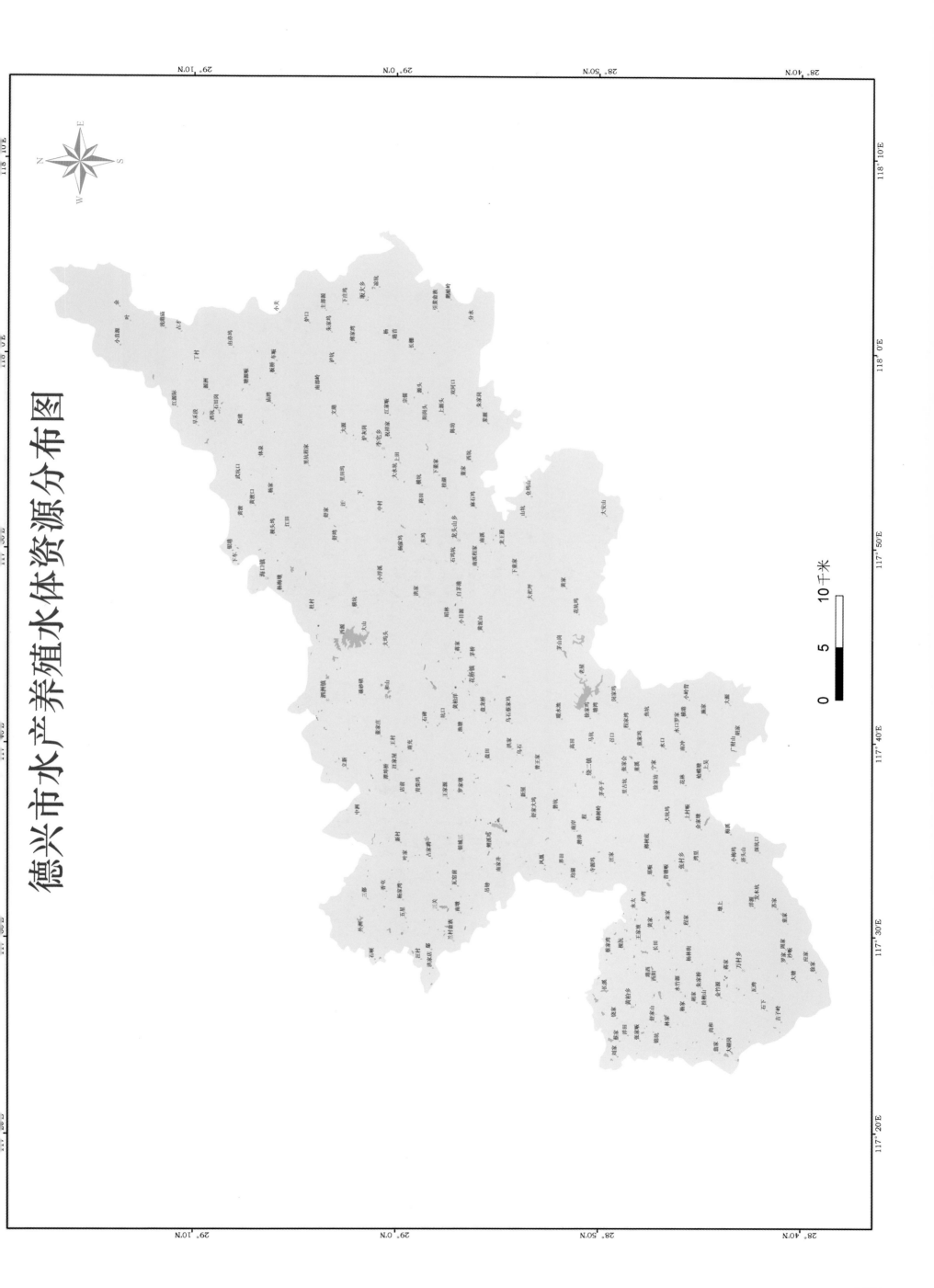

德兴市水产养殖水体资源分布图

10千米

广丰县CBERS02B影像图

广丰县水产养殖水体资源分布图

0　5　10千米

横峰县CBERS02B影像图

117°30'E　　　　　117°40'E

28°40'N

28°30'N

28°20'N

0　　　　5　　　　10千米

横峰县水产养殖水体资源分布图

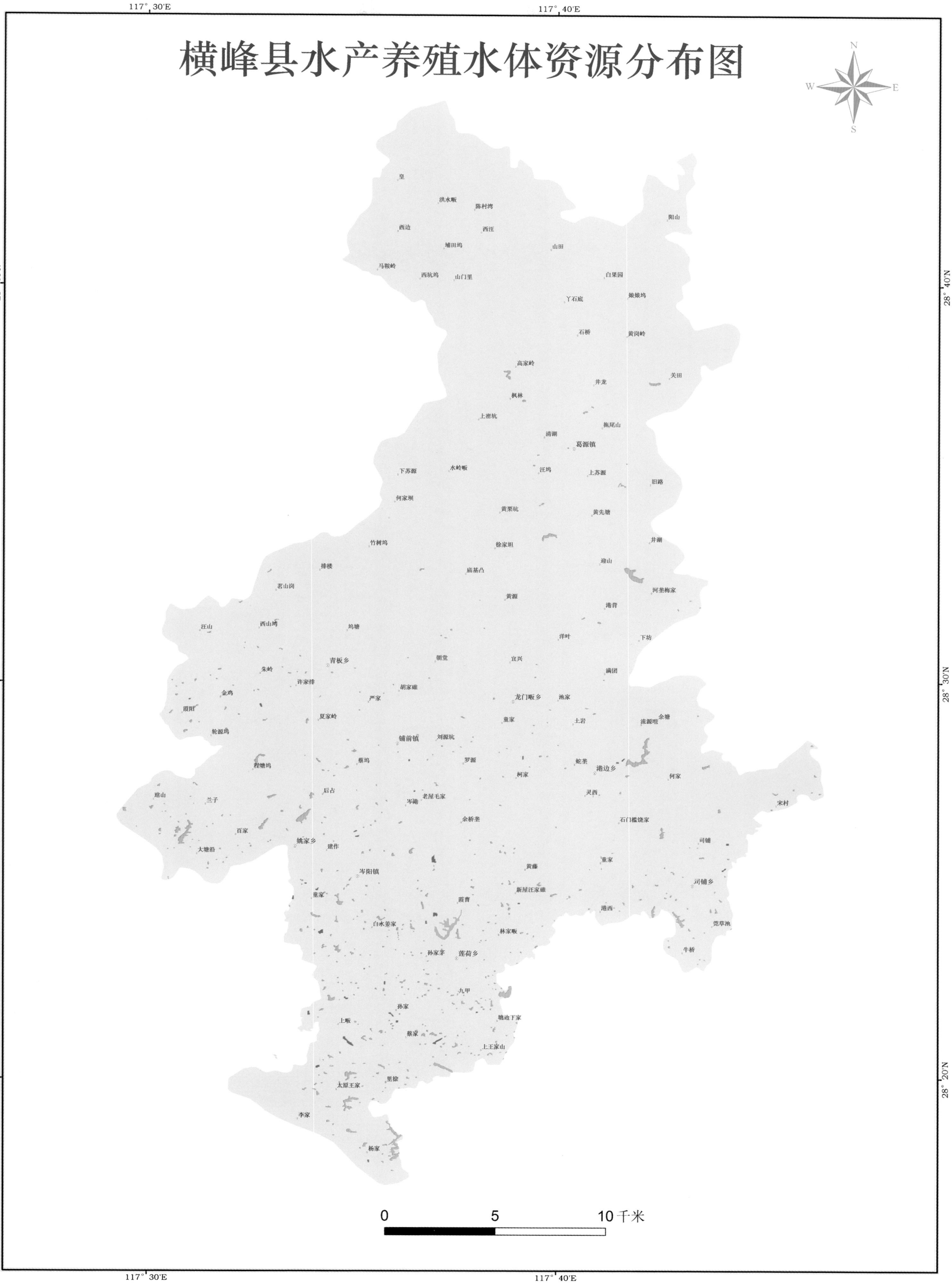

N
W E
S

28°40'N

皇
洪水畈　陈村湾
西边　　西汪
　　埔田坞　　山田
马鞍岭　　　　　白果园
西坑坞　山门里
丫石底　　娘娘坞
石桥　　黄岗岭
高家岭　　　关田
枫林　　井龙
上密坑　　　枇尾山
清湖　葛源镇
下苏源　水岭畈　汪坞　上苏源
何家坝　　　　　黄先塘　旧路
黄栗坑
竹树坞　　徐家坦　　　井湖
捞楼　　　庙基凸　迎山　阿羡梅家
茗山岗　　　　黄源　　港背
汪山　西山坞　坞塘　　洋叶　下坊
朱岭　青板乡　胡堂　宜兴　　满团
金鸡　许家排　严家　　龙门畈乡　池家　流源嘴　余塘
眼阳　　夏家岭　胡家礁　董家　土岩　何家
轮源坞　　铺前镇　刘源坑　　蛇姜　港边乡
程塘坞　　蔡坞　罗源　柯家　灵西　石门槛饶家
眉山　兰子　后占　　老屋毛家　　　宋村
　　　　姚家乡　岑墩　余桥姜　　董家　司铺
百家　建作　　　　黄藤　　司铺乡
大塘沿　岑阳镇　　　新屋汪家礁　港西　莞草池
董家　　　　围青　　　　　牛桥
白水姜家　　林家畈
孙家茅　莲荷乡
九甲
孙家　塘边丁家
上畈　蔡家　上王家山
太原王家　黑徐
李家
杨家

28°40'N

28°30'N

28°30'N

28°20'N

28°20'N

0　　　5　　　10千米

鄱阳县CBERS02B影像图

116°30'E 116°45'E 117°0'E

29°45'N
29°30'N
29°15'N
29°0'N
28°45'N

N
W　E
S

0　10　20千米

鄱阳县水产养殖水体资源分布图

铅山县CBERS02B影像图

0 5 10千米

铅山县水产养殖水体资源分布图

0 5 10千米

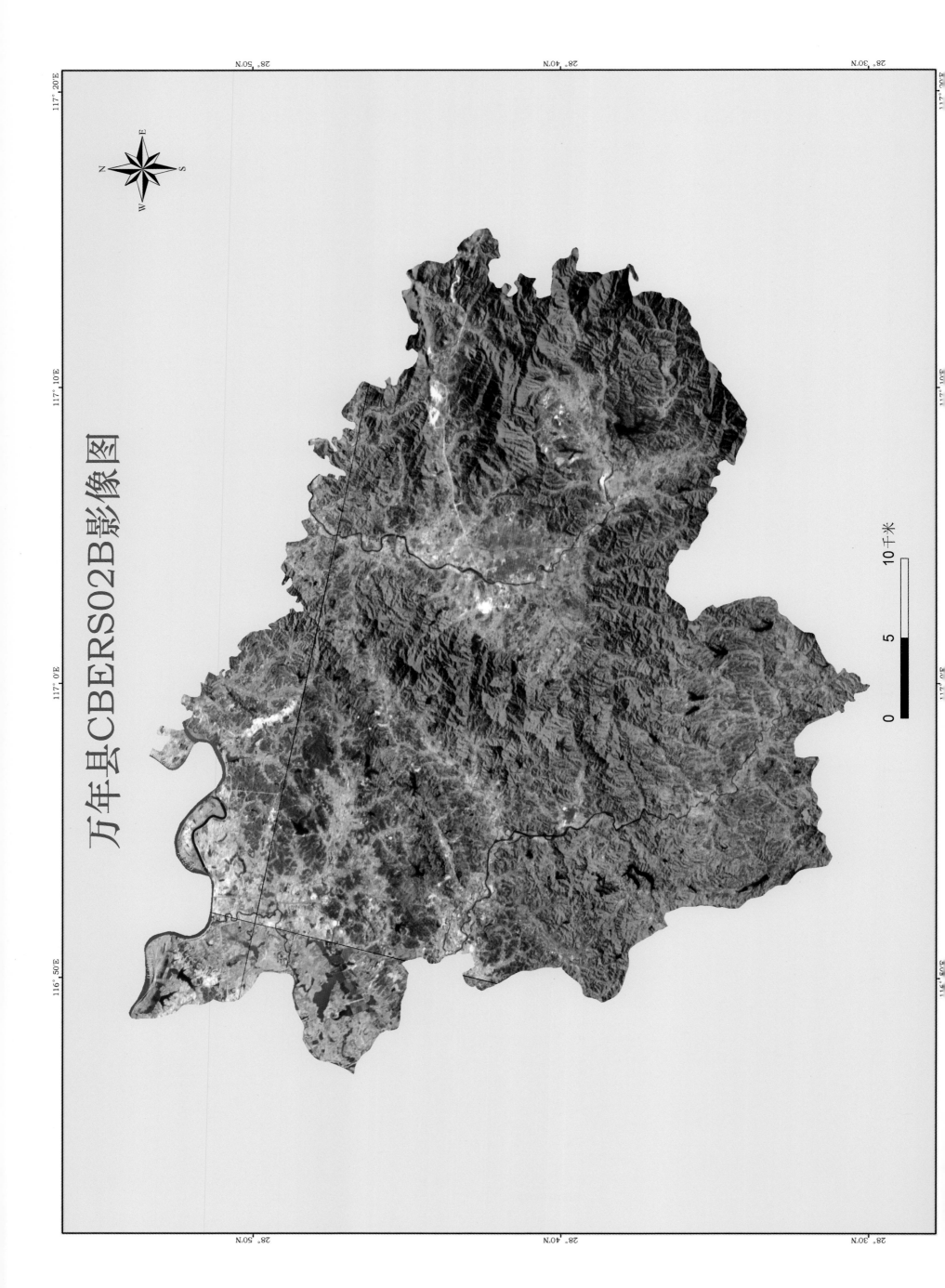

万年县CBERS02B影像图

10千米

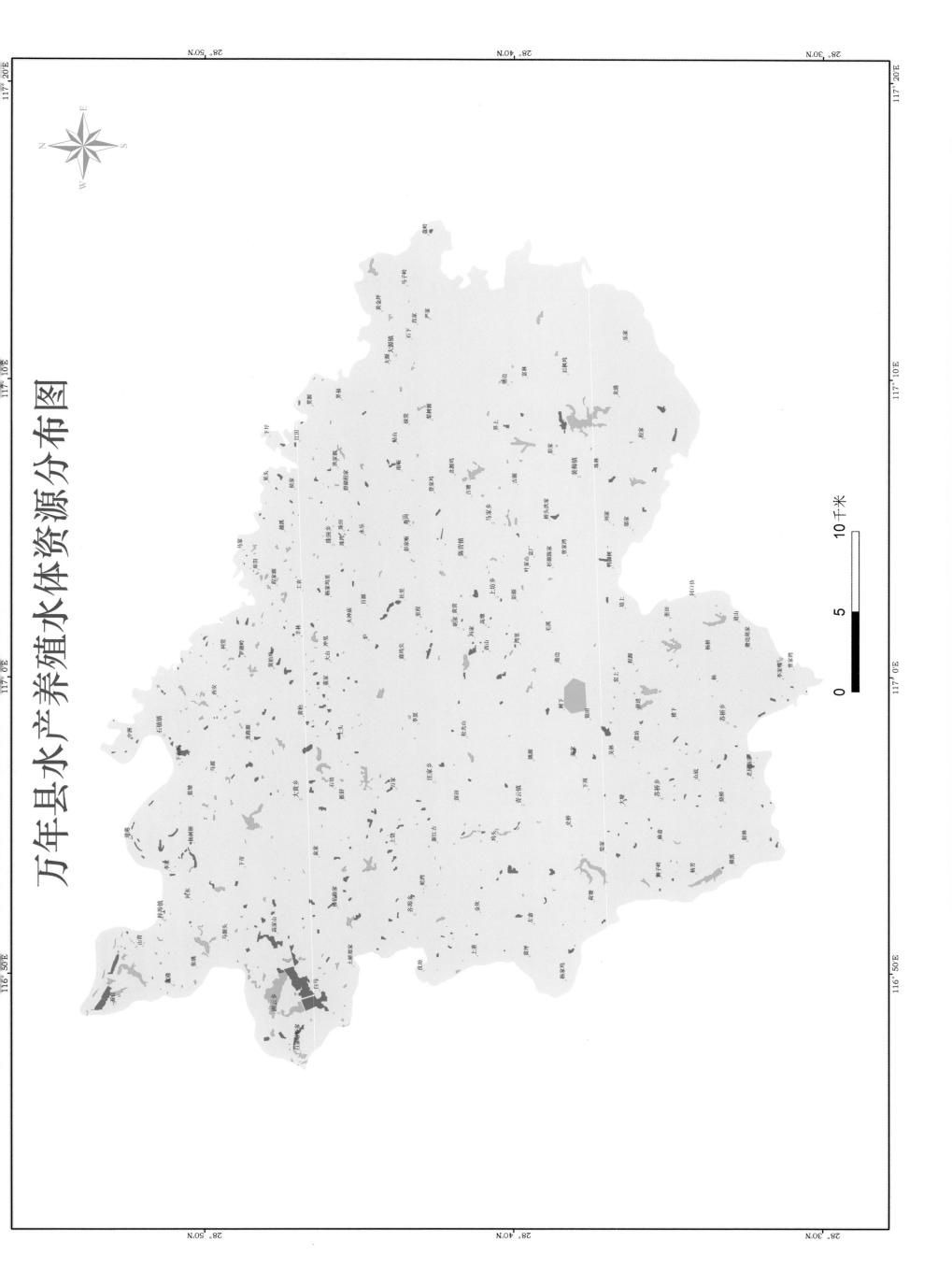

万年县水产养殖水体资源分布图

0　　　　5　　　　10千米

婺源县CBERS02B影像图

20千米

176

婺源县水产养殖水体资源分布图

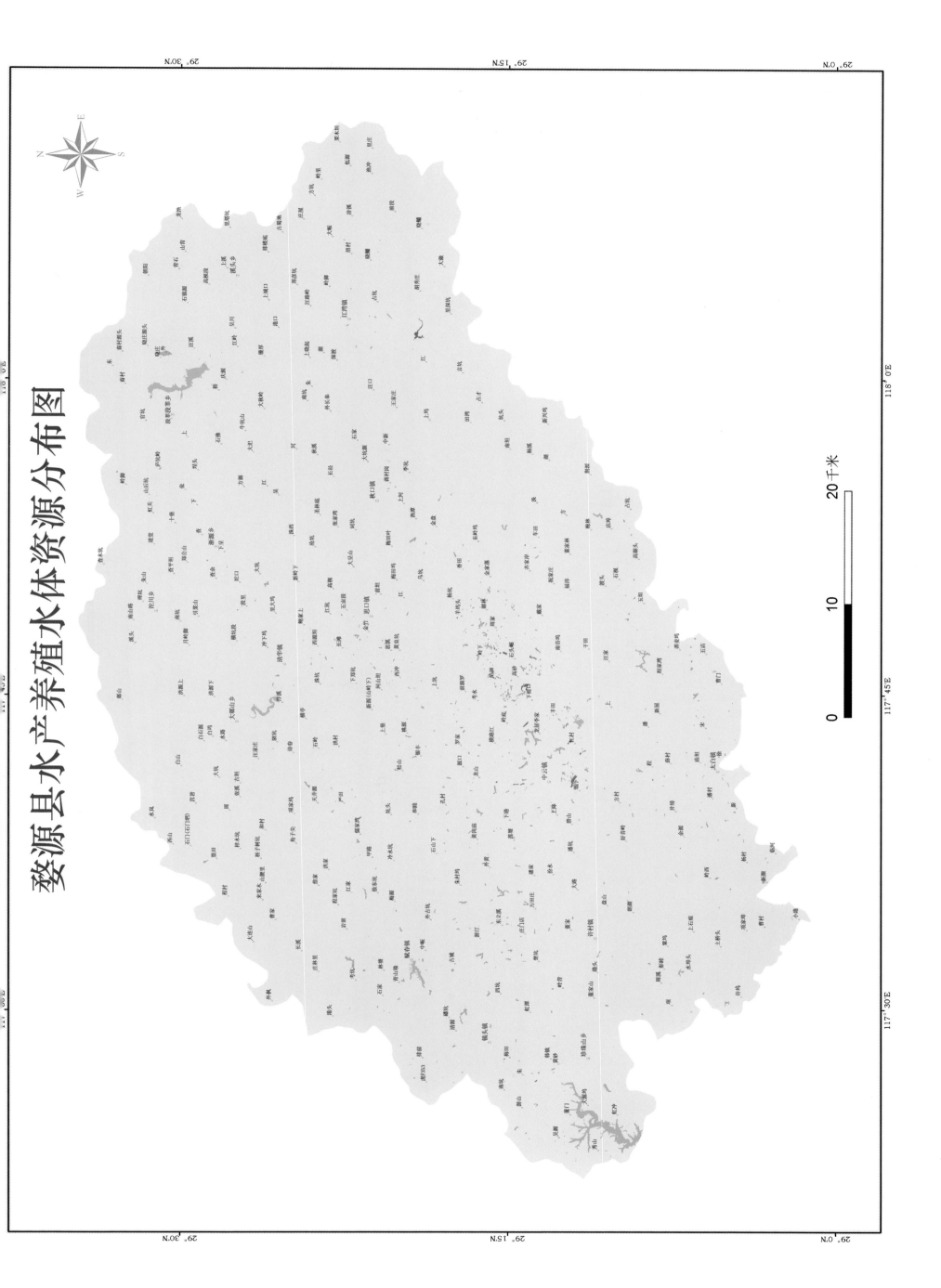

20千米 10 0

弋阳县CBERS02B影像图

0   5   10千米

弋阳县水产养殖水体资源分布图

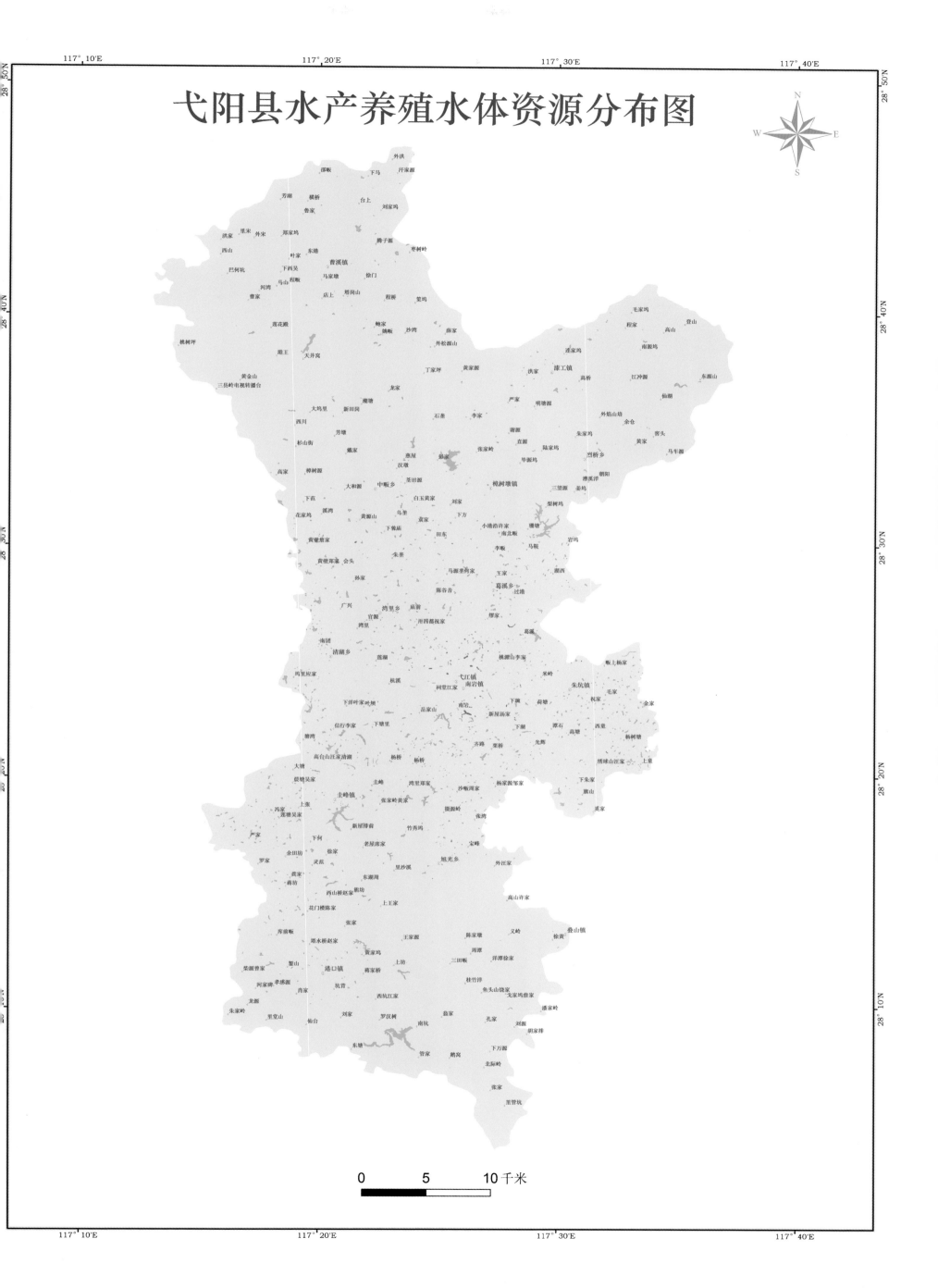

0　　　5　　　10千米

余干县CBERS02B影像图

0 5 10千米

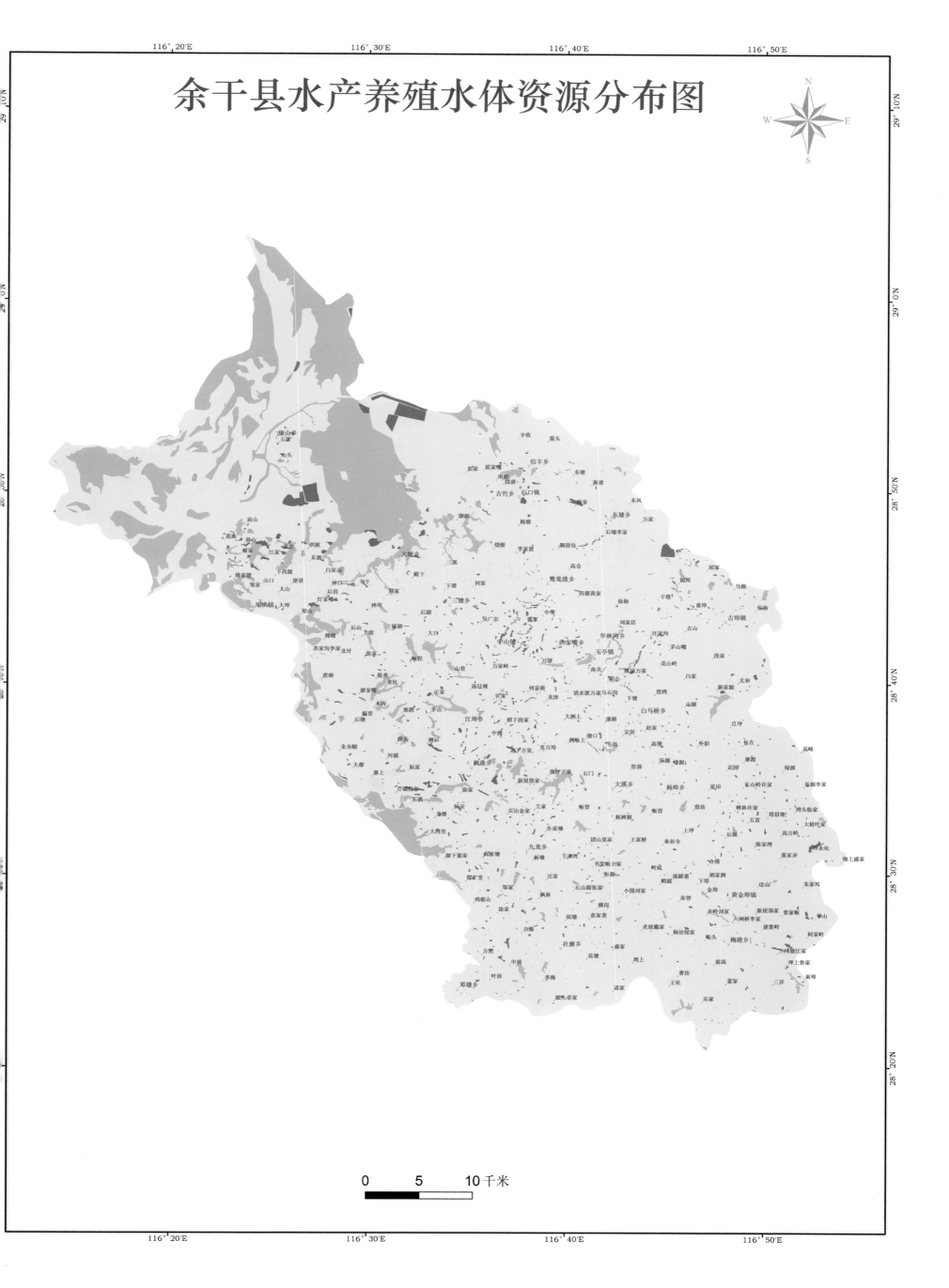

余干县水产养殖水体资源分布图

玉山县CBERS02B影像图

182

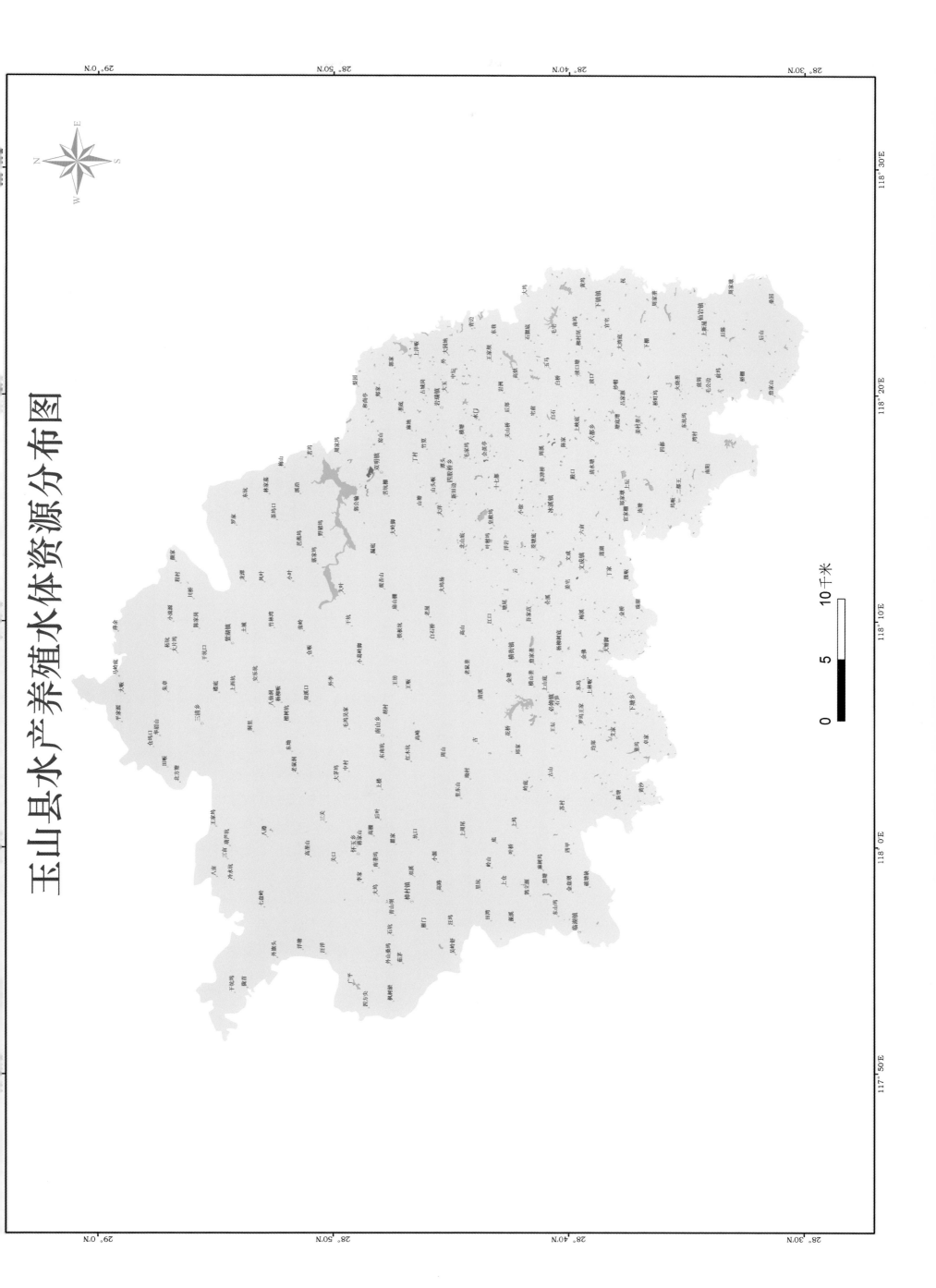

玉山县水产养殖水体资源分布图

0   5   10千米

第十节 吉安市

一、自然水资源与生物资源条件

吉安市位于江西省中部，罗霄山脉中段，赣江中游，下辖吉州区、青原区、井冈山市和吉安县、泰和县、万安县、遂川县、永新县、永丰县、吉水县、峡江县、安福县、新干县，共2个区、1个市和10个县，总面积25 271平方千米。全市气候温和，日照充足，雨量充沛，属亚热带季风湿润性气候区，年平均降水量为969毫米。

1. 河流

吉安市境内水系纵横，以赣江为中轴，成东西侧不对称树枝状分布，赣江及其五大支流禾泸水、乌江、遂川江、孤江、蜀水总长1 840千米，总流域面积29 000平方千米，集雨面积超过100平方千米的支流有28条。其中赣江过境河长289千米，占赣江总长的35.2%，河流内水生生物及底栖生物丰富，适宜鱼类生存。

2. 水库

吉安市有水库1 238座，蓄水量达19亿立方米。已建成万安水利水电枢纽、老营盘水库、社上水库、白云山水库和南车水库，峡江水利枢纽、泰和石虎塘航电枢纽已基本建成，井冈山（窑头）水利枢纽、新干航电枢纽即将开工；中型水库有35座，小（一）型水库有166座，小（二）型水库有1 032座，总库容43.76亿立方米，兴利库容25.00亿立方米；各类塘坝有19 186座，蓄水量2.98亿立方米。

3. 水生生物资源

吉安市境内水生生物资源十分丰富，已查明鱼类有143种及亚种，占江西已知鱼类154种的92.9%，分隶于12目24科。其中，鲤科83种、鮡科13种、鳅科11种、鳍科6种、平鳍鳅科和鳢科各3种，其余科为1~2种。主要经济鱼类为鲴鱼、鲤鱼、鲫鱼、鳊鱼、鲂鱼、鲢、鳙、草鱼、青鱼、鳜鱼、鲷鱼、鳜鱼、鲶鱼、鳢鱼、黄鳝、泥鳅等。有浮游植物382种，隶属于7门142属，其中金藻属12种、黄藻4属9种、甲藻8属22种、裸藻7属30种、硅藻25属120种、绿藻75属153种、蓝藻16属36种；有浮游动物195种，隶属38科109属，其中原生动物42属55种，轮虫39属85种，枝角类15属33种，桡足类13属22种。

吉安市境内名贵和珍稀品种主要有万安玻璃红鲤、胭脂鱼、大鲵（又名娃娃鱼）、鳖、龟、蚌、螺、棘胸蛙、虎纹蛙等。

二、水产养殖基本情况

吉安市水产养殖主要以淡水池塘精养草鱼、鲢、鳙为主，其他特色养殖品种有鲴鱼、玻璃红鲤鱼、湘云鲫、彭泽鲫、黄颡鱼、长吻鮠、泥鳅、黄鳝、胭脂鱼、大鲵、棘胸蛙、鲟鱼等，其中精养池塘占淡水池塘的65%以上。据渔业统计，2008年水产养殖总产量为15.98万吨，养殖面积为42 170公顷，渔业总产值为20.00亿元；2009年水产养殖总产量为16.08万吨，养殖面积为42 963公顷，渔业总产值为21.03亿元；2010年水产养殖总产量为16.74万吨，养殖面积为44 000公顷，渔业总产值为21.80亿元。

全市水产养殖主产区主要集中在吉泰走廊和赣江沿边地区，2008~2010年产量最高的为市辖区，年平均为22 419吨；其次为泰和县的19 410吨，其余依次为万安县的17 568吨，吉安县的16 775吨，吉水县的15 797吨，其余县（区）产量均在15 000吨以下。2008~2010年吉安市各县（市、区）水产养殖产量构成图2-10-1所示。

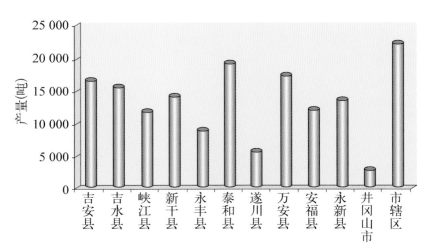

图2-10-1　2008~2010年吉安市各县（市、区）养殖平均产量构成

三、水产养殖特点

1. 主要水产养殖类型与方式

吉安市水产养殖主要有池塘养殖、水库养殖、河沟养殖、稻田养殖等类型。

（1）池塘养殖：2010年养殖面积为22 408公顷，平均单产水平约为4 663千克/公顷。

（2）水库养殖：2010年养殖面积为20 854公顷，平均单产水平约为2 341千克/公顷。

（3）河沟养殖：2010年养殖面积为492公顷，平均单产水平约为1 503千克/公顷。

（4）稻田养殖：2010年养殖面积为6 916公顷，平均单产水平约为650千克/公顷。

（5）其他养殖：2010年养殖面积为246公顷，平均单产水平约为35 848千克/公顷。

吉安市渔业经过近几年的发展，已形成六大产业格局：即以万安、泰和及吉州区为主产区的草鱼供应基地；以吉安、吉水、泰和、新干及青原区为主产区的大宗淡水水产品供应基地；以峡江、万安为主产区的鲴鱼出口基地；以永丰、新干为主产区的胭脂鱼繁养基地；以井冈山、安福为主产区的大鲵繁养与种质资源保护基地；以遂川、永新为主产区的棘胸蛙繁衍与种质资源保护基地。

2. 主要养殖品种结构

吉安市主要养殖品种有草鱼、鲢、鳙、鲶鱼、鲴鱼、鳜鱼、青鱼、泥鳅、黄鳝等，其中，草鱼、鲢、鳙养殖面积约占

60%,其他精品养殖约占40%。2010年吉安市各养殖品种的产量结构如图2-10-2所示。

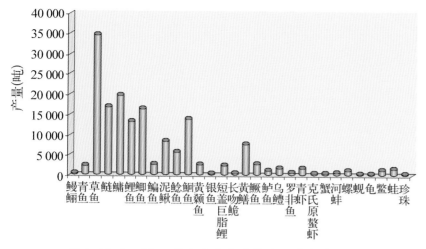

图2-10-2 2010年吉安市主要养殖品种产量结构

3. 特色养殖

（1）鲷鱼养殖：全市建设鲷鱼网箱养殖基地9个，养殖面积达9.6万平方米，网箱养殖试验示范面积达到5 280平方米，繁殖鲷鱼苗3 000万尾，鲷鱼产量达2 200吨。年加工鲷鱼片400吨，创汇150万美元，国内销售鲜鱼1 200吨，产值达1 500万元。

（2）胭脂鱼养殖：吉安市于2009年通过一帆水产科技有限公司引入胭脂鱼项目，并在永丰县建立了胭脂鱼繁育基地，投放胭脂鱼后备亲鱼608尾，其中雄鱼108尾，雌鱼500尾，联合组建技术攻关小组，对胭脂鱼人工繁殖的各个环节进行技术攻关，开展"繁育推一体化"工作，2012年鱼苗繁殖量一举突破千万尾大关，达1 316万尾，一跃成为全国规模最大的胭脂鱼繁育基地，并组建专业合作社，示范推广胭脂鱼健康养殖技术。

（3）大鲵特色养殖：井冈山茅坪乡坝上村是大鲵原产地，具有良好的大鲵生存环境，全村20余户有9户已开始从事大鲵苗种的仿生态繁殖，并成功繁殖出大鲵苗，堪称江西省第一个大鲵养殖专业村。此外，婺源华宝农业科技有限公司已联袂浙江客商在坝上村投资建设占地面积2万多平方米的大鲵苗种规模化繁殖基地，苗繁规模预计为5万尾，可为省内大鲵养殖提供稳定的苗种来源。安福县武功山大鲵养殖场已建山洞养殖面积1 500平方米，可供养殖商品大鲵成鱼1万余尾，另3处人工仿生态驯养繁殖山洞也已建成投产，可供养殖大鲵3万余尾，为江西省最大的大鲵驯养繁殖基地。

（4）池塘标准化养殖：吉安市有农业部水产健康养殖场26家，全市规模化标准养殖水面积为1 717公顷，占整个示范区比重的74.6%。2011年，全市渔业标准化养殖示范区建设面积2 000公顷，涉及4个大中

型水产养殖企业和100个养殖大户，示范推广草鱼疫苗免疫防疫技术，使养殖水域鱼类发病率降低了40%，亩产量提高了150~250千克，亩产值增加了1 700~2 000元，并能减少渔药资金投入30%以上，给渔农带来直接经济效益2 049万元。

四、养殖水体资源遥感监测结果

吉安市水产养殖水体资源遥感监测结果如表2-10-1所示。

表2-10-1 吉安市水产养殖水体资源

地区	内陆池塘（公顷）	水库、山塘（公顷）	大水面（公顷）	区县合计（公顷）	总计（公顷）
市辖区	160	1 982	1 070	3 212	
吉安县	161	2 483	1 151	3 795	
安福县	57	975	1 207	2 239	
吉水县	53	1 785	319	2 157	
井冈山市	20	129	188	337	
遂川县	29	234	62	325	
泰和县	335	2 747	1 468	4 550	24 612
万安县	68	1 644	740	2 452	
峡江县	70	1 143	352	1 565	
新干县	194	914	329	1 437	
永丰县	48	824	269	1 141	
永新县	11	855	536	1 402	

五、20公顷以上成片养殖池塘分布

吉安市水产养殖水体资源遥感监测结果如表2-10-2所示。

表2-10-2 吉安市20公顷以上成片池塘分布情况

地 区	数量（片）	面 积（公顷）	全市合计（公顷）
市辖区	1	58	
吉安县	1	27	
安福县			
吉水县			
井冈山市			
遂川县			
泰和县	1	59	244
万安县	2	53	
峡江县	1	20	
新干县	1	27	
永丰县			
永新县			

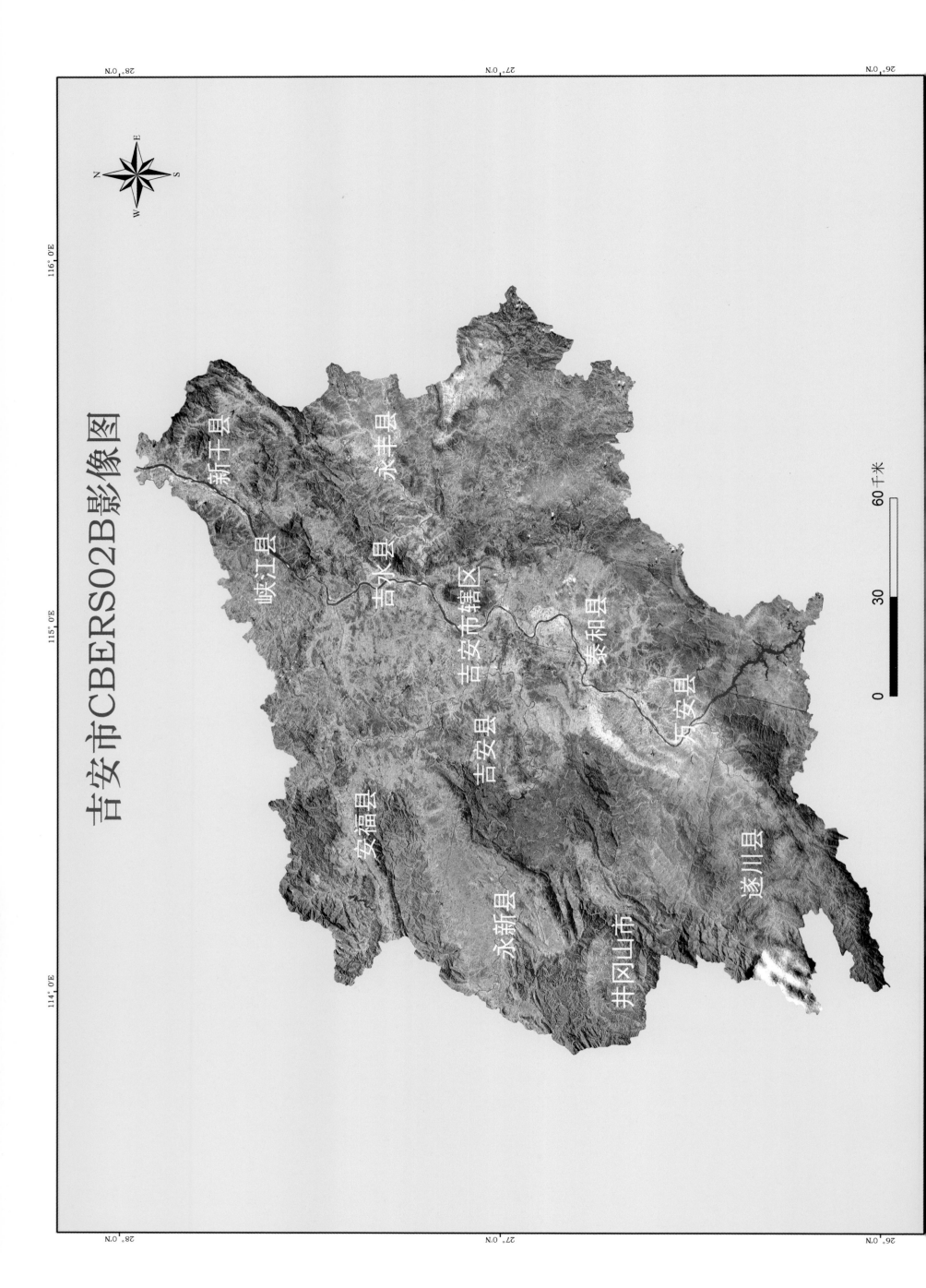

吉安市CBERS02B影像图

新干县
永丰县
峡江县
吉水县
吉安市辖区
吉安县
泰和县
安福县
永新县
井冈山市
遂川县
万安县

60千米
30
0

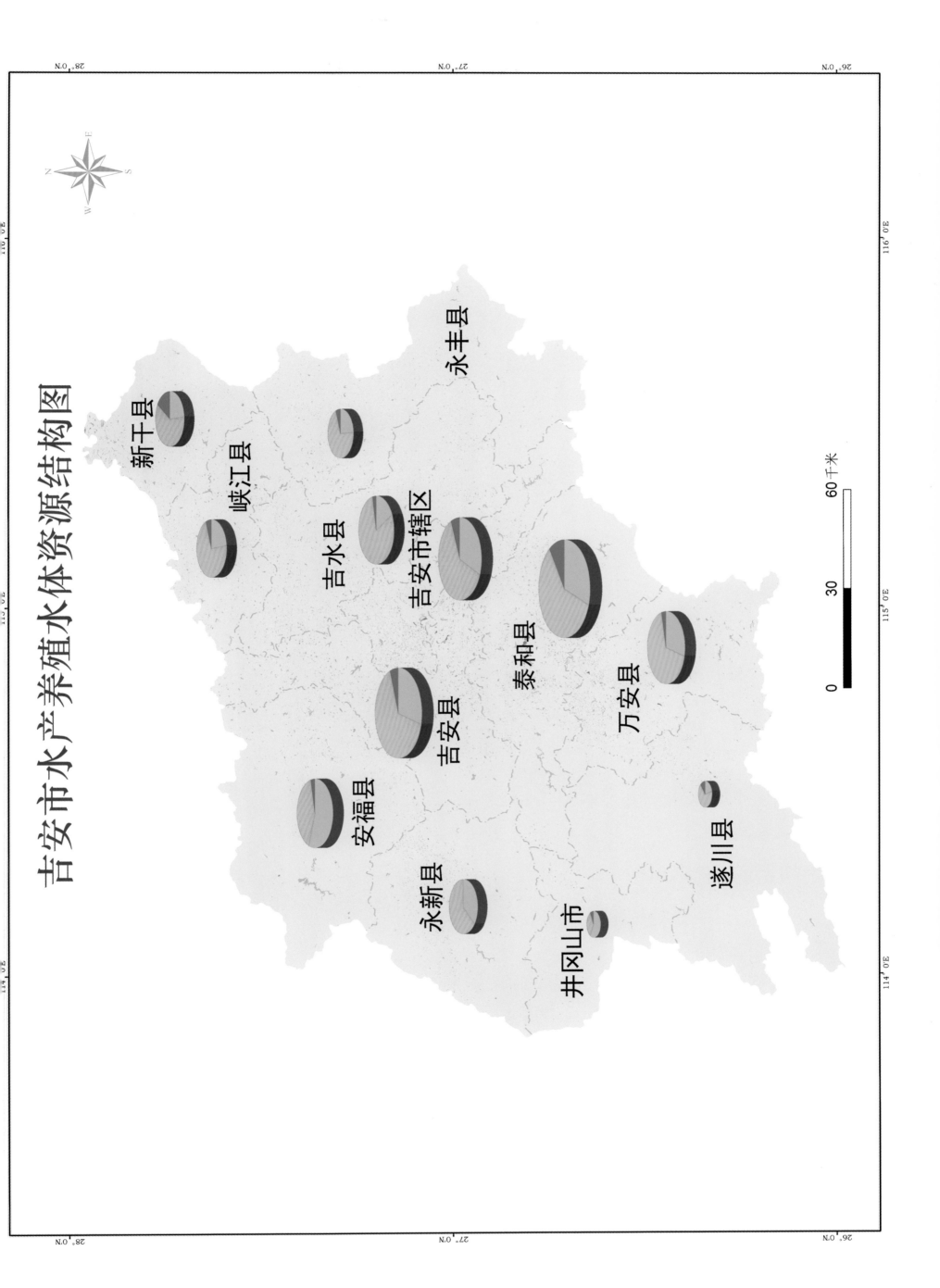

吉安市水产养殖水体资源结构图

新干县

峡江县

永丰县

吉水县

吉安市辖区

泰和县

吉安县

万安县

安福县

永新县

井冈山市

遂川县

0   30   60 千米

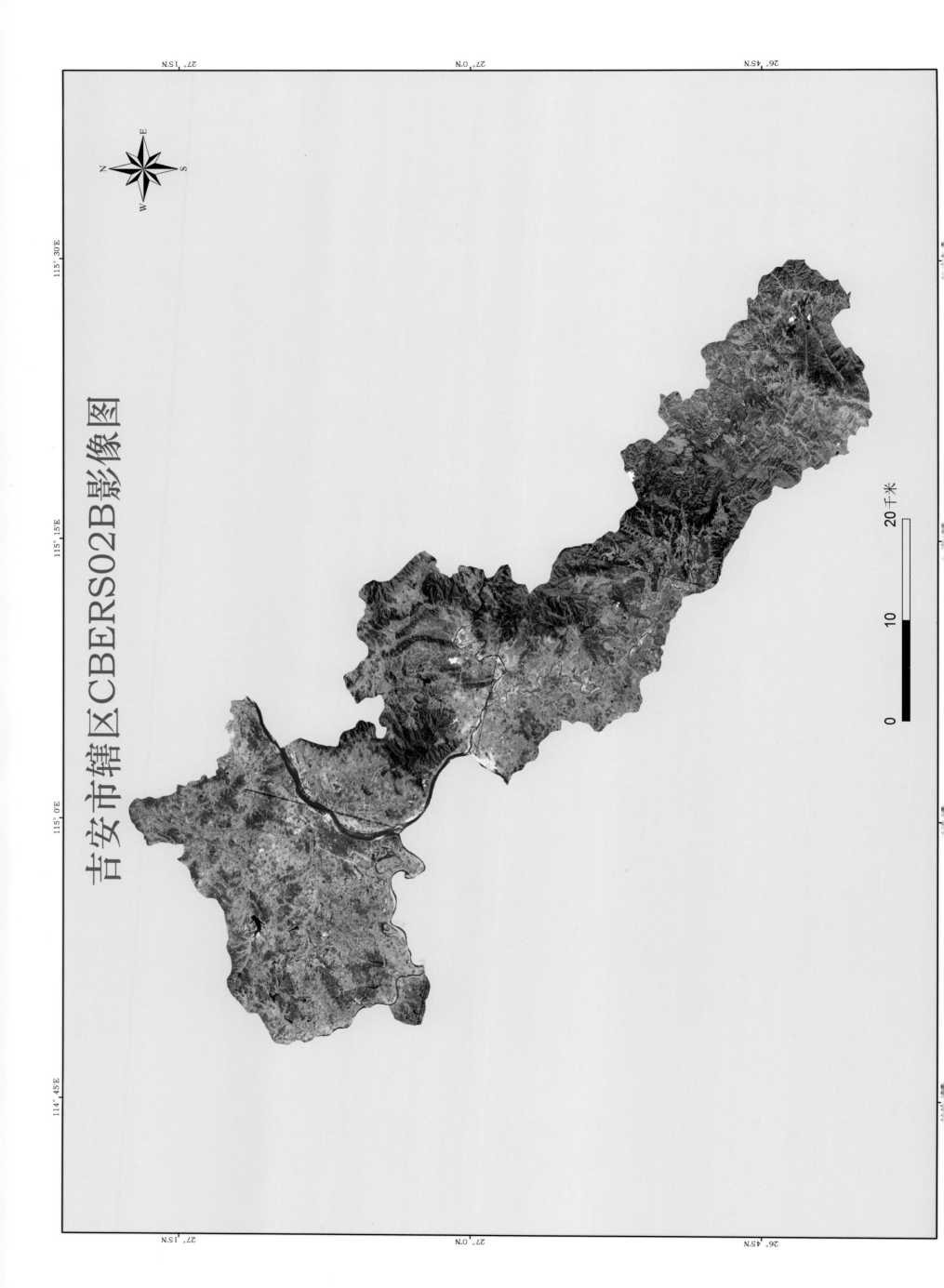

吉安市辖区CBERS02B影像图

188

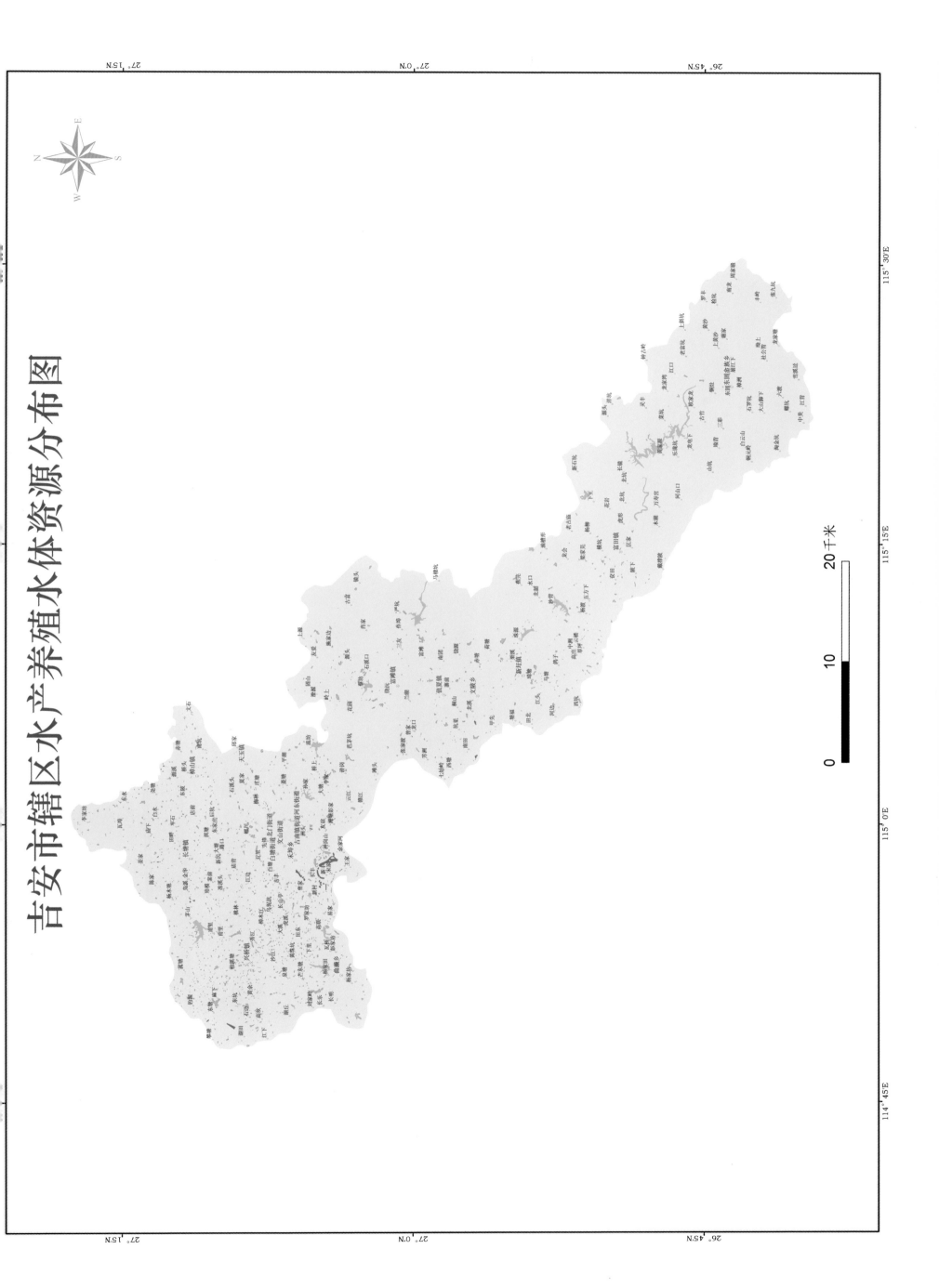

吉安市辖区水产养殖水体资源分布图

吉安县CBERS02B影像图

吉安县水产养殖水体资源分布图

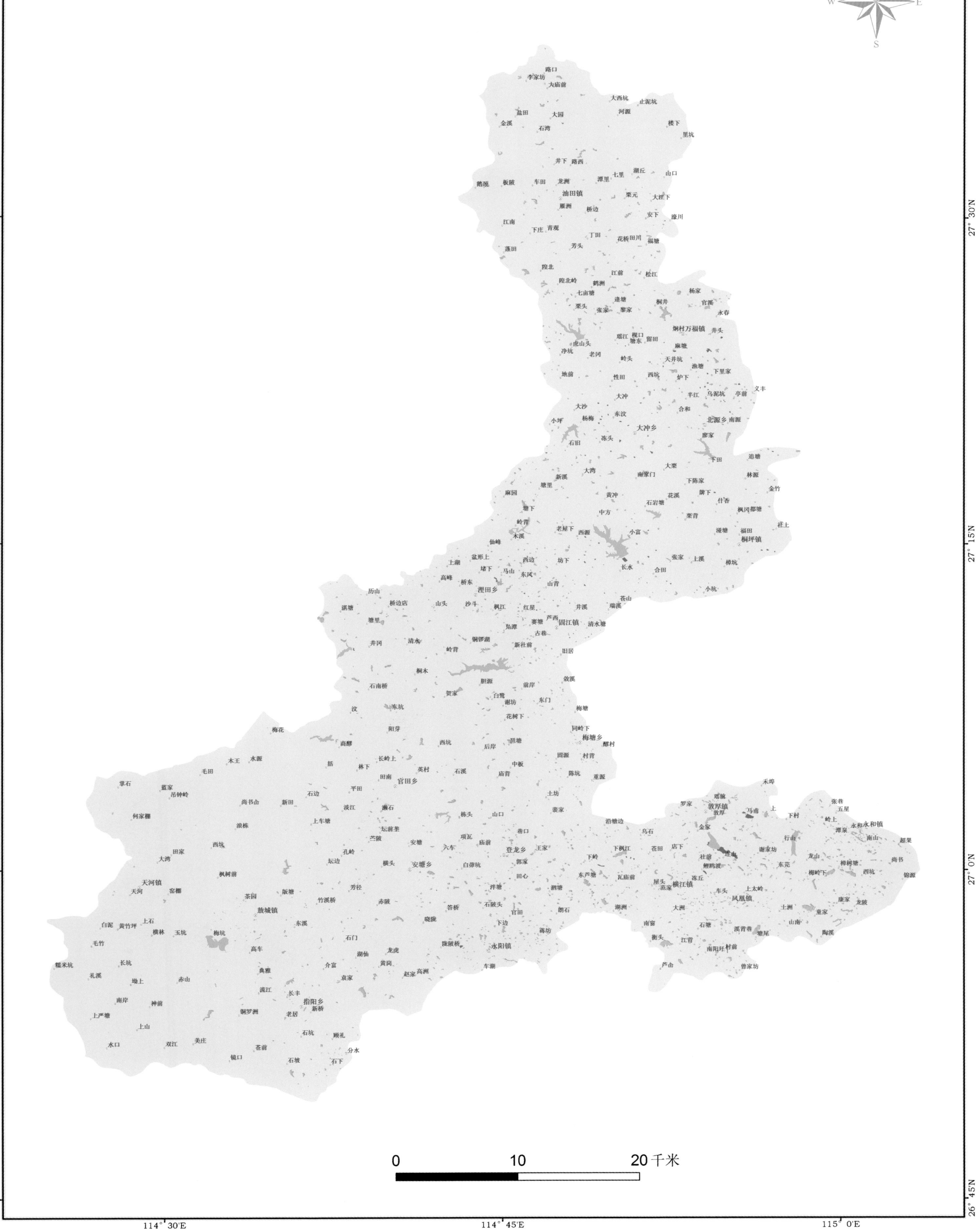

114° 30′E
114° 45′E
115° 0′E
27° 30′N
27° 15′N
27° 0′N
26° 45′N
N
S
W
E
油田镇
万福镇
北源乡
大冲乡
桐坪镇
浬田乡
固江镇
梅塘乡
官田乡
安塘乡
登龙乡
敦厚镇
永和镇
横江镇
凤凰镇
天河镇
敖城镇
指阳乡
永阳镇
0
10
20千米

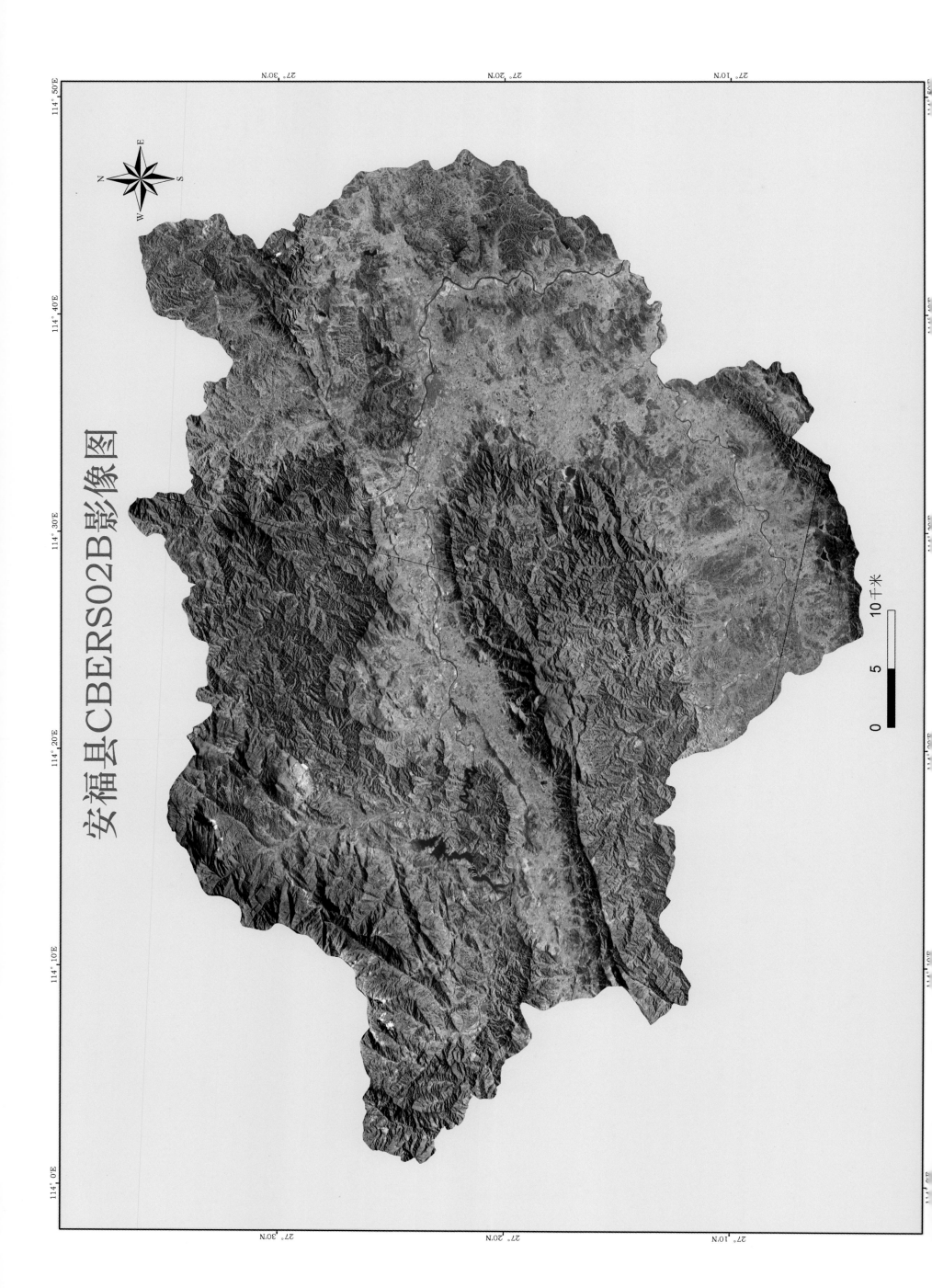

安福县CBERS02B影像图

10千米

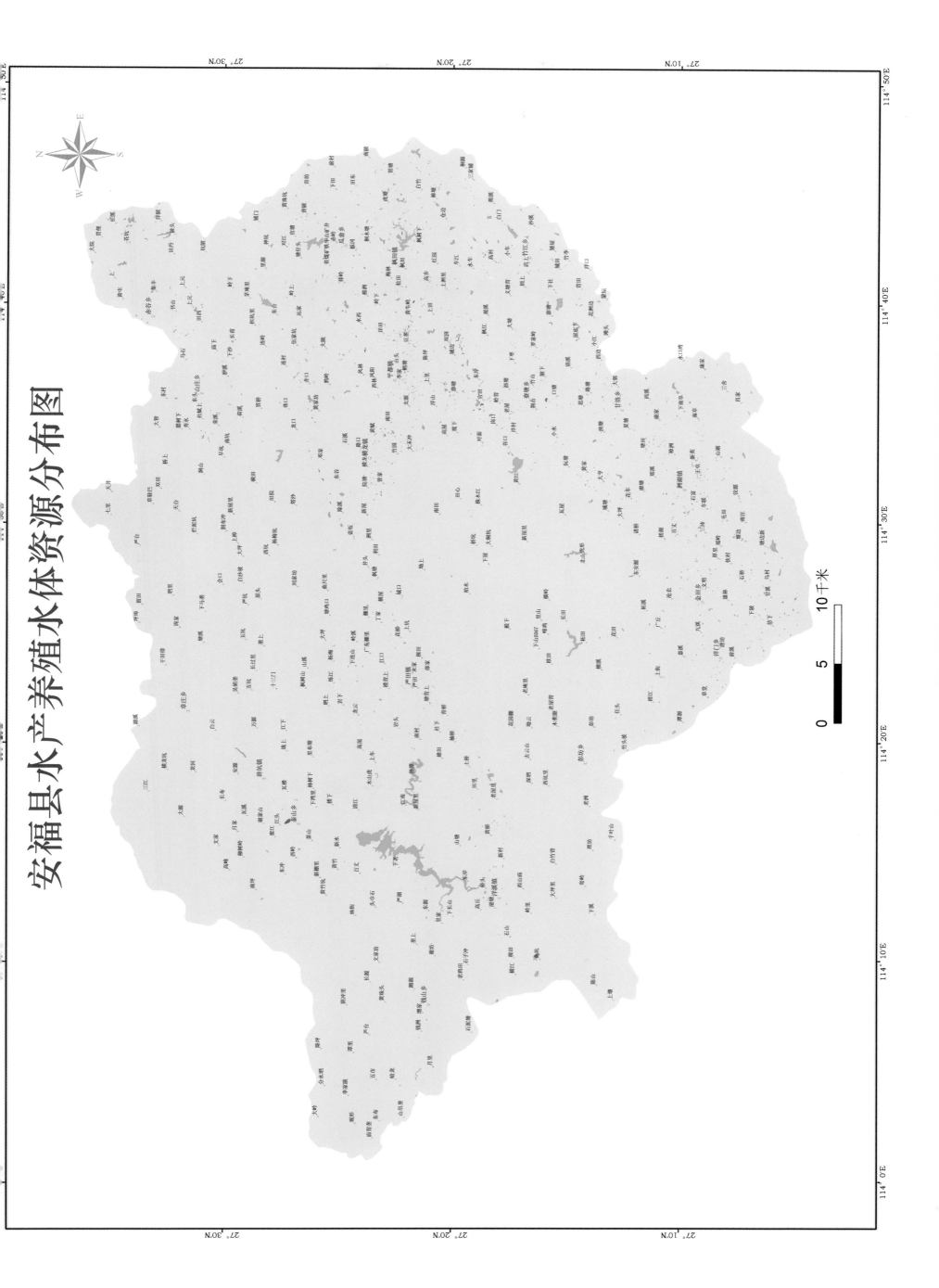

安福县水产养殖水体资源分布图

0 5 10千米

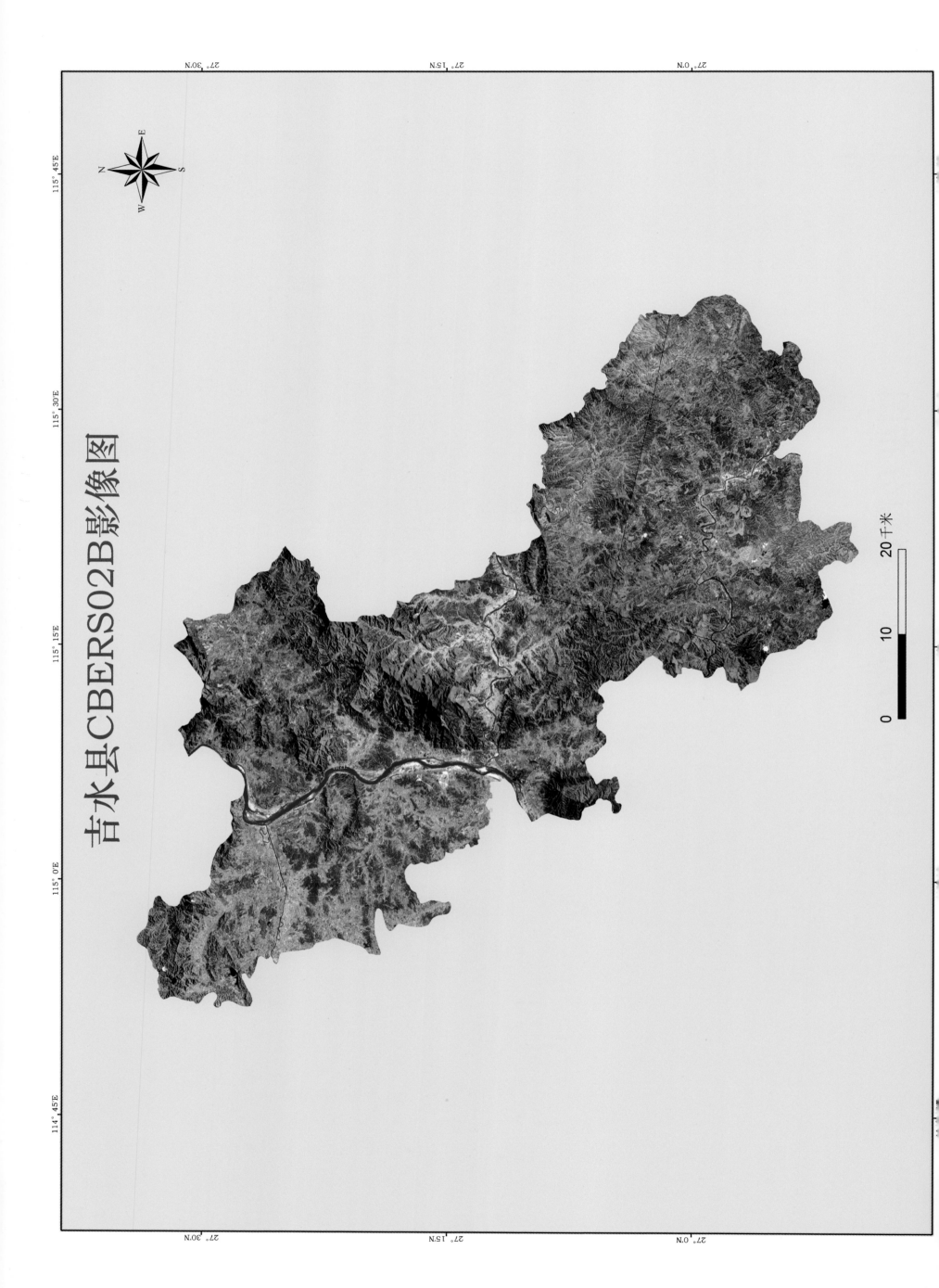

吉水县CBERS02B影像图

20千米

10

0

114°45'E   115°0'E   115°15'E   115°30'E   115°45'E

27°30'N   27°15'N   27°0'N

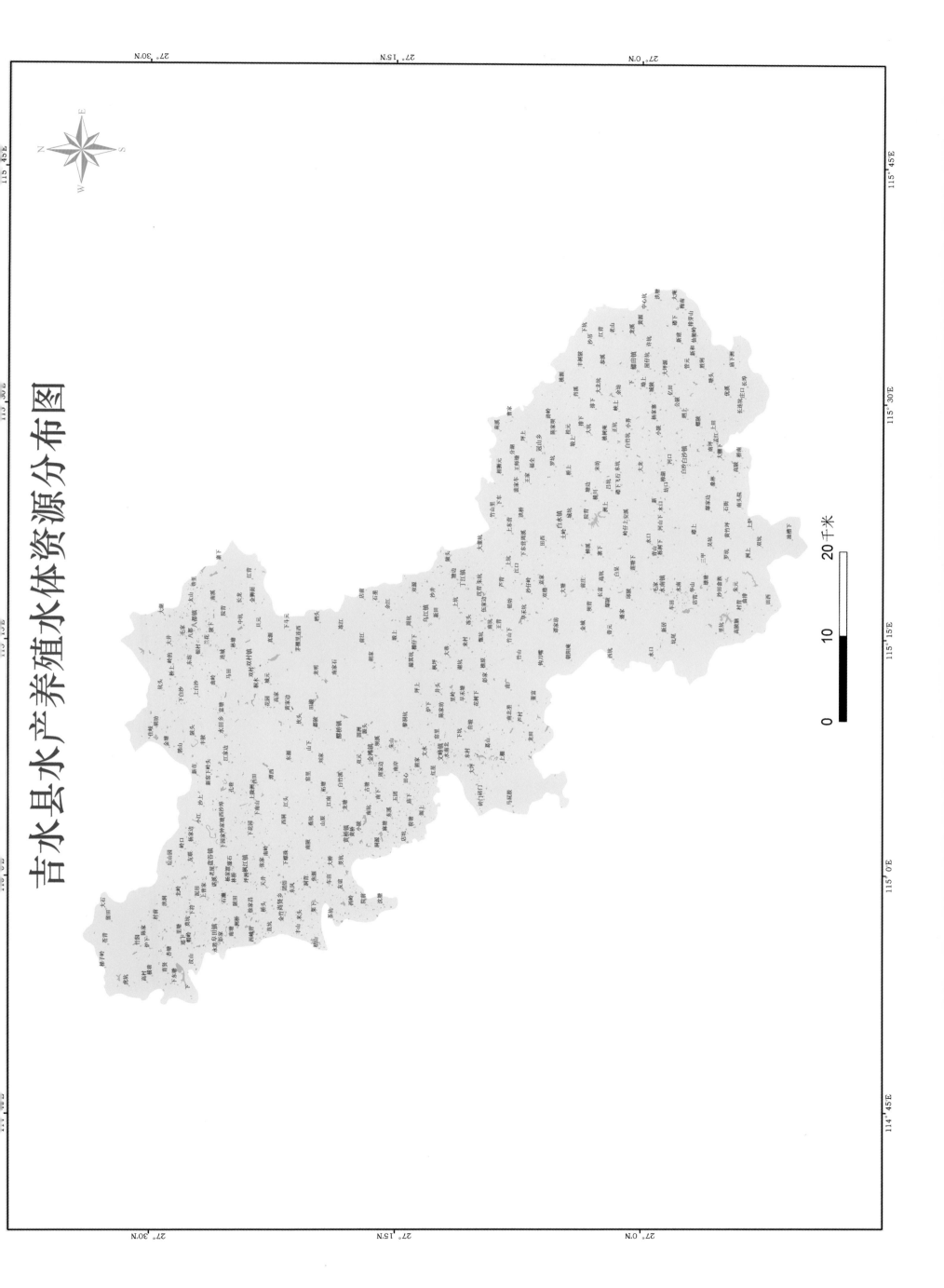

吉水县水产养殖水体资源分布图

195

井冈山市CBERS02B影像图

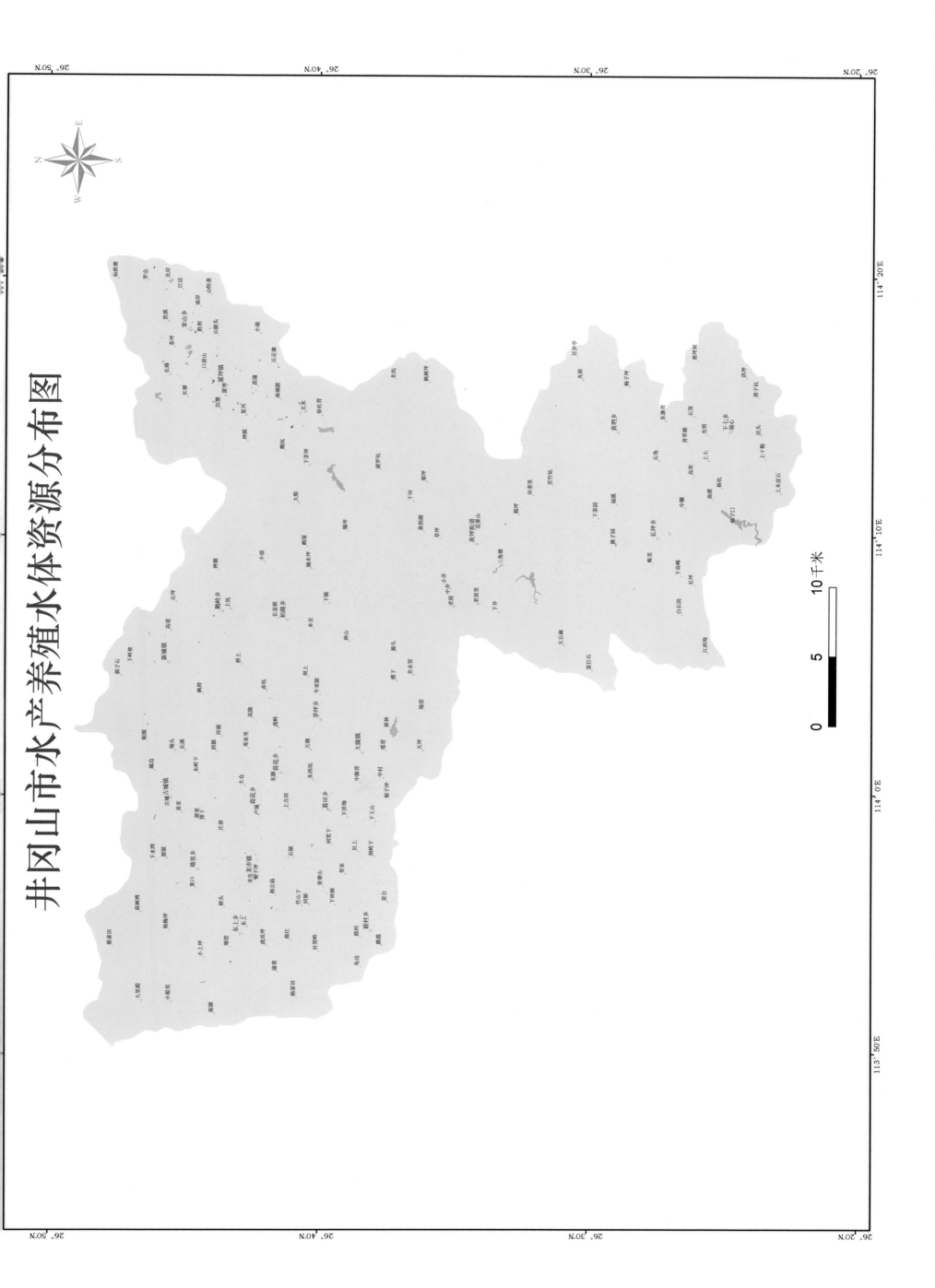

井冈山市水产养殖水体资源分布图

0　　　5　　　10千米

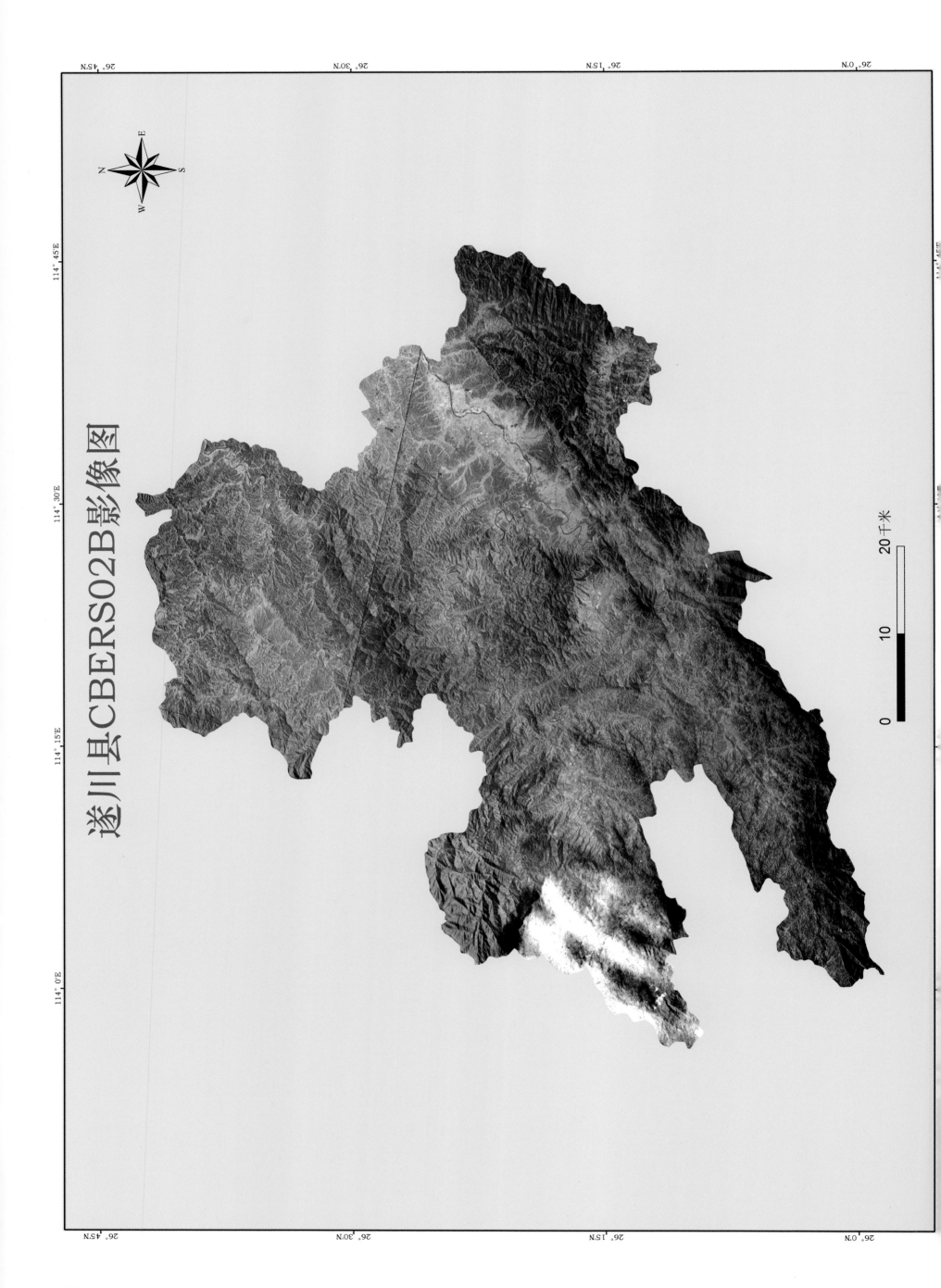

遂川县CBERS02B影像图

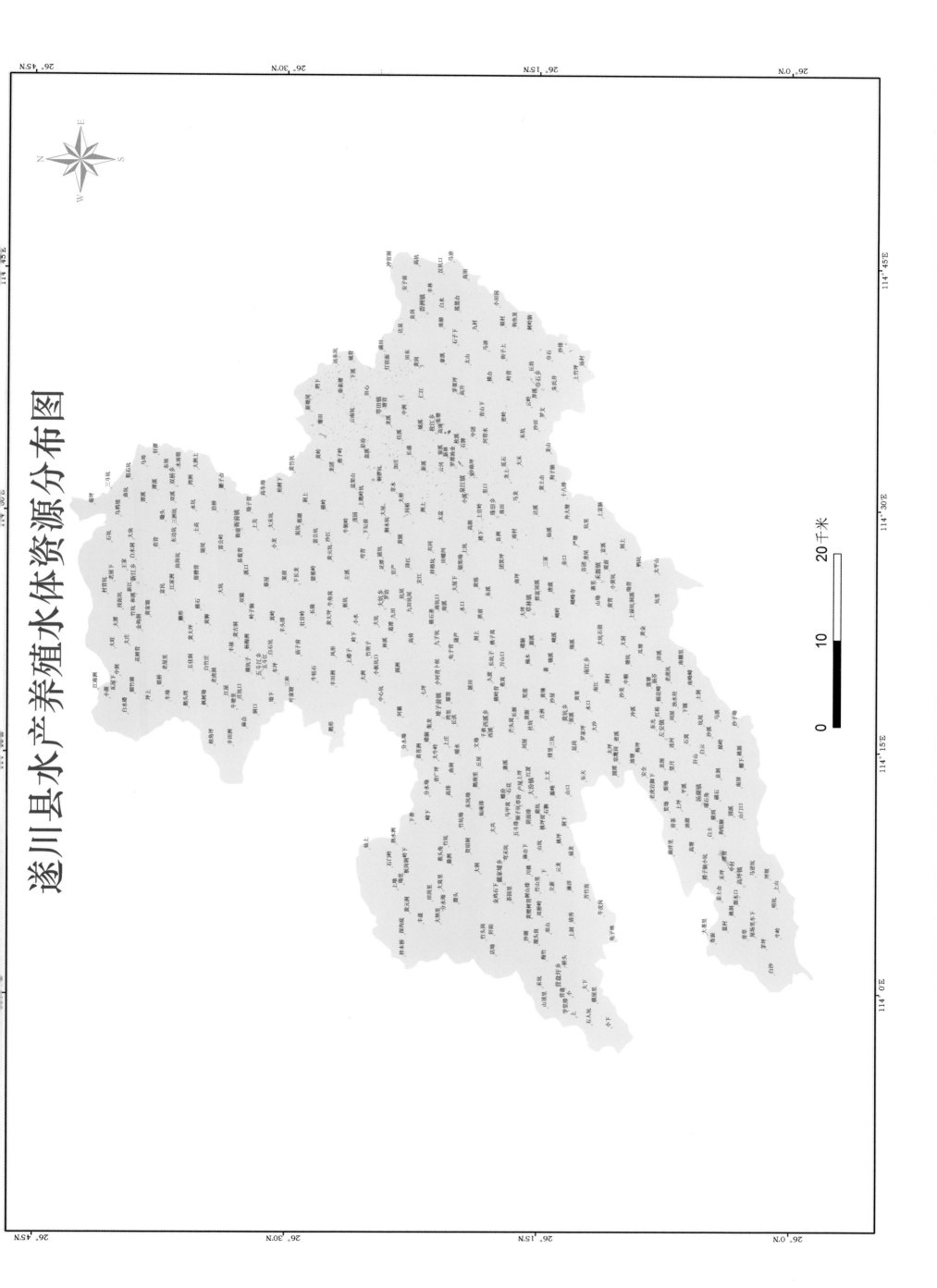

遂川县水产养殖水体资源分布图

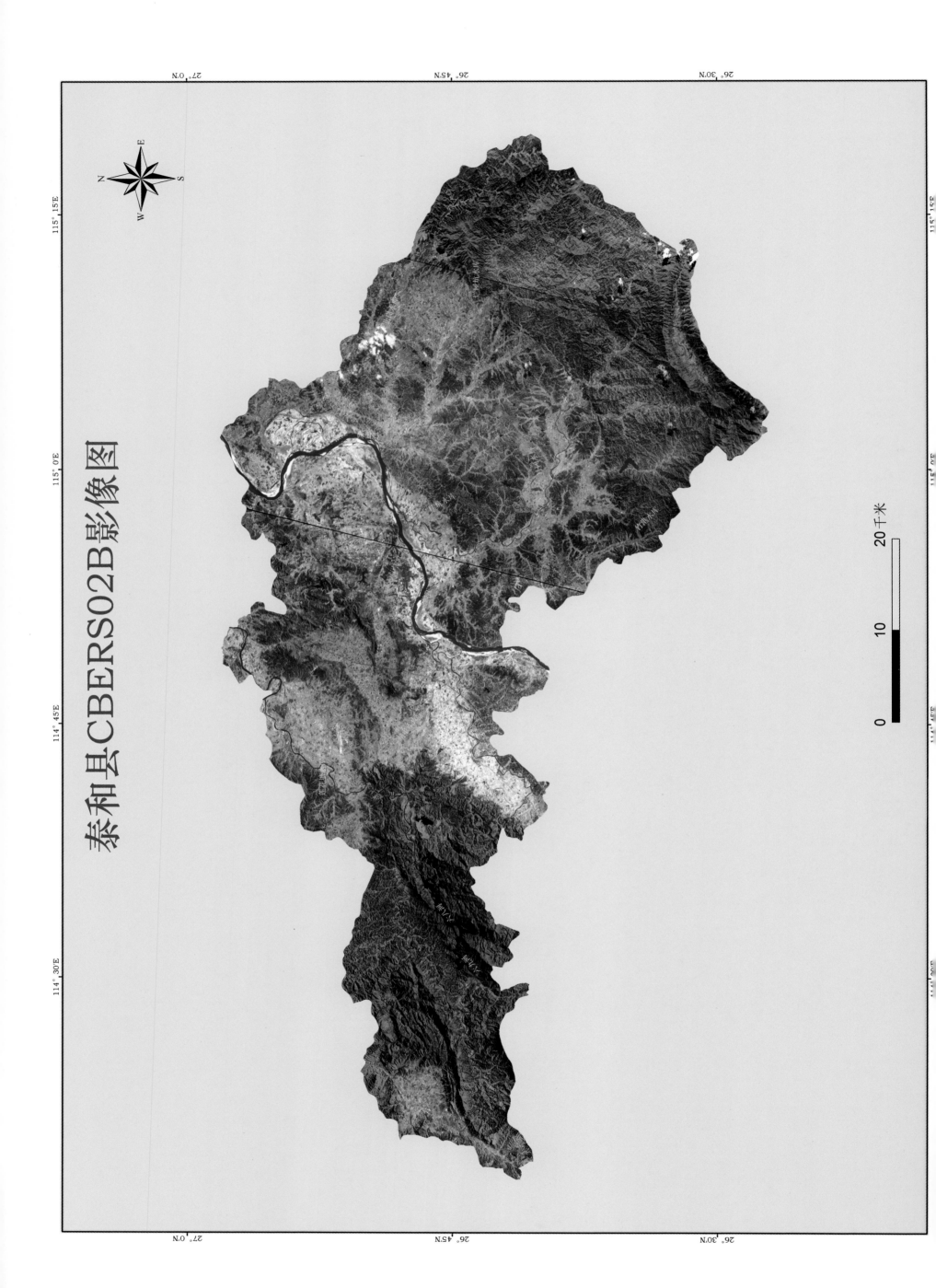

泰和县CBERS02B影像图

200

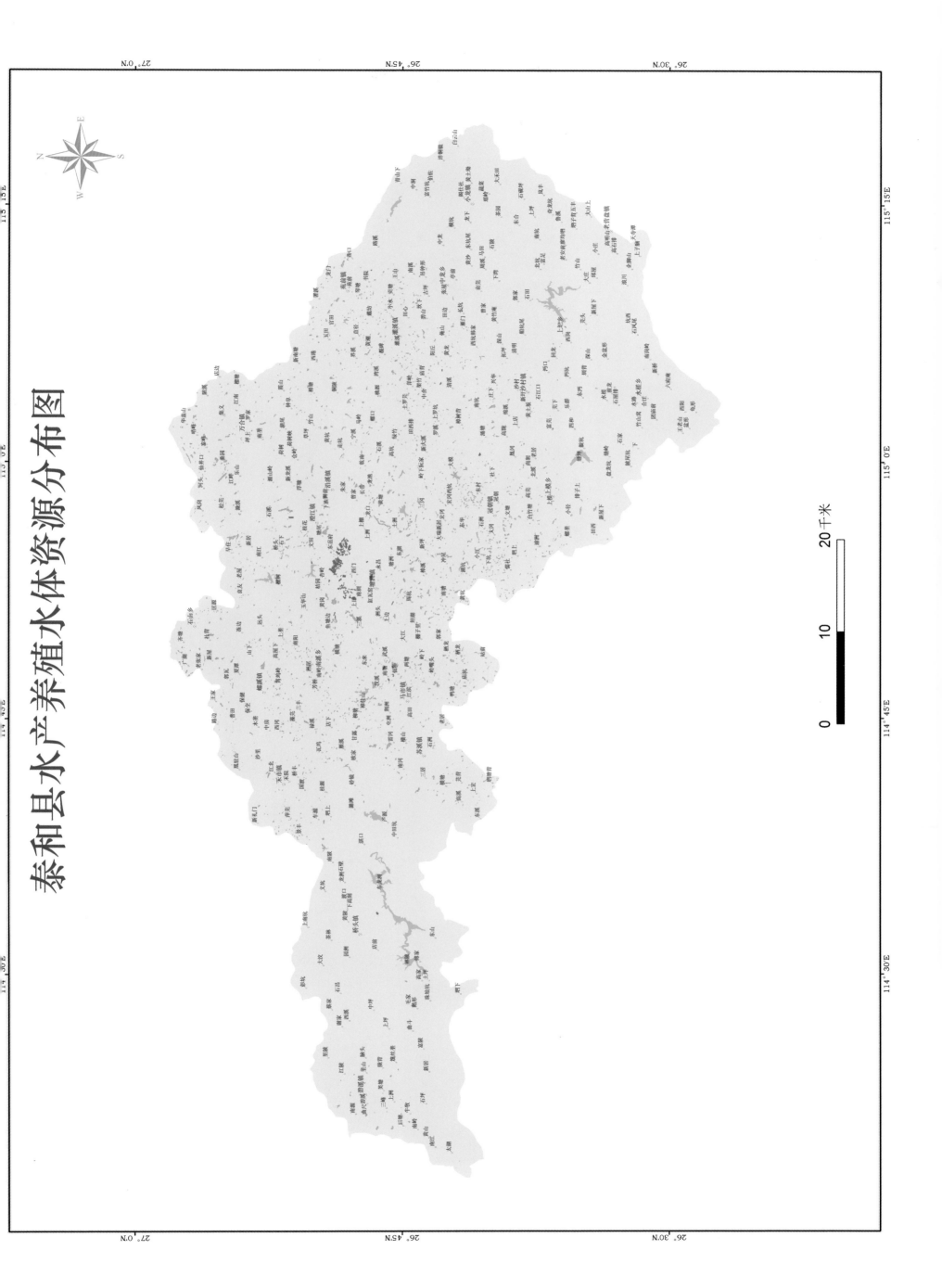

泰和县水产养殖水体资源分布图

20千米

万安县CBERS02B影像图

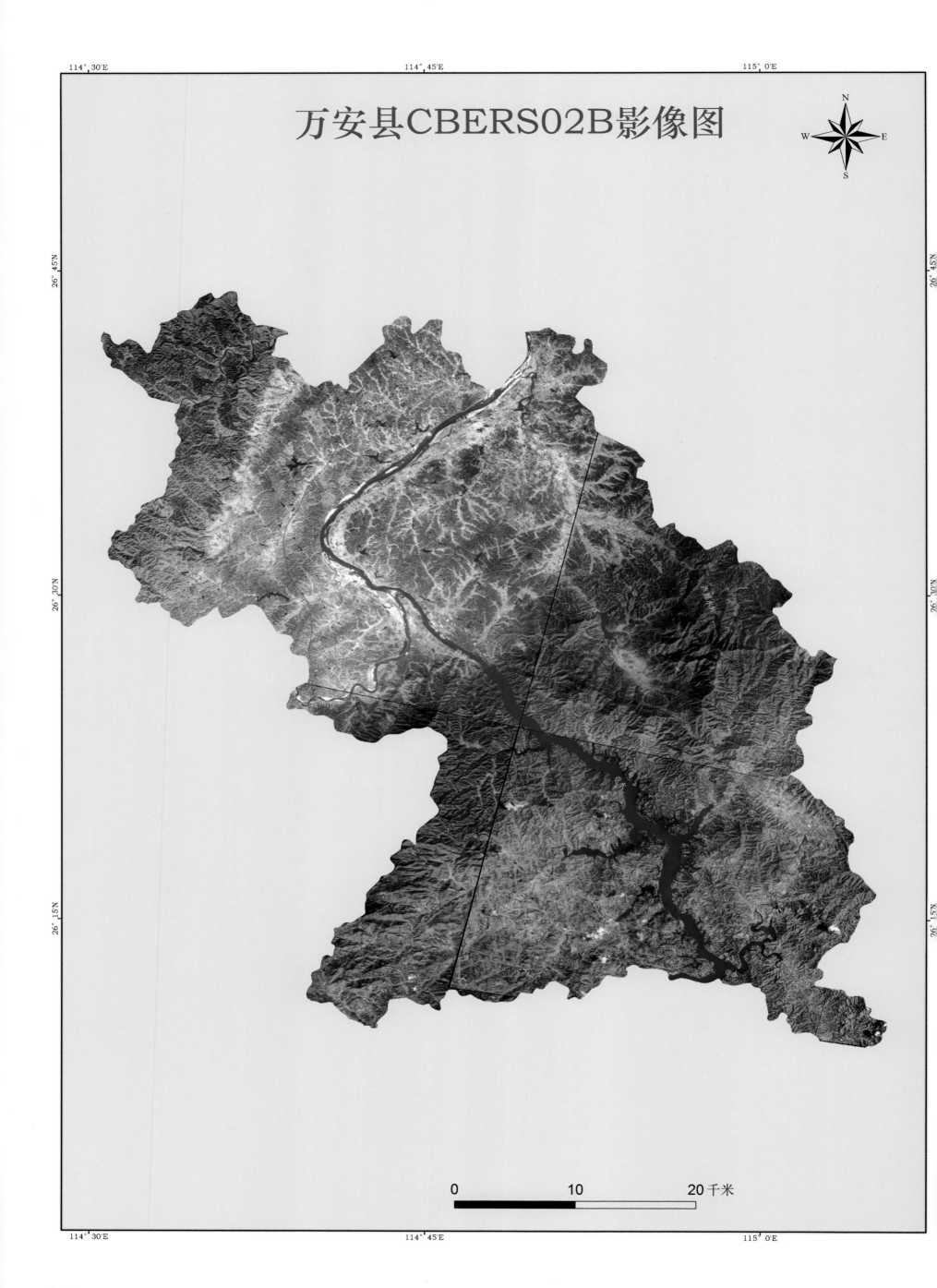

万安县水产养殖水体资源分布图

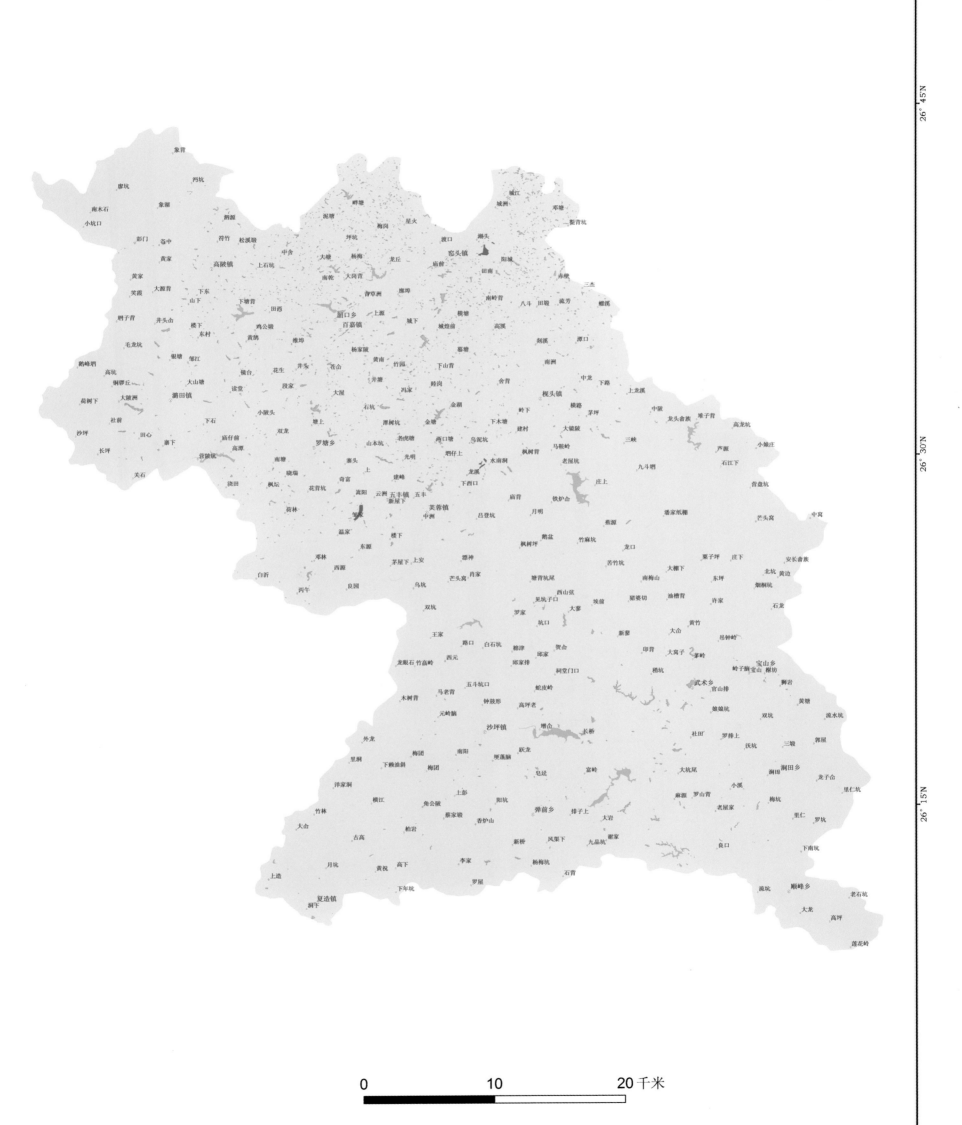

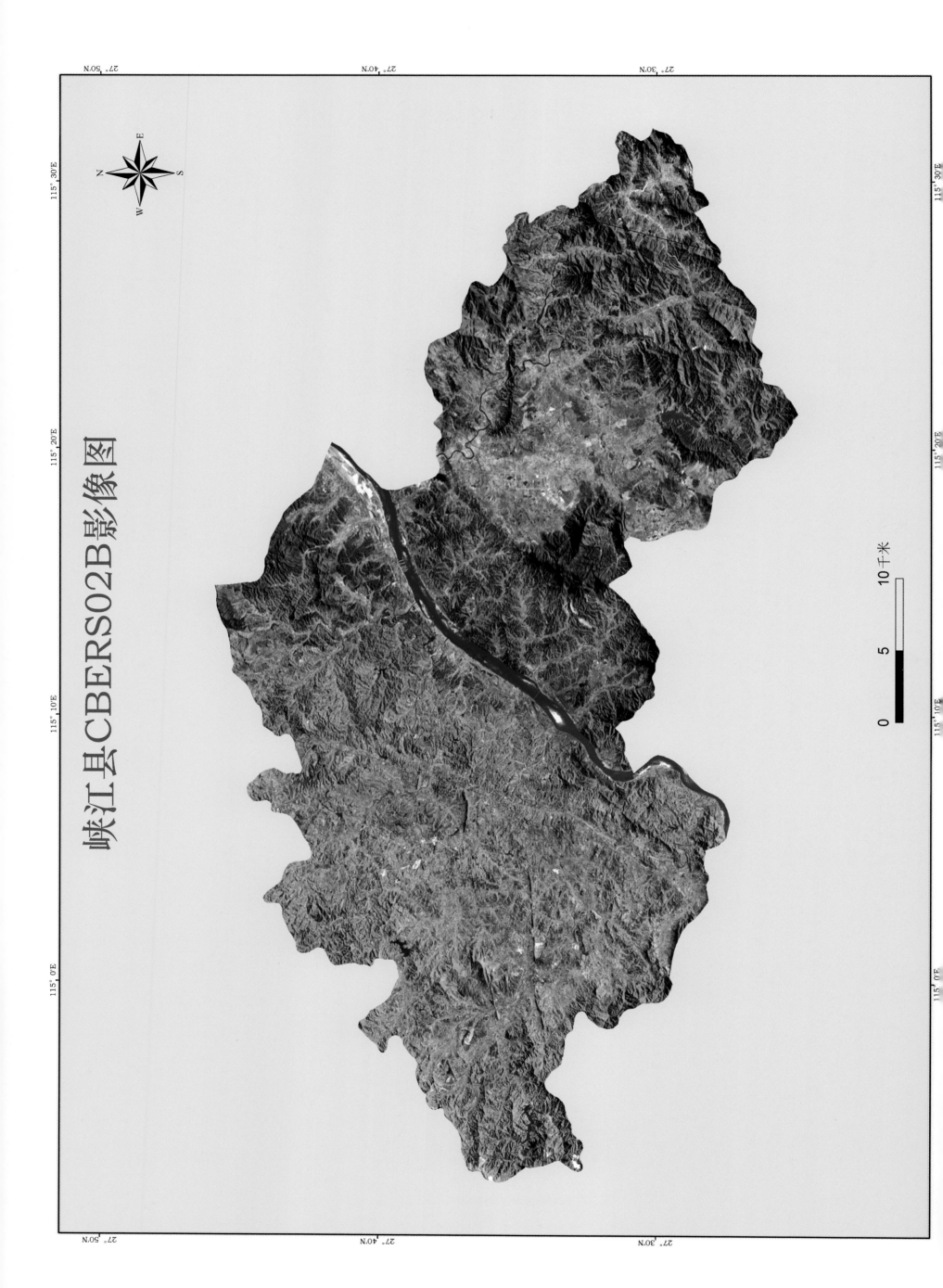

峡江县CBERS02B影像图

0　　　5　　　10千米

峡江县水产养殖水体资源分布图

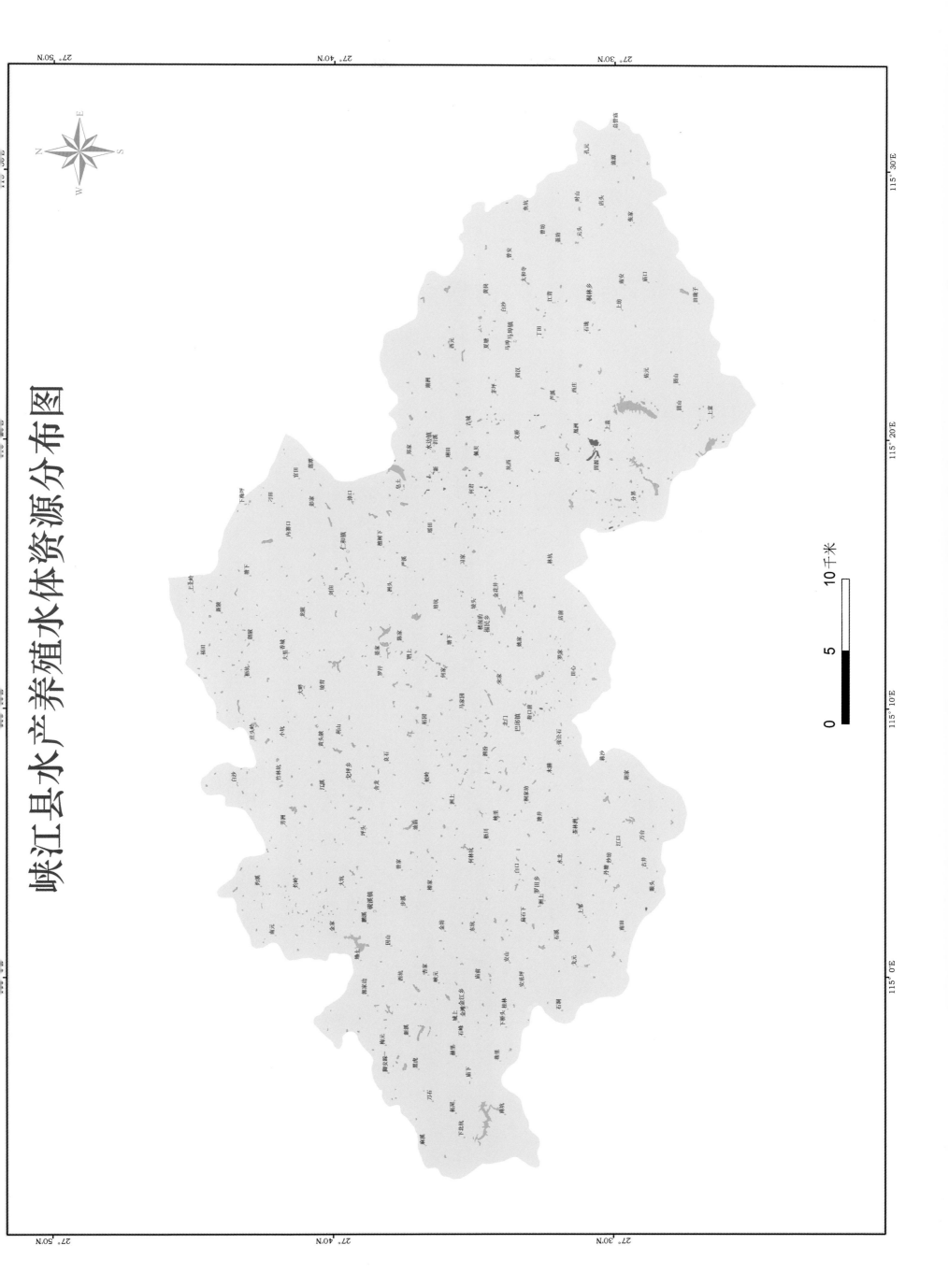

0   5   10千米

新干县CBERS02B影像图

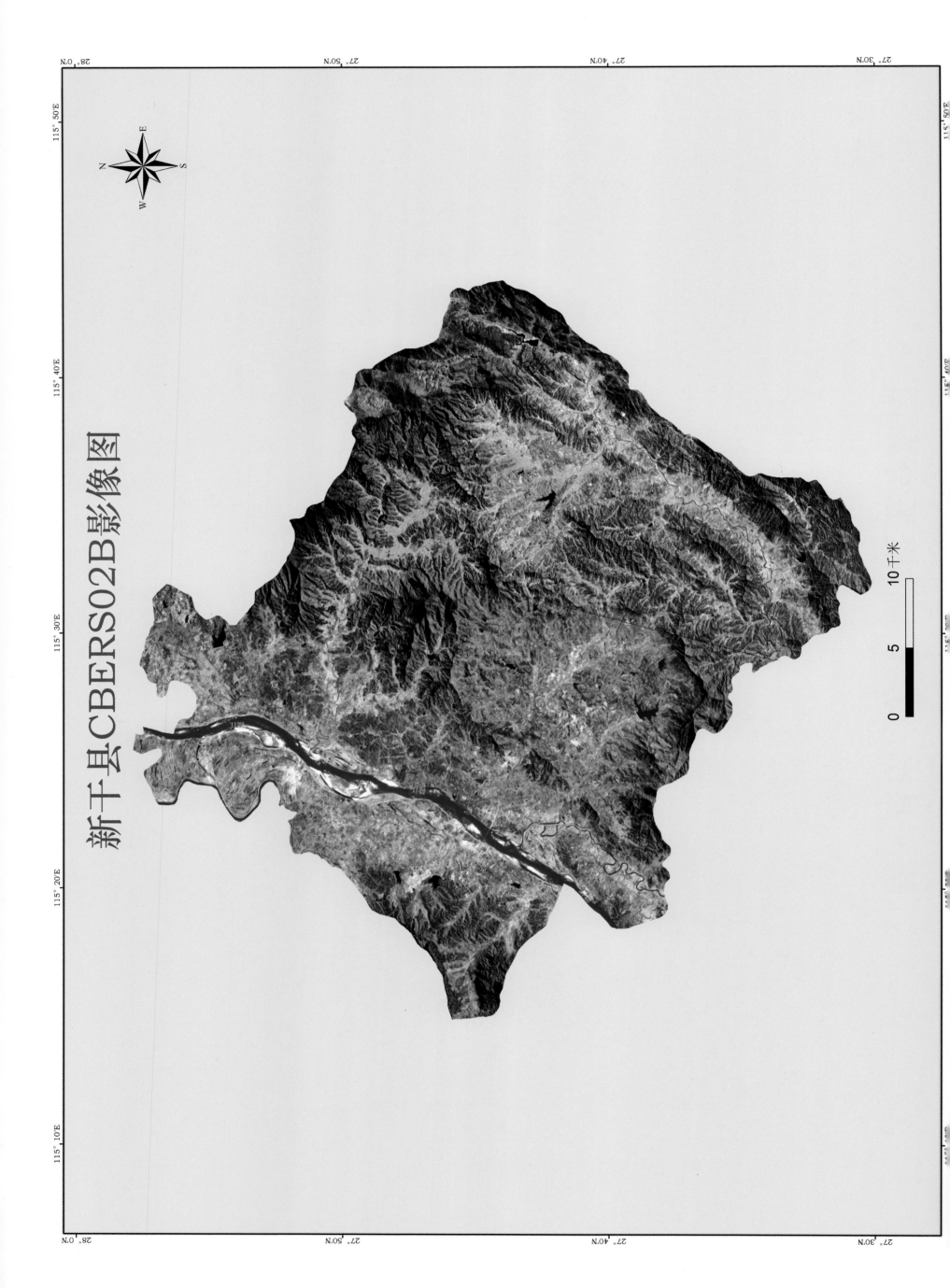

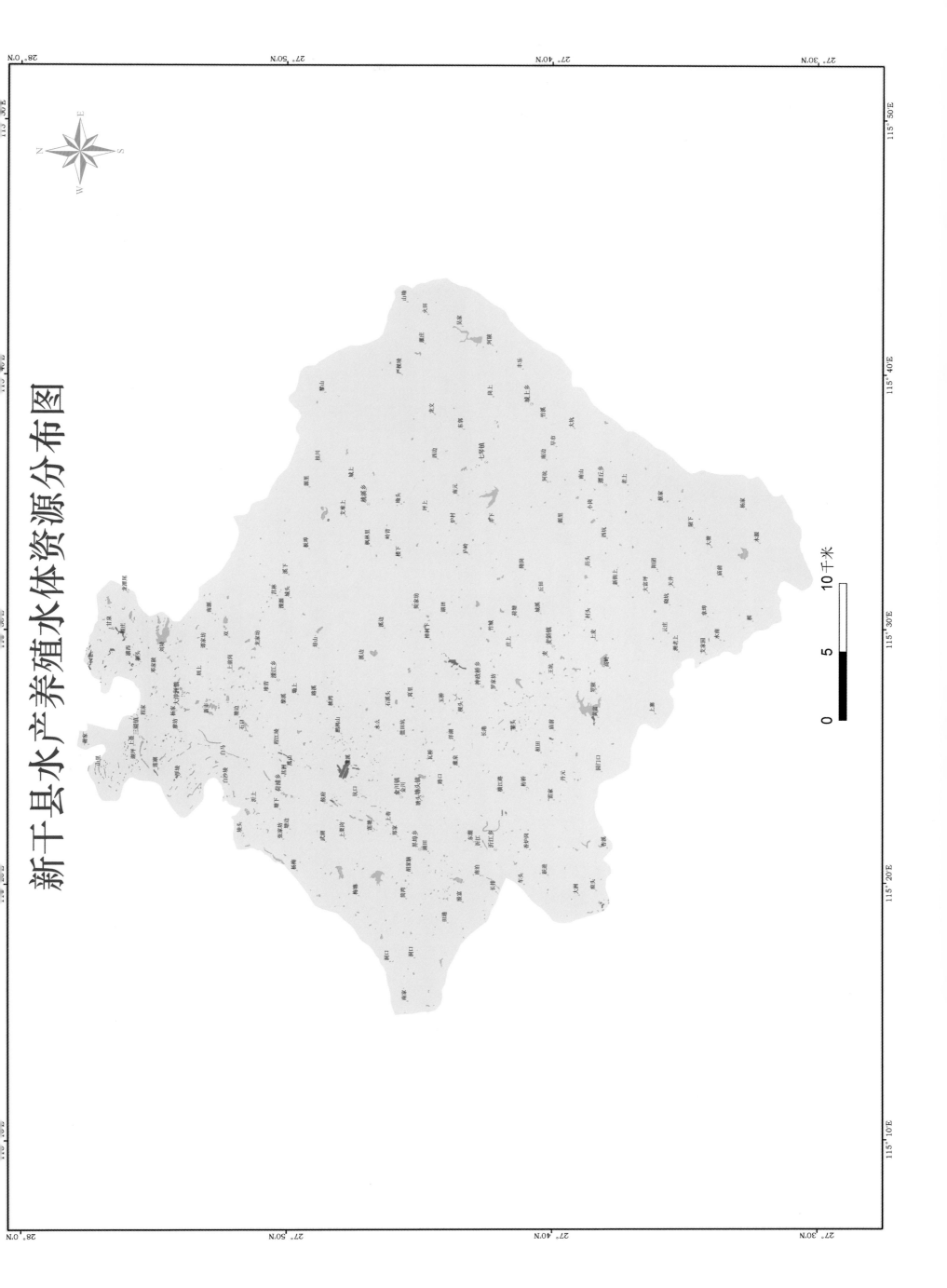

新干县水产养殖水体资源分布图

0 5 10千米

永丰县CBERS02B影像图

永丰县水产养殖水体资源分布图

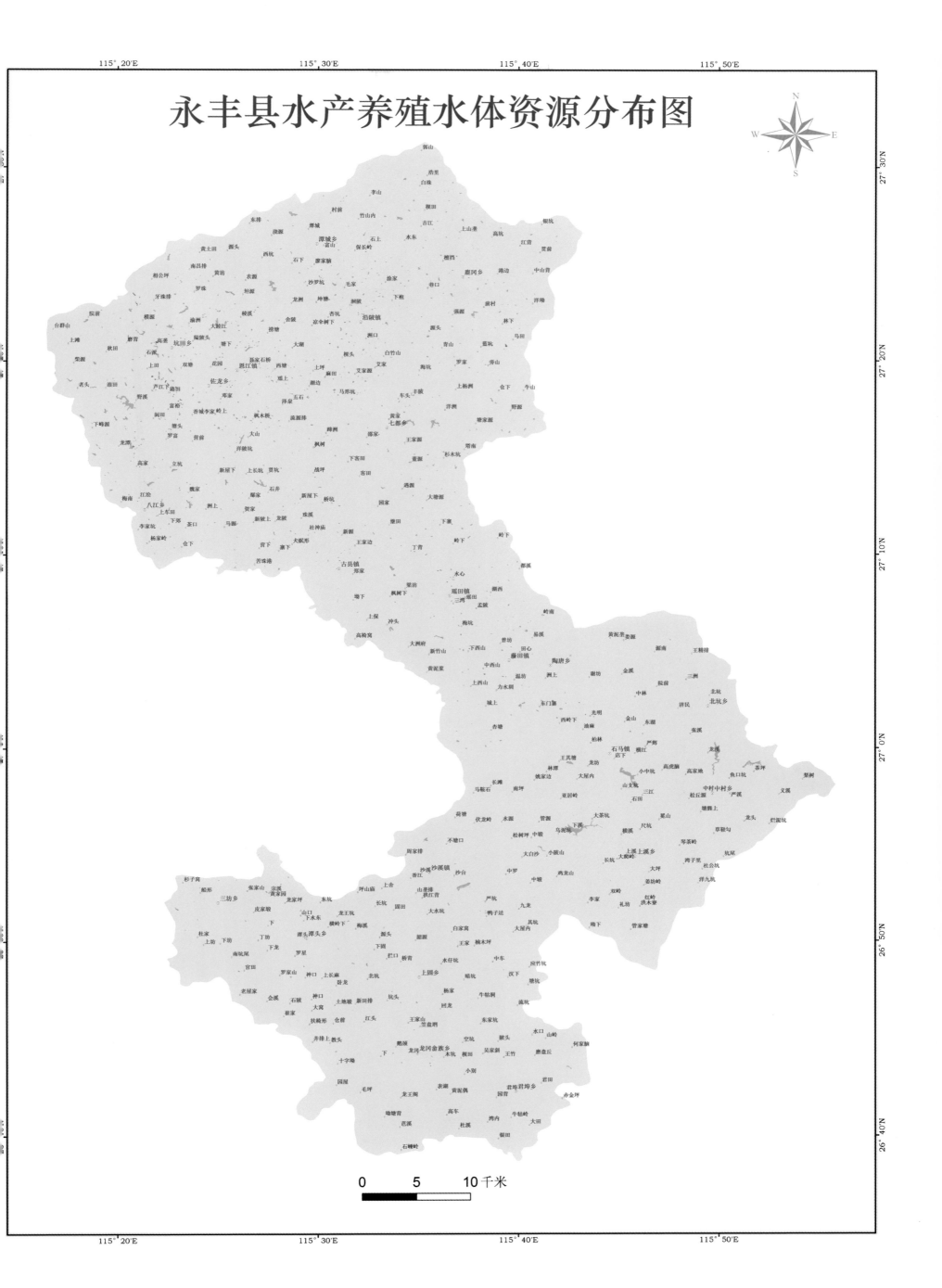

0 5 10千米

永新县CBERS02B影像图

永新县水产养殖水体资源分布图

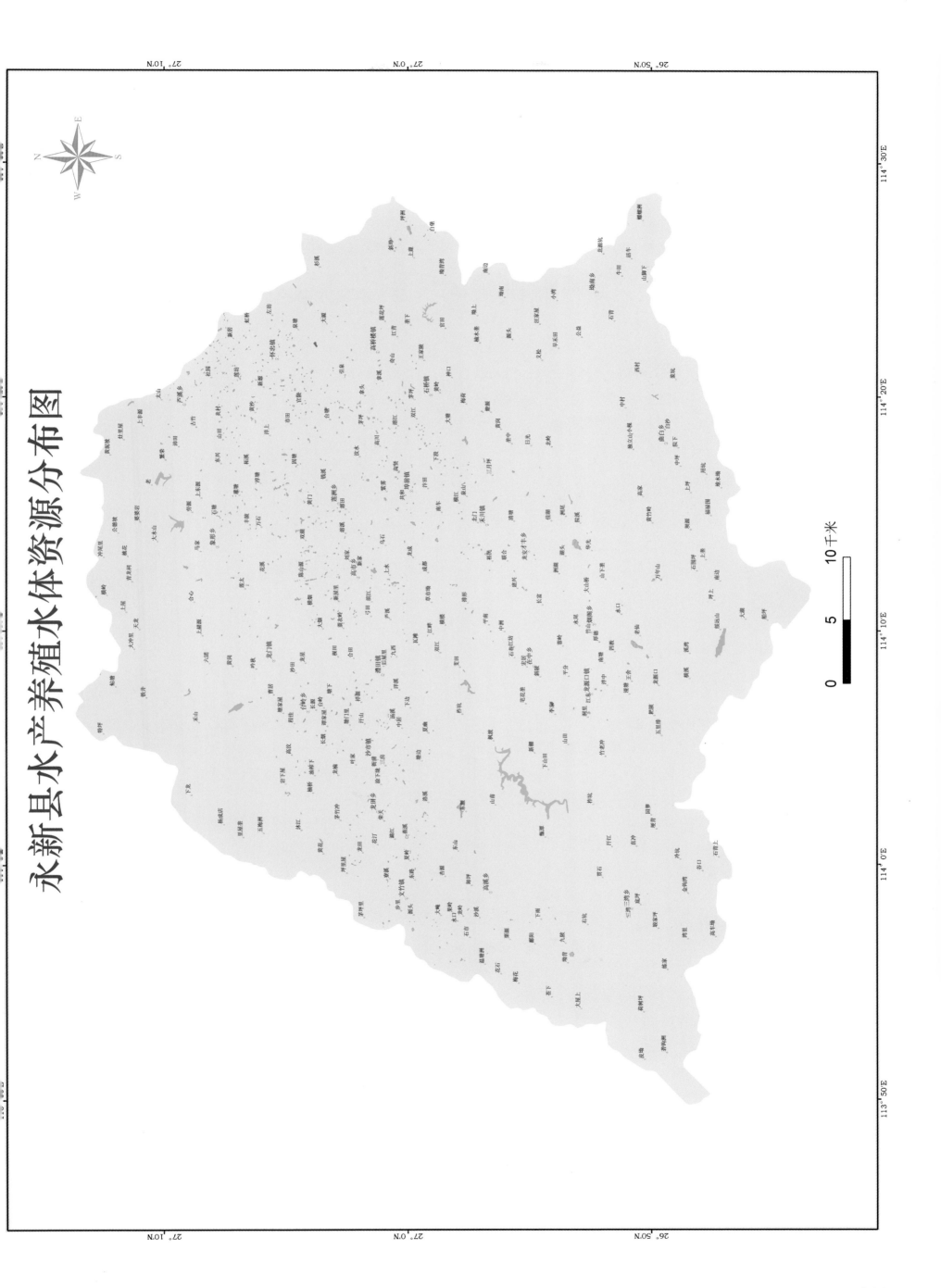

0   5   10千米

第十一节 抚州市

一、自然水资源与生物资源条件

抚州市位于江西省东部,自古有"控带闽越,襟领江湖"之称,属亚热带气候区。全市下辖11个县(区)总面积18 816.92平方千米。全境四季分明、气候温和、雨量适中,年平均降水量1 700毫米,雨量分布特点是东多西少,山区多平原少,全年平均气温16.9~18.2℃,年平均径流量为174.5亿立方米左右,适宜鱼类生长天数为240余天。

1. 河流

抚州市水域资源丰富,河沟渠道纵横交错,水库、池塘星罗棋布。全市总水面积9.25万公顷,占全市总面积的4.69%。其中河流4.92万公顷,占总水面积的53.19%。抚州市河流分属长江流域鄱阳湖水系的抚河、赣江、信河水系。抚河是抚州市最大河流,也是江西省第二大河流,该河发源于广昌县驿前镇梨木庄,干流总长350千米,流经境内长271千米,多年平均径流量为78.9亿立方米,流域面积为16 800平方千米。赣江水系主要河流在乐安县境内,流域面积为1 422平方千米。信江水系河流分布在东乡、金溪、资溪3县,流域面积为1 560平方千米。此外,还有直接流入鄱阳湖的润溪河,发源于东乡县北部愉怡乡眉毛尖,全长21千米,市内流域面积为116.2平方千米。

2. 水库

抚州市境内水库面积约为2.81万公顷,占总水面积的30.3%。第一大水库为洪门水库,横跨南城、黎川2县,面积6 933.33万公顷,为江西省四大水库之一;第二大水库为廖坊水库,面积3 733.33公顷。此外,还有中型水库25座、小(一)型水库162座、小(二)型水库988座。大部分水库区植被丰茂,水质清晰无污染,大中型水库适宜网栏和网箱养殖,小型水库适宜水产综合开发利用。

3. 水生生物资源

抚州市鱼类资源丰富,共有鱼类125种,分属15科。其中鲤科鱼类61种,为本市鱼类资源的主要组成部分。胭脂鱼科、鲶科、胡子鲶科、鳗鲡科、合鳃科、鳅科、刺鳅科各1种,鳢科、虾虎鱼科、攀鲈科、塘鳢科等皆有2种;鳅科、脂科各4种;鮠科12种。主要的经济鱼类有鲤鱼、鲫鱼、草鱼、鲢、鳙、长春鳊、团头鲂、三角鲂、黄颡鱼、鲶鱼、乌鳢、鳜鱼、泥鳅、黄鳝、甲鱼、鳗鲡等,其产量占全市水产品总产量的95%左右。主要水生经济动物有龟、鳖、三角帆蚌、皱纹冠蚌、背角无齿蚌、沼虾、田螺、湖螺、椎实螺、蚬等。主要水生植物有芦苇、轮叶黑藻、马来眼子菜、菱角、芡实、喜旱莲子草、金鱼藻、蒿白等几十种。

二、水产养殖基本情况

据渔业统计,2008~2010年抚州市淡水养殖产量分别为13.2万吨、13.25万吨、13.44万吨,养殖面积分别为3.63万公顷、3.63万公顷、3.72万公顷,渔业总产值分别为16.57亿元、17.64亿元、18.12亿元。

抚州市淡水养殖主要集中在南城县、市辖区和黎川县,2008~2010年平均养殖产量依次为2.72万吨、1.9万吨和1.52万吨,继而是东乡县、金溪县、崇仁县、资溪县、乐安县、宜黄县、南丰县和广昌县,分别为1.41万吨、1.29万吨、1.15万吨、0.72万吨、0.69万吨、0.65万吨、0.64万吨和0.61万吨。2008~2010年抚州市各县(区)养殖产量如图2-11-1所示。

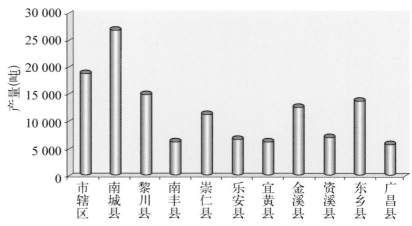

图2-11-1　2008~2010年抚州市各县(区)养殖平均产量构成

三、水产养殖特点

1. 主要水产养殖类型与方式

抚州市主要养殖类型有池塘养殖、湖泊养殖、水库养殖、河沟养殖与稻田养殖等,主要养殖方式有围栏养殖、网箱养殖、工厂化养殖等。

(1)**池塘养殖**:2010年,池塘养殖面积为10 991公顷,平均单产水平为6 029千克/公顷。

(2)**湖泊养殖**:2010年养殖面积为11公顷,平均单产水平为3 529千克/公顷。

(3)**水库养殖**:2010年养殖面积为23 442公顷,平均单产水平为2 278千克/公顷。

(4)**河沟养殖**:2010年养殖面积为2 690公顷,平均单产水平为2 251千克/公顷。

(5)**稻田养殖**:2010年养殖面积为11 450公顷,平均单产水平为626千克/公顷。

(6)**其他养殖**:2010年养殖面积为75公顷,平均单产水平为19 920千克/公顷。

2. 主要养殖品种结构

抚州市主要养殖品种有泥鳅、鳗鲡、鳖、鲶鱼、鳜鱼、黄鳝、乌鳢、鲈鱼、蛙等。2010年抚州市主要养殖品种产量构成如图2-11-2所示。

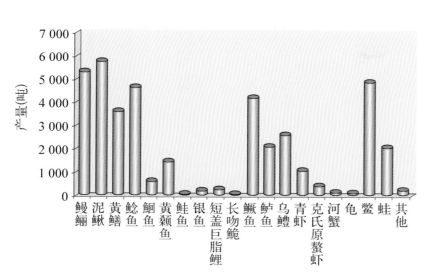

图2-11-2 2010年抚州市水产品种产量构成

3. 特色养殖

抚州市在稳定发展常规传统养殖品种的同时,大力发展特种水产养殖,已初步形成以鳗鱼、龟鳖类、蛙类、鳜鱼、鳅鳝类、中华绒鳌蟹、池蝶蚌育珠等为主体的,具有一定规模的养殖区,并初步形成了"一县一品、一地一品"区域板块优势产区发展模式。如黎川县、南丰县的龟鳖类养殖,养殖面积达1 200公顷;南丰县已成为全国甲鱼蛋苗主要集散地资溪、黎川等县的鳗鱼养殖,养殖面积达800公顷;南城、东乡、南丰等县的鳜鱼养殖,养殖面积达4 133.33公顷;以洪门水库为中心并辐射黎川、南城等县的珍珠养殖;黎川、宜黄、资溪等县的蛙类、大鲵养殖。

四、养殖水体资源遥感监测结果

抚州市水产养殖水体资源遥感监测结果如表2-11-1所示。

表2-11-1 抚州市水产养殖水体资源

地 区	内陆池塘（公顷）	水库、山塘（公顷）	大水面（公顷）	区县合计（公顷）	总 计（公顷）
市辖区	276	2 898	1 167	4 341	23 800
东乡县	402	2 417	1 504	4 323	

（续表）

地 区	内陆池塘（公顷）	水库、山塘（公顷）	大水面（公顷）	区县合计（公顷）	总 计（公顷）
崇仁县	100	1 156	226	1 482	
广昌县	9	243	365	617	
金溪县	80	783	676	1 539	
乐安县	29	600	97	726	
黎川县	89	315	2 004	2 408	23 800
南城县	539	550	5 468	6 557	
南丰县		578	450	1 028	
宜黄县	175	30	359	564	
资溪县	41	82	92	215	

五、20公顷以上成片养殖池塘分布

抚州市20公顷以上成片养殖池塘分布如表2-11-2所示。

表2-11-2 20公顷以上成片池塘分布情况

地 区	数 量（片）	面 积（公顷）	全市合计（公顷）
市辖区	1	36	
东乡县	2	66	
崇仁县			
广昌县			
金溪县			
乐安县			159
黎川县			
南城县	2	57	
南丰县			
宜黄县			
资溪县			

图2-11-3　南丰县斑鳜养殖基地

图 2-11-4　廖坊水库鳜鱼养殖网箱区

抚州市CBERS02B影像图

东乡县

抚州市辖区

金溪县

资溪县

崇仁县

南城县

乐安县

宜黄县

黎川县

南丰县

广昌县

0　　　20　　　40千米

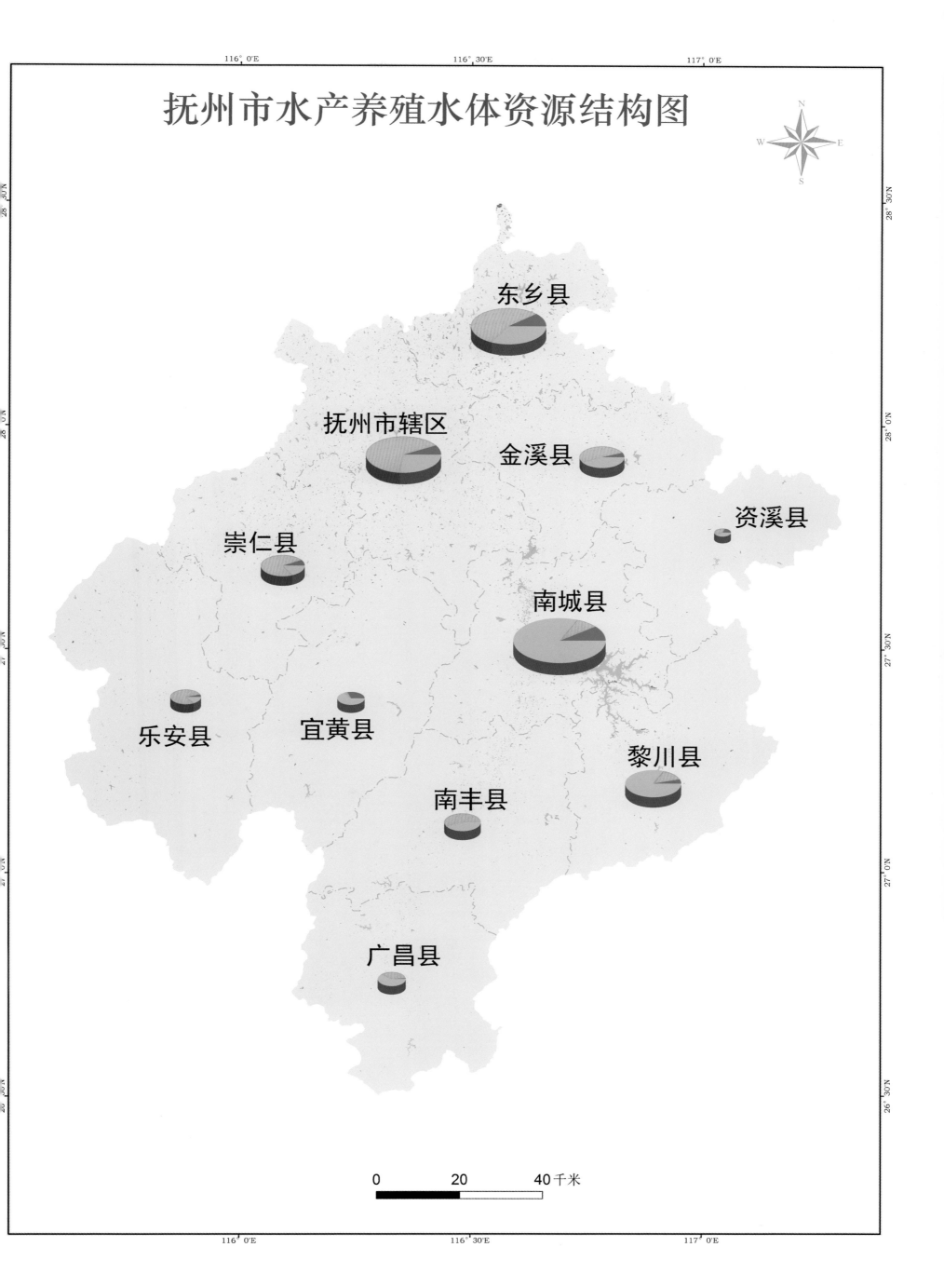

抚州市水产养殖水体资源结构图

东乡县

抚州市辖区

金溪县

资溪县

崇仁县

南城县

乐安县

宜黄县

黎川县

南丰县

广昌县

0　20　40千米

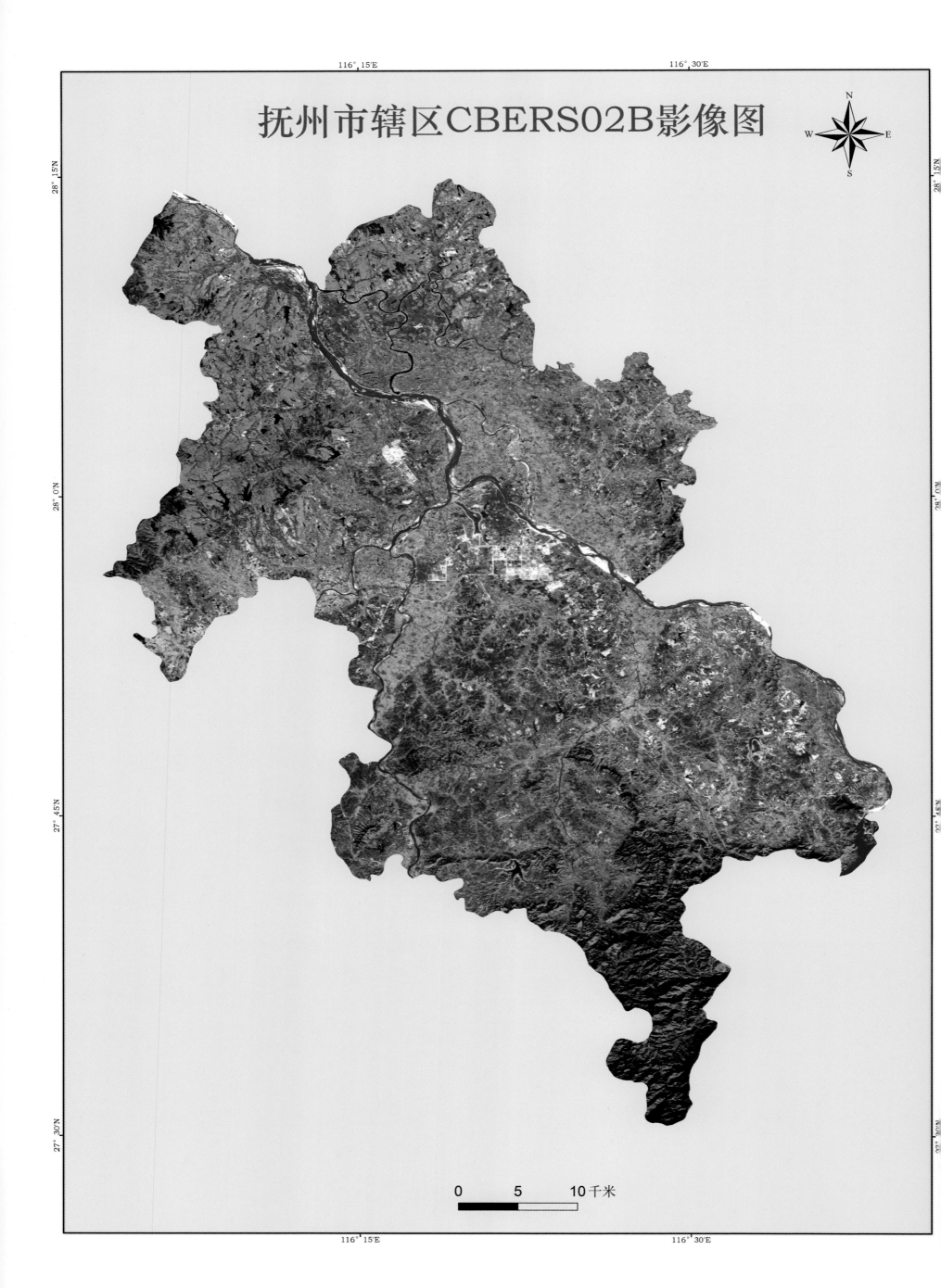

抚州市辖区CBERS02B影像图

116°15'E 116°30'E

28°15'N

28°0'N

27°45'N

27°30'N

0 5 10千米

抚州市辖区水产养殖水体资源分布图

116°15'E
116°30'E
28°15'N
28°0'N
27°45'N
27°30'N

蒋坊
青塘
院前
高家
姑头刘家
刘家
魏坊
武家
大岗镇
和丰
新开基张家
白富上门
大岗
城上王家
岭东徐家
厚源
上手
浮石张家
巡坊
牌楼
池溪
罗针镇
大田
南坊曾家
塘东
洲上邓家
唱凯镇
桐源
下聂
树源乡
罗沈周
低洲
赵家坊胡家
蔡前
官庄
罗湖镇
黄源
铁经前
沅头
南塘
石源
龙湾
唐家
雷坊
里毛坑
西源
大坪
占源
茶山
菱湖新
杨湄
丁村
徐家
焦坑
阳城
展坪乡
张家
山下
中洲
下璜
上艾
塘头
宋家
潘桥太阳镇
陈家
新电
小杜余家
桐山
温泉
占坑
马坑
抚北镇
狮子山周家
孝桥镇
庄家
西大街街道
桥东街道
荆公路街道
七里岗乡
湖嘉
后街
杨湄
梅岗
山塘
坪山
樟溪
新赵
桥
贺坊
六岭
安全
余坊
温泉镇
涤溪
西津
南浒
青云街道
西邓
南关
伍塘
竹溪
杨林
天梁
长岭
钟岭街道
肇王
流坑
徐家
微上
饶山
孙家英
畲上
祝坊
王家
安泽
上顿渡镇
韩坊丁家
黄赵
谢家
山皇翁家
上基
嵩湖乡
红下
金店江家
曹家
老赵
梧溪
荷俵
丁家
城关
林源
城上
笠上
冯岭
仙溪
崇岗镇
范家
陈油
加升
傅家
瑶千谢家
古坪
高坪镇
下周
刘家
吕坊
石墩
后坊连城乡
上邓
过家
下泽
各湖源
饶家
童车口
岭下
曹家
池溪
园石
黄湾
舍头
江曾
长园
邵坊
村家塘
乌溪杨家
玉潭
葛源
兰溪
鹏程
黎家
乐石
里溪坑
东溪
李家
大桥
徐坊
杨湖
北溪黄家
钱家
东馆镇
乌墩谢家
邓坊
湖山
青泥镇
荣阳
西源
上聊
秋溪镇
大路
头昌
迈坊
柏溪
斯和
陶坊
下张
下黄
基桥莫家
荣坊
罗坊胡家
合头
肖家
水西
乌石
彭源
邱家
油顿
郑家
河埠乡
荷岭
新杨
石塘
皇嘉
陈家
松岗
鹏田乡
鹏田镇
琪塘
红宫
栖源
荣坊
博溪
大岭下
曾坊彭家
宋家
新安
石涧
陈家
陈家
符仓
雷李
汤家
石墩吴家
新张坊
江家
谢家
冯家
平溪
金坑
丰山
新姜
邓家
何家
李家
潭下
集源
张生园
陈坊
龙溪龙溪镇
陈园
司尧
饶家
新村
荣山镇
新街
廖坊
上高逮
院坑
天泉
萧头
楼溪
南
牧源岭
陈源张家
排上
坳藏寺
旨荣
莲源
南坑
大寨
东泽
大雷
荷田
店前
小雷
庄前
芋排乡
黄连坑
曹家边
泽泉
怡乐
山陂
上山

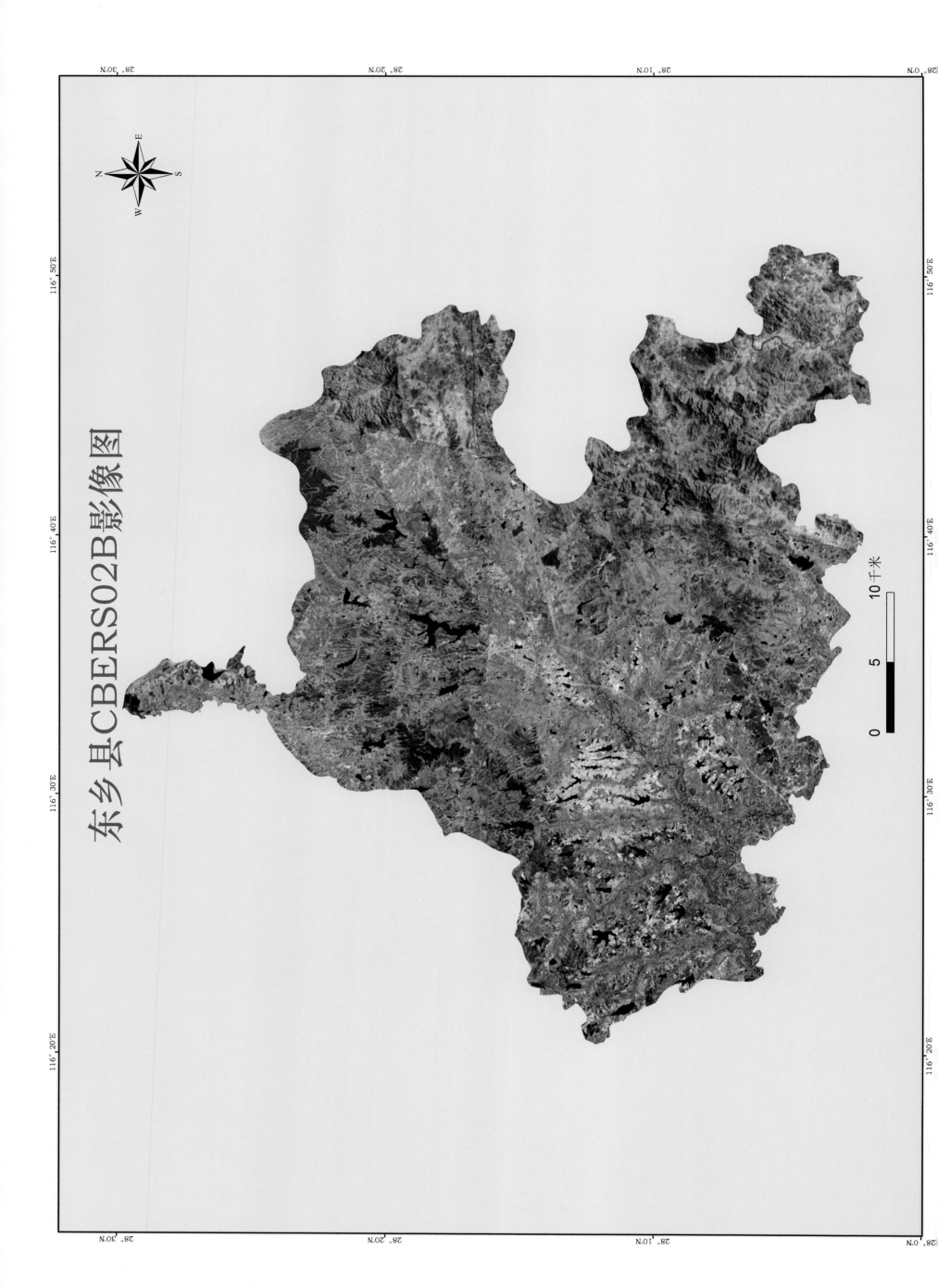

东乡县CBERS02B影像图

10千米
5
0

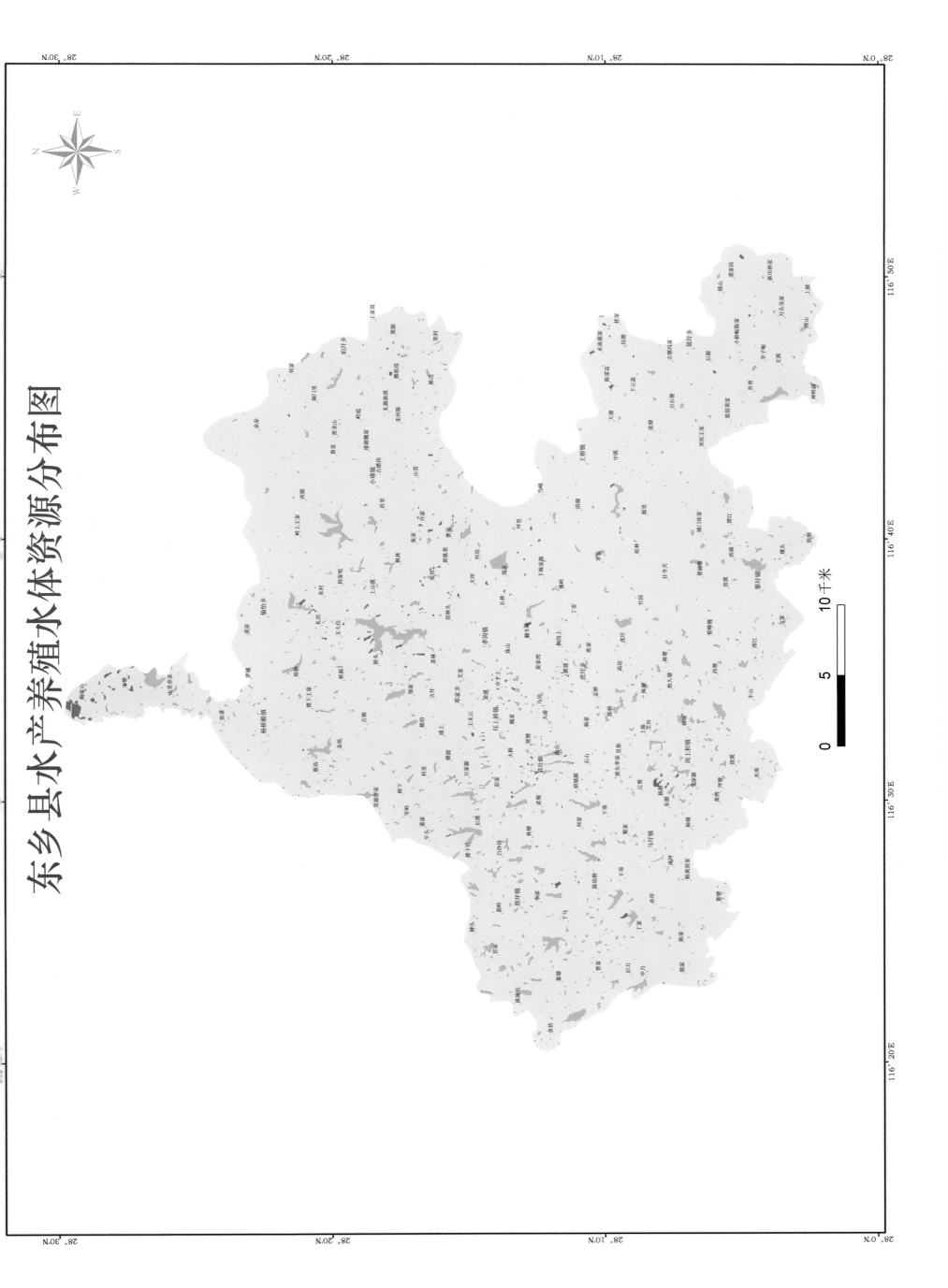

东乡县水产养殖水体资源分布图

0　5　10千米

221

崇仁县CBERS02B影像图

0　　　5　　　10千米

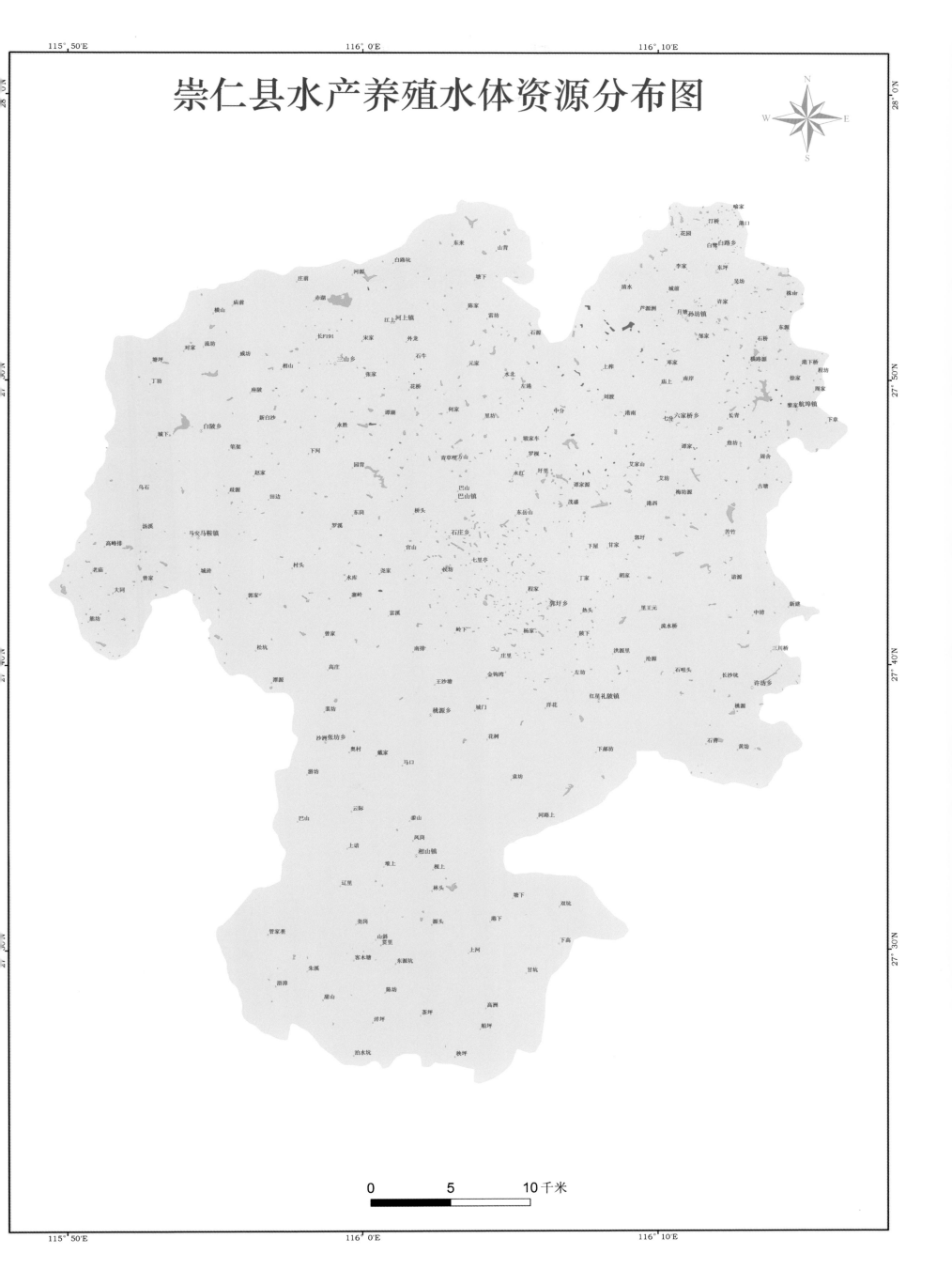

崇仁县水产养殖水体资源分布图

0　　　5　　　10千米

223

广昌县CBERS02B影像图

0 5 10千米

广昌县水产养殖水体资源分布图

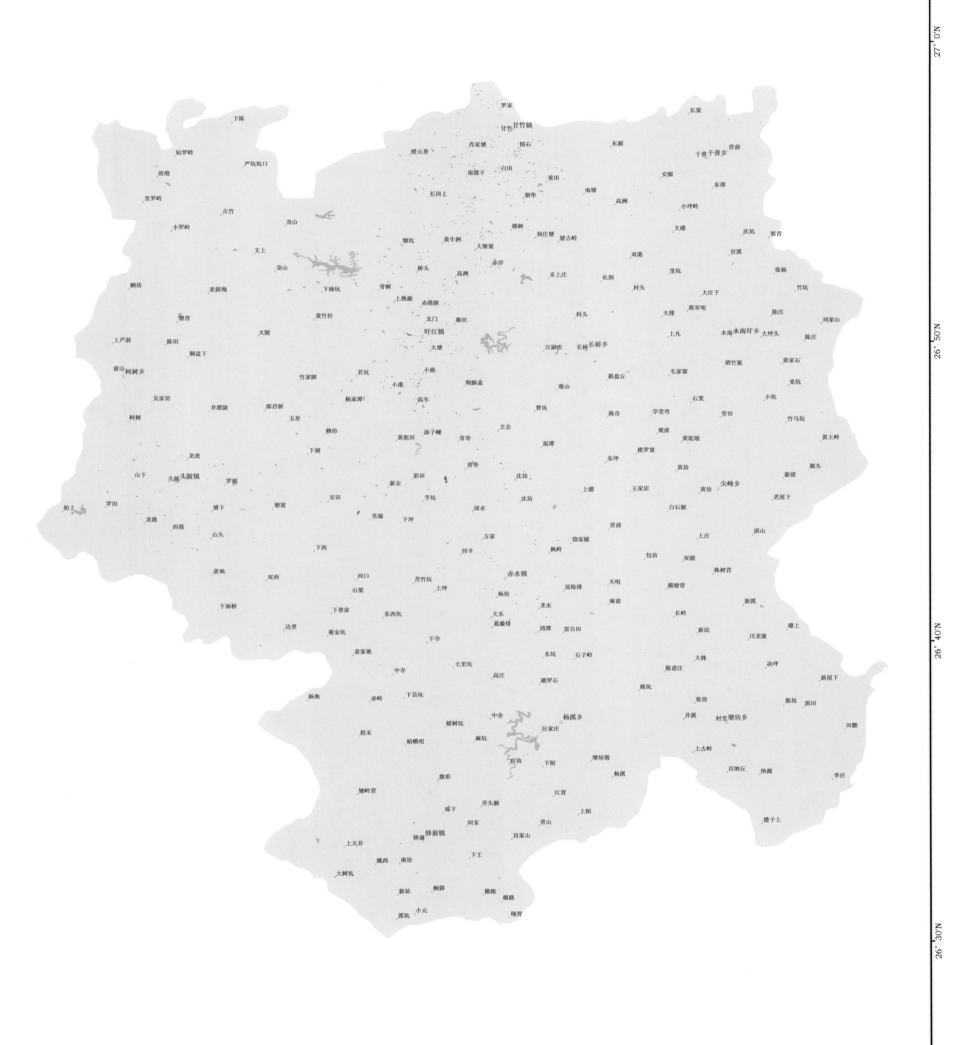

0　　　5　　　10千米

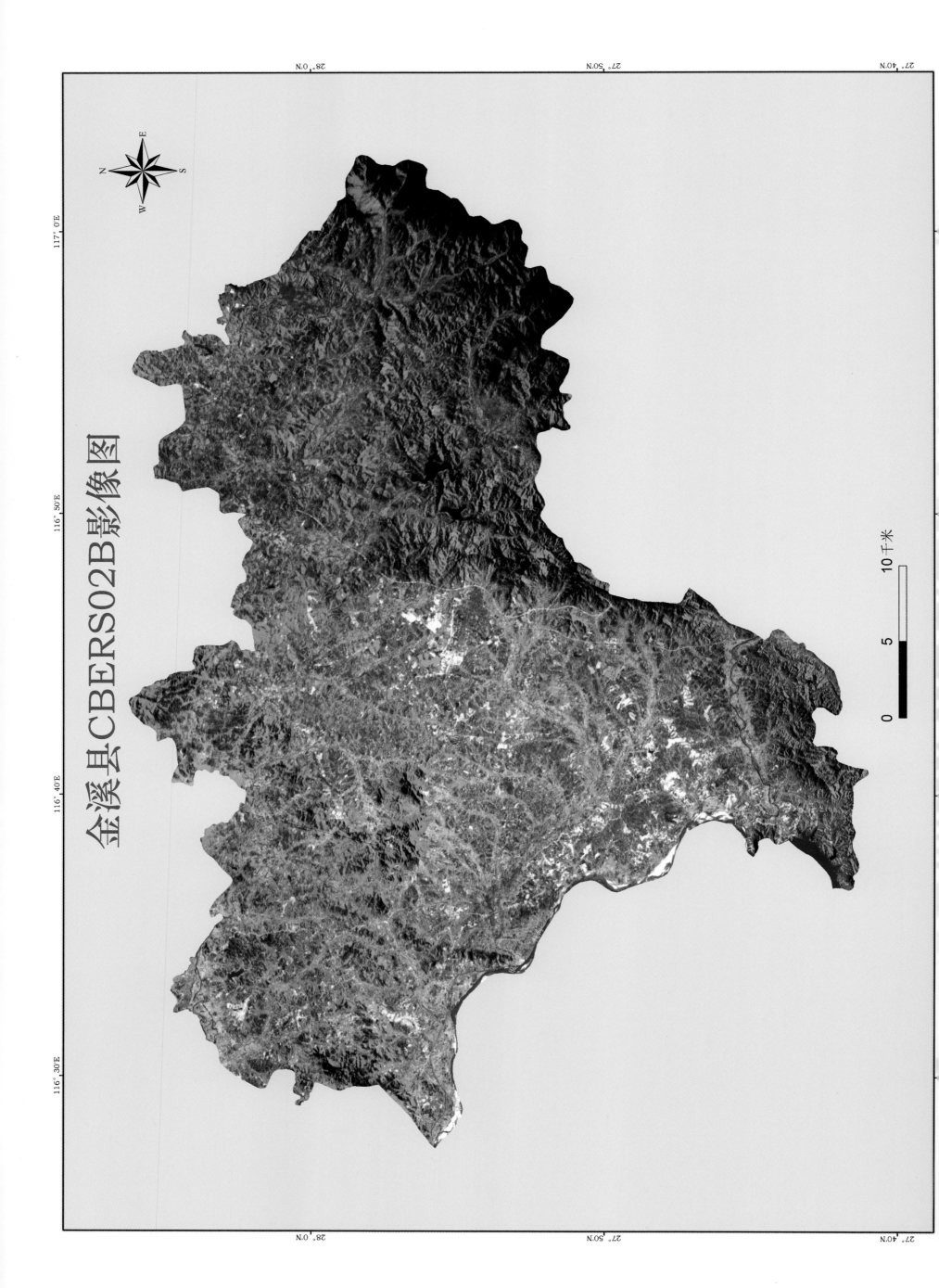

金溪县CBERS02B影像图

10千米

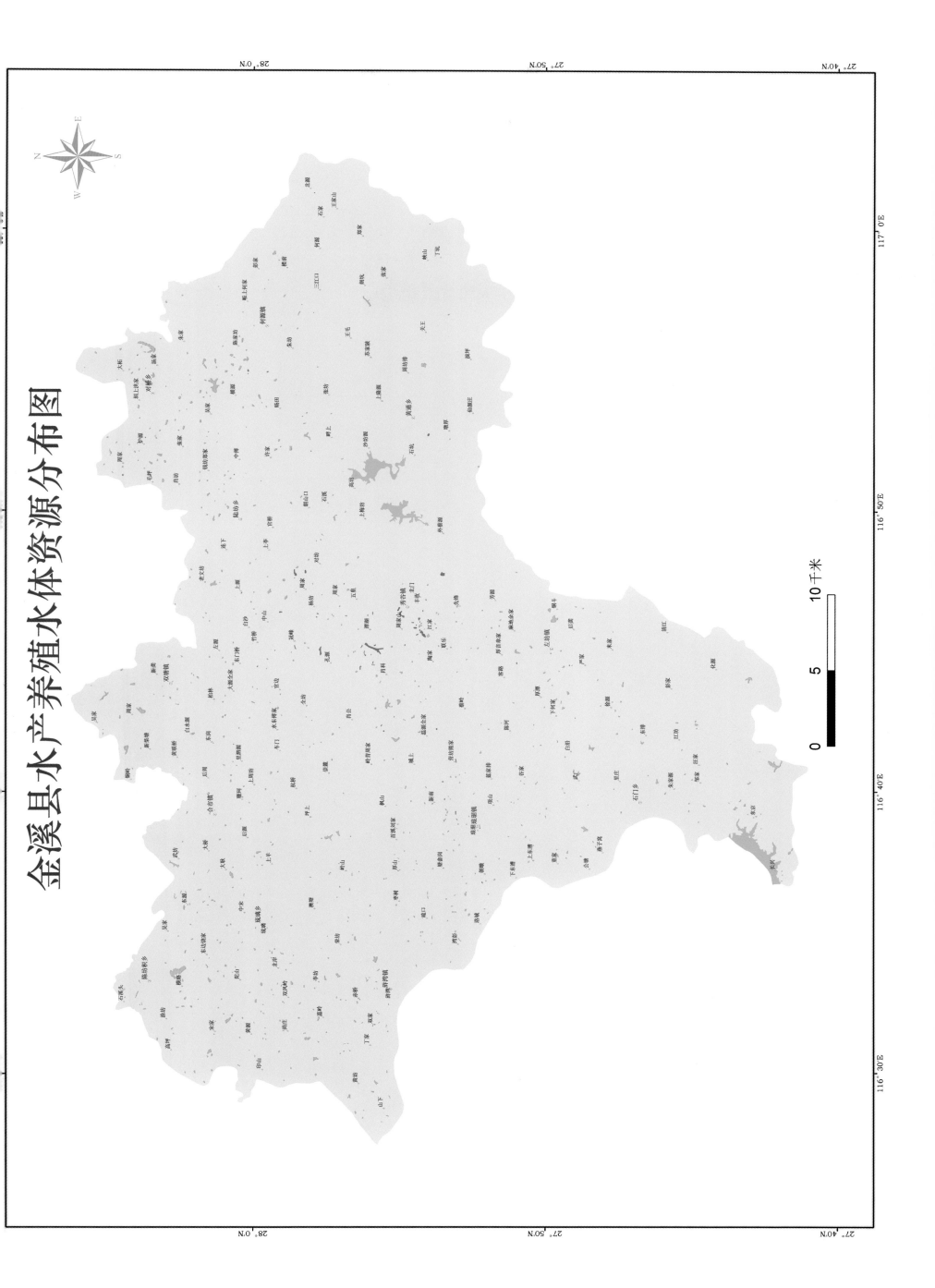

金溪县水产养殖水体资源分布图

227

乐安县CBERS02B影像图

115°40'E 115°50'E 116°0'E

27°40'N 27°30'N 27°20'N 27°10'N 27°0'N

0 5 10千米

乐安县水产养殖水体资源分布图

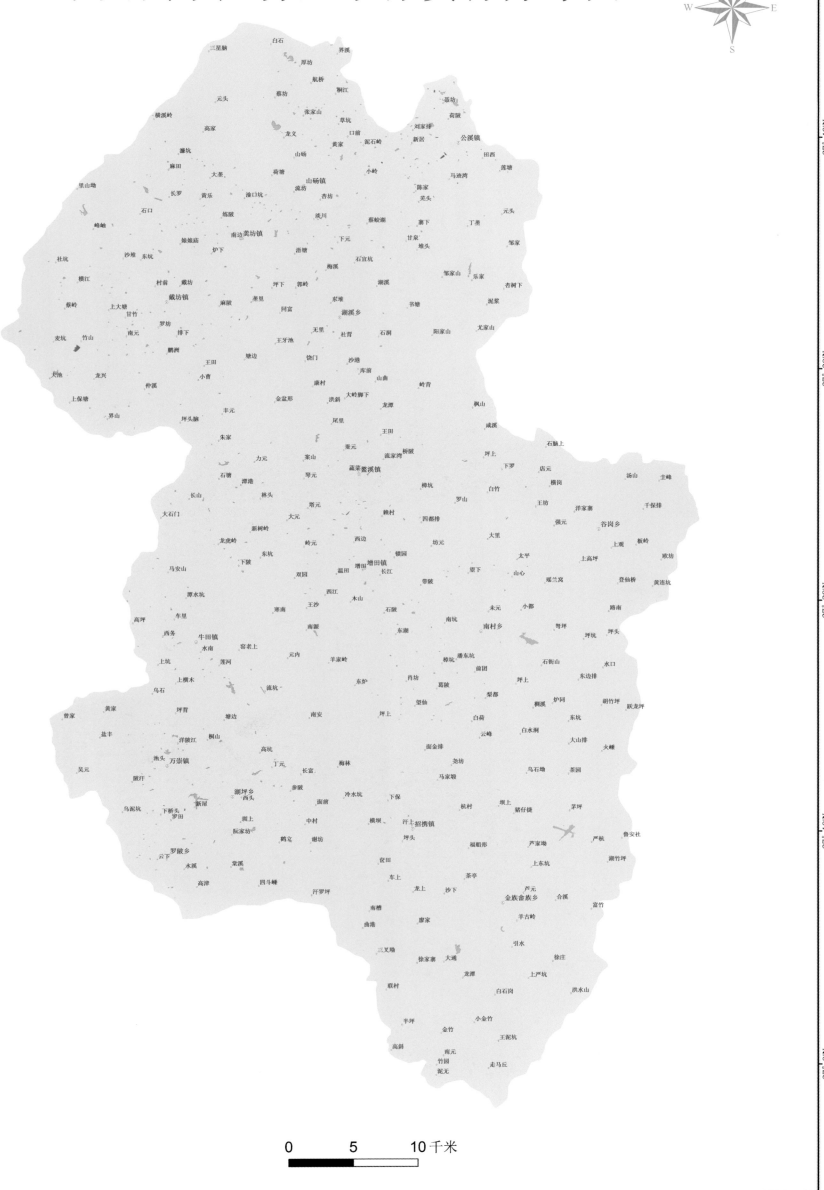

0 5 10千米

黎川县CBERS02B影像图

0   5   10千米

黎川县水产养殖水体资源分布图

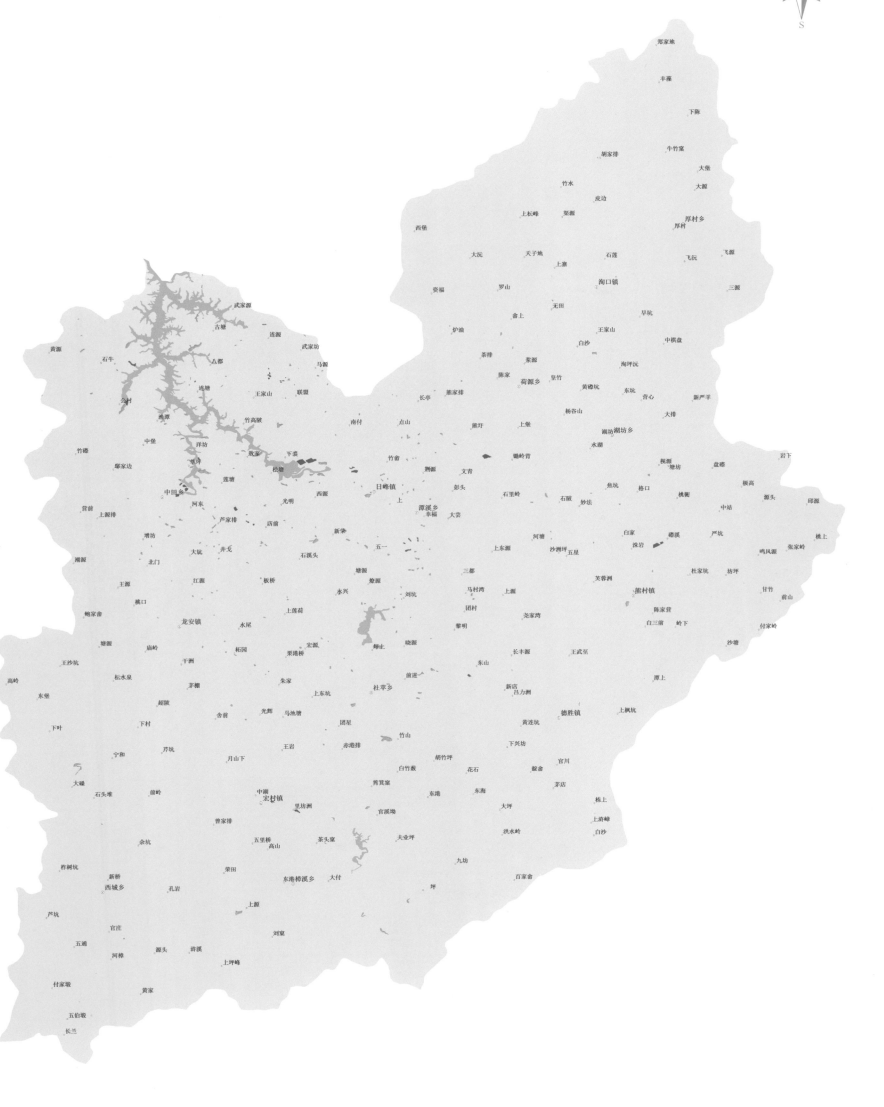

0 5 10千米

231

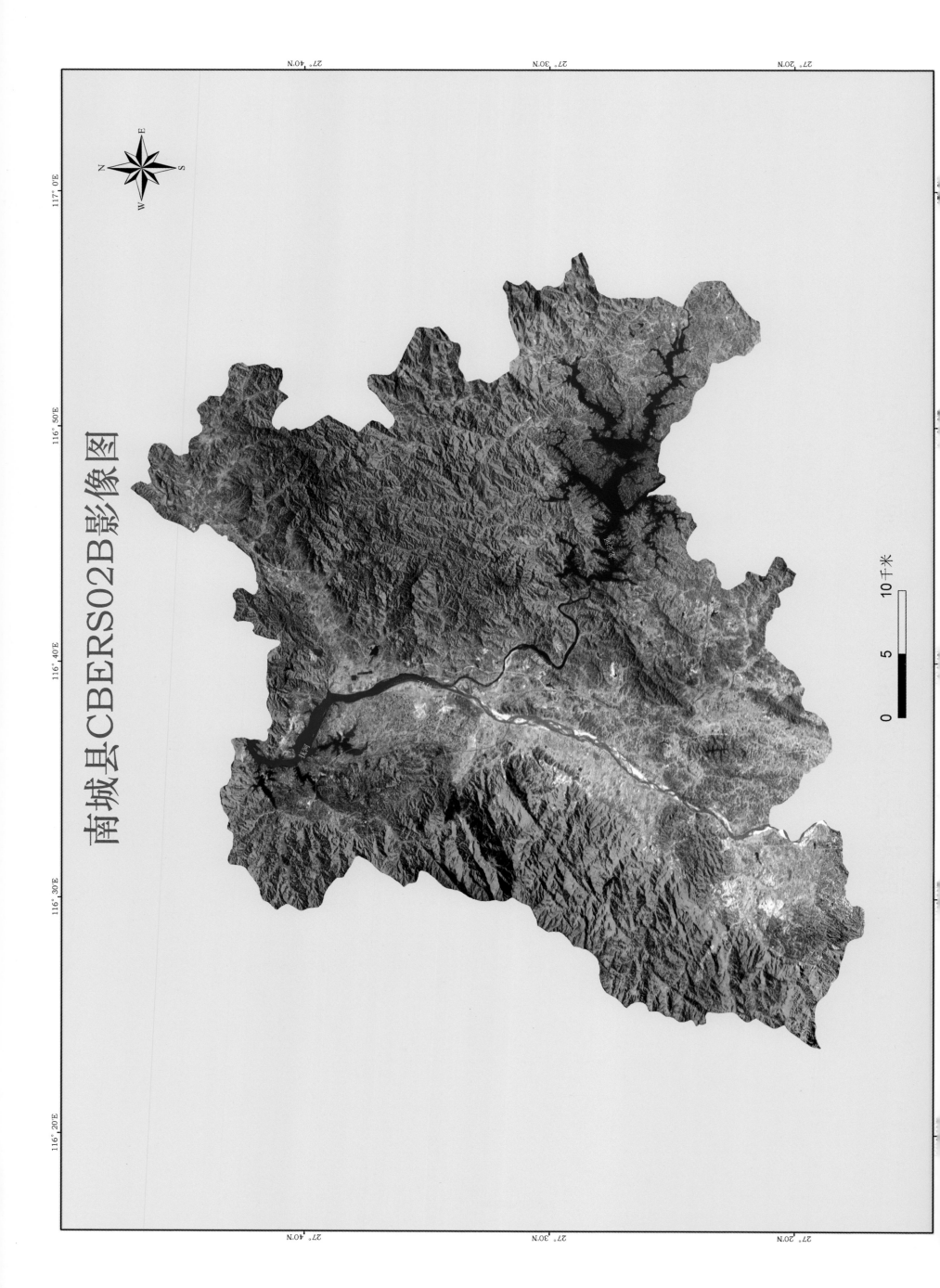

南城县CBERS02B影像图

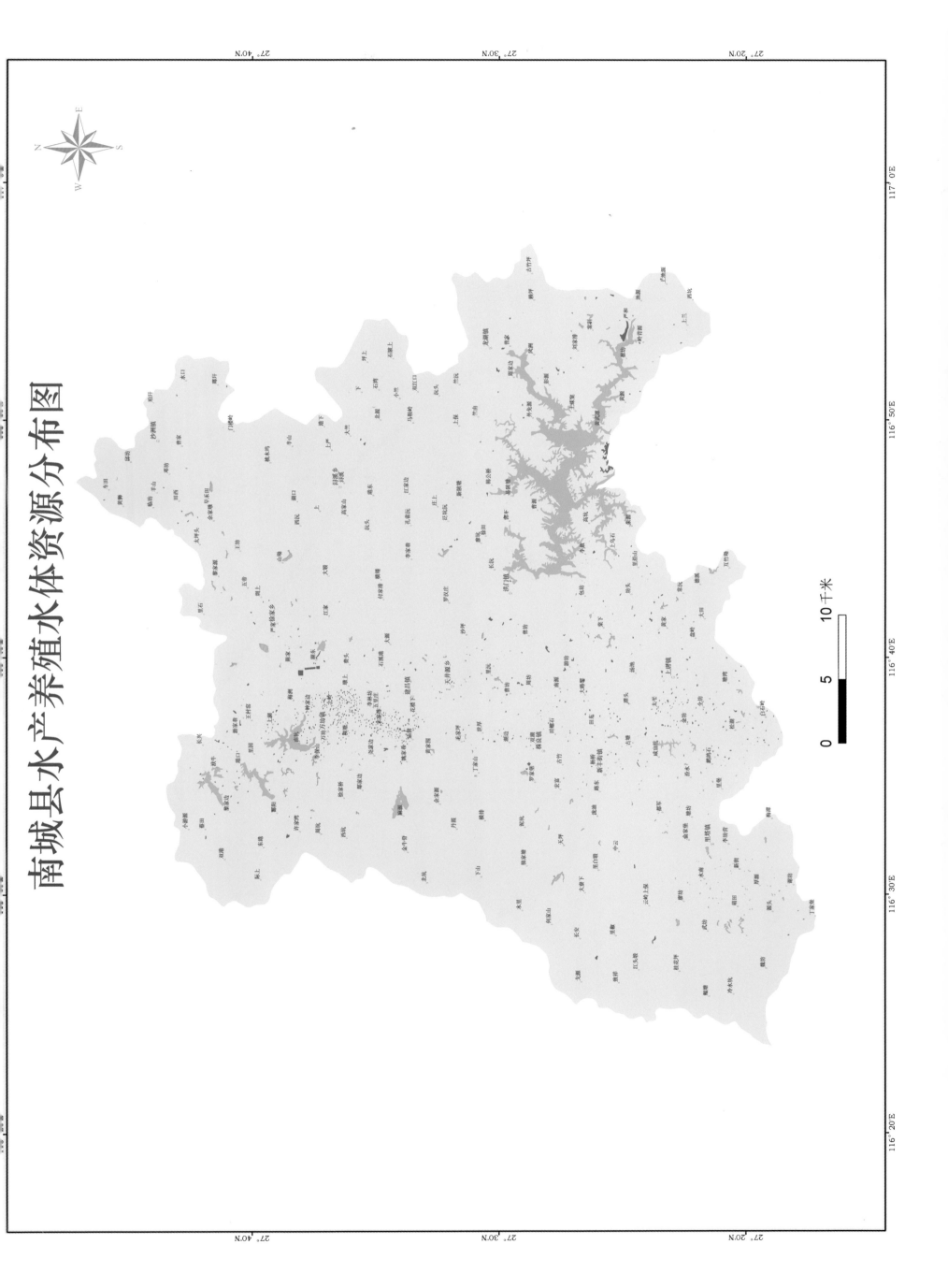

南城县水产养殖水体资源分布图

0　　5　　10千米

南丰县CBERS02B影像图

0 5 10千米

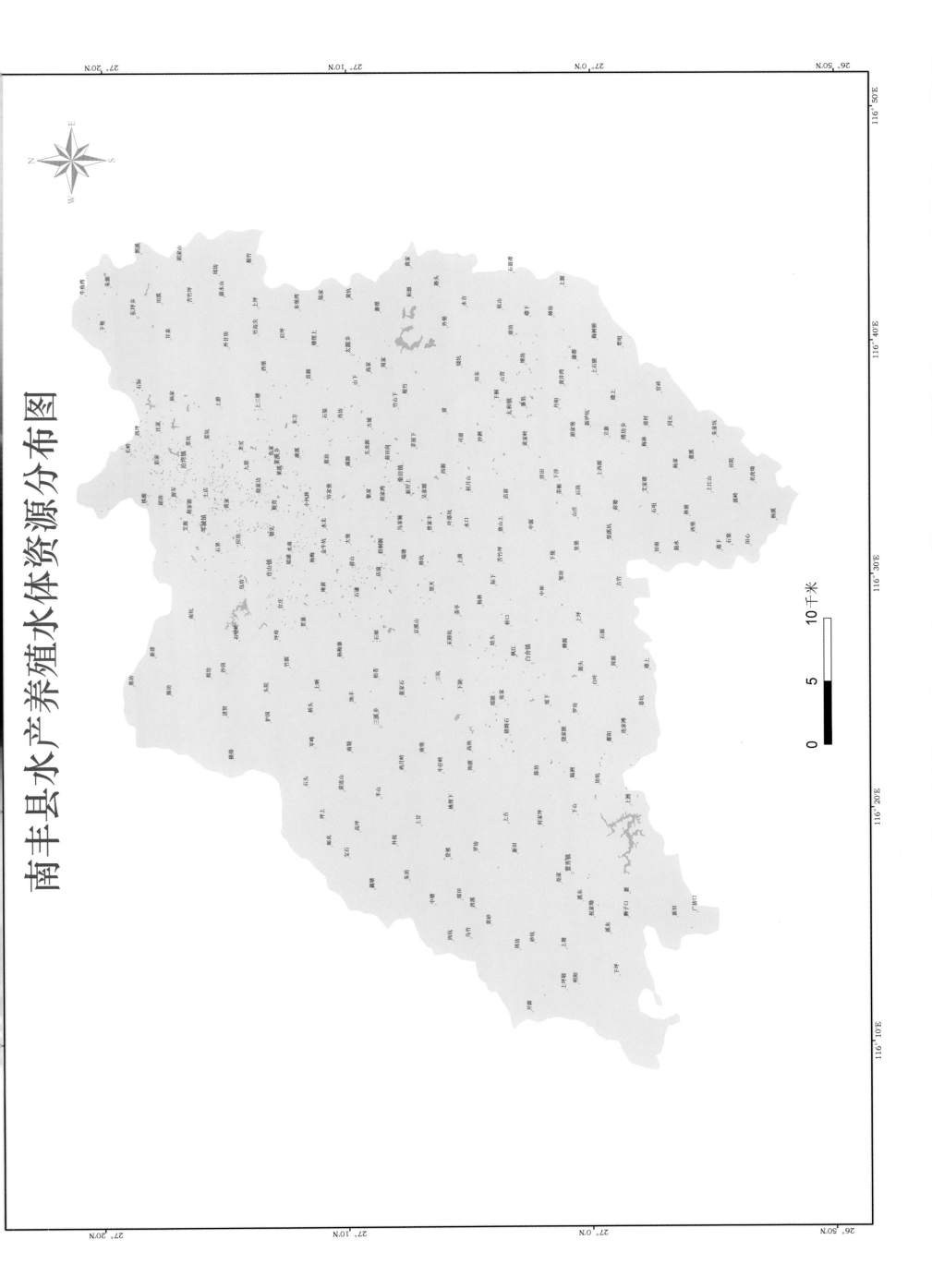

南丰县水产养殖水体资源分布图

0 5 10千米

宜黄县CBERS02B影像图

宜黄县水产养殖水体资源分布图

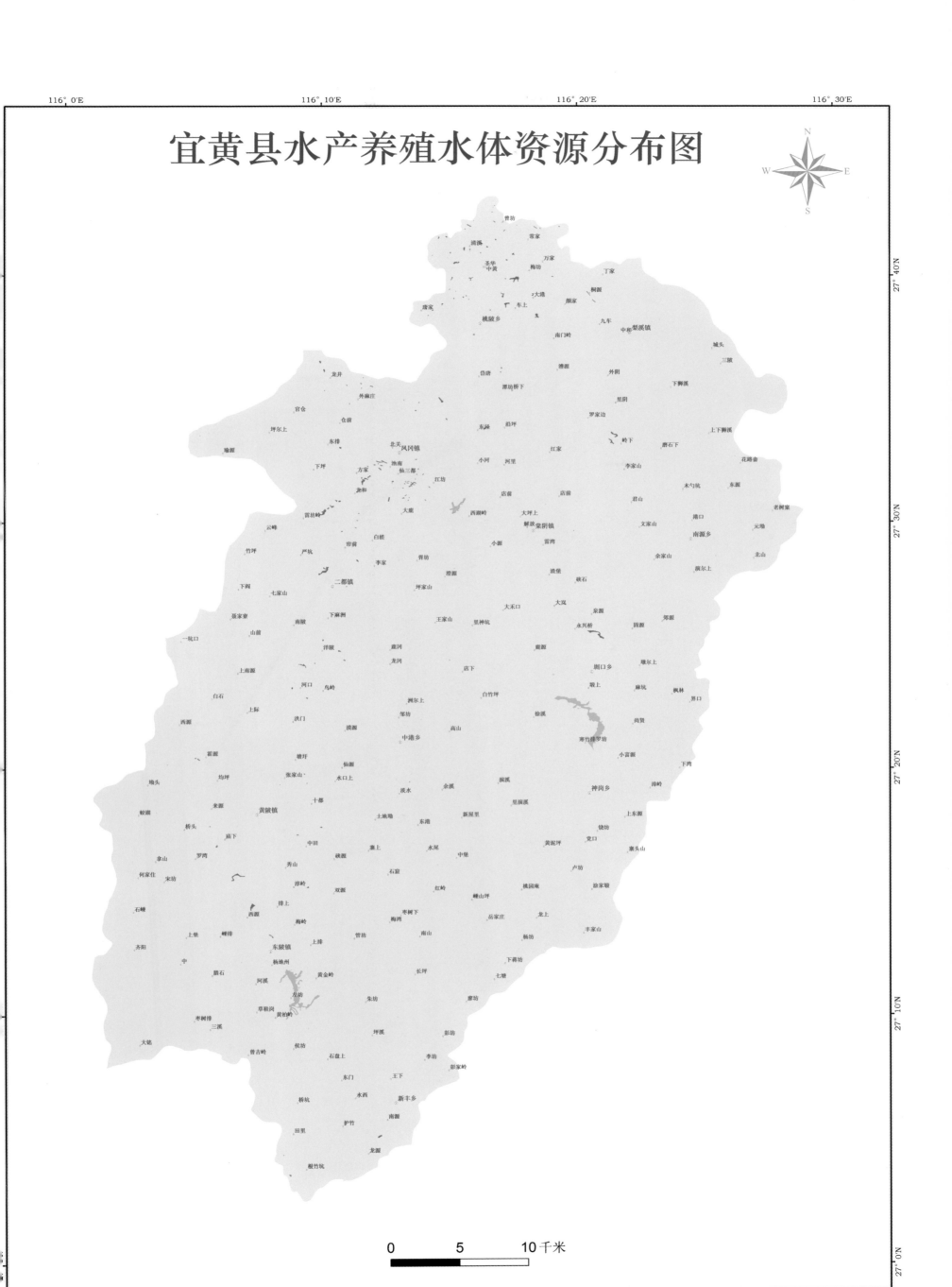

0　　5　　10千米

资溪县CBERS02B影像图

238

资溪县水产养殖水体资源分布图

0　　5　　10 千米

239